アニメーション、シミュレーション・動かして学ぶ

増補改訂版

機構学の「しくみ」と「基本」

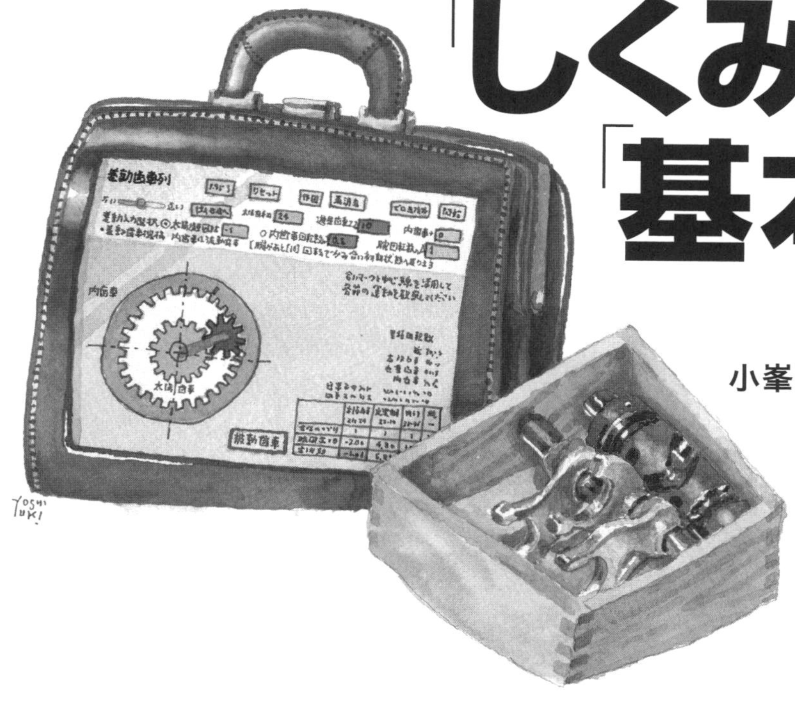

小峯龍男・著

技術評論社

はじめに

本書は、2009年に技術評論社から発行させていただいた『機構学の「しくみ」と「基本」』の改訂版です。本書の骨格とする、前作の冒頭部分を以下に抜粋します。

機械の定義は時代や技術レベルによって変化します。しかし、どのような場合でも「運動」、「伝達」、「変換」というキーワードは機械を定義する必要条件として欠かせません。機械の動きを作る「しくみ」を「機構」あるいは「メカニズム」と呼び、これらを扱う学問体系を「機構学」と呼びます。一般に「機構学」は図面や数式解析により説明されます。しかし、運動や装置の構造を平面的な図面から理解するには機械工学に関する広い基礎知識を必要とし、数式解析から理解するには、数学知識が必要とされます。

本書は、数式解析の手法から作成した実際に動くシミュレーションモデルと図解を用いてメカニズムを理解することを目的としました。シミュレーションモデルは視覚的にパソコン上で操作して確認できるプログラムとしました。しかし、動きを見たからといって機構学が理解できるというわけではありません。さらに、常にパソコンの前で読むことを前提としたのでは、理解するのに手間がかかりすぎます。電車の中やちょっとしたすきま時間やあるいは自宅でくつろぎながら、気軽に読み進めることができることが大切です。「機構学」を楽しみながら理解できることをコンセプトとして、本書では次のような構成を心がけました。

●機構学のテーマを各単元としてまとめる。
●シミュレーションの操作のみで終始しない。
●一般の生活環境で経験できる身近な例を考える。
●機構学の専門的基礎知識を解説する。

「機構学」の初学者の多くは、おそらくメカニズムの構造や運動を概念的に理解することに戸惑うことと思います。本書で視覚的にメカニズムの動きを体験し「機構学」の理解への第一歩としていただきたいと願います。

改訂に際して

幸いにして前作は版を重ね、書籍の目指したところを、ある程度容認していただけたものと考えております。本書は、前作の基本的姿勢に加えて、次のように前作とは大きく異なる点を特徴とします。

- 3DCGによる図解とアニメーションを多用。
- シミュレータをHTML版としたことで、Windows、Mac、タブレット、スマートフォンと機種、OSに依存することなく使用できる。
- 平面運動の解析シミュレートを追加。
- 作成データや解析データのcsvファイルの保存を可能にした。
- 一部のシミュレートデータでcsvファイルの読込みを可能にした。

最大の変更点は、シミュレータを前作のC++によるWindows実行ファイルからHTMLソースに変更したことです。変更理由は、現在のブラウザの規格とするHTMLが、Canvasという強力な図形処理能力を内蔵しており、今後のHTMLでも踏襲されると考えたからです。Canvasは、特別なツールを必要とすることなくJavaScriptと組み合わせてテキストベースで記述するだけで、図形処理を行うことができます。プログラミングに関心をもった方は、全てのソースコードを見ることができ、編集することができるという特徴を持ちます。反面、実行ファイルでは見えなかったソースコードが見えるということは、プログラマの考え方（アルゴリズム）が丸見えになるということで、筆者にとっては、大変に恥ずかしいことです。重複しますが、本書で視覚的にメカニズムの動きを体験し「機構学」の理解への第一歩としていただけることを切に願います。

末筆になりますが、改訂版の執筆を勧めてくださった、技術評論社 編集局 書籍編集部の淡野正好氏に心より感謝申し上げます。

2022年　小峯龍男

機構学のはじめに

私たちのまわりには多くの機械があります。家庭の中では、冷蔵庫、洗濯機、エアコン、外出すれば、自動車、電車、自動ドア、エレベータ、エスカレータなど、数え上げればきりがありません。これらの機械を便利に使うだけでなく、その中身を体系的に考えようとすることが本書の目的です。

機構学とは何か

機構とは、機械の動きを作り出すしくみです。そして、広範な分野で使用される多くの機械に共通する、基本的なしくみを体系的に考える学問が**機構学**です。図1 (a) の針表示の時計の機械部分は主として歯車機構で、オートバイや自動車の変速装置にも図 (b) の歯車機構が使われます。時計の歯車とオートバイの歯車では、取り扱う動力に大きな違いがありますが、運動を伝えるという目的と歯車の動きはまったく同じです。機構学ではどちらも歯車を利用したしくみとして考えます。

(a) 針表示時計の歯車　　(b) オートバイの変速装置

図1　腕時計の歯車とオートバイの変速歯車

機構のモデル化

機構学では、機械のしくみを動力の伝達と伝達部分の運動に着目してモデル化して考えます。ですから、時計の歯車も自動車の歯車も歯車一組の組み合わせに着目して、まったく同じものとして扱えます。このようなモデル化は機械の運動のもとになる動力源から最終的な動きを作り出すためのもっとも簡単なしくみを見つける手法なのです。

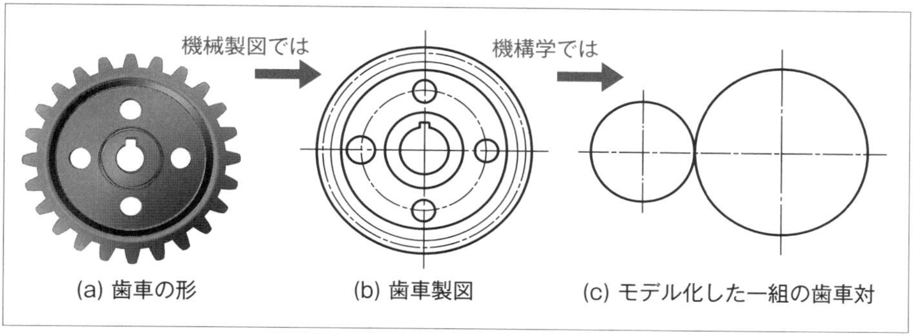

図2　機構のモデル化という考え方

機械の設計と機構学

機構学を身につけると、機械の動きを作り出すしくみを効率よく見つけ出すことができます。しかし、時計の歯車機構と自動車の歯車機構では、実際に伝達する動力、速さが大きく異なります。機械には用途を満足するための形状と強度が必要で、一般にこれらの問題は材料力学や構造力学と呼ばれる分野で考えられます。機械の設計では機構学でしくみを考え、力学分野で寸法・形状を求めるということが要求されます。

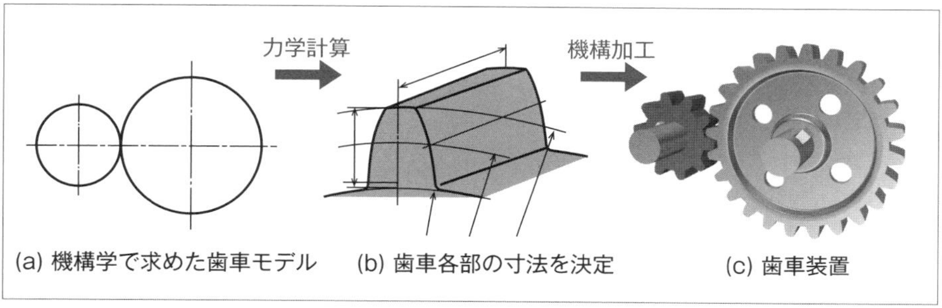

図3　歯車装置の設計イメージ

アニメーション、シミュレータの使い方

本書は、機構学の基本的なしくみをパソコンでシミュレートしながら考えられるように工夫しました。シミュレータは、全てHTMLファイルで、機種に依存しません。ご自分の使用環境に合わせてコピーして活用してください。

動作環境はHTML

アニメーションとシミュレータは、インターネットのホームページを閲覧できるブラウザ環境であれば、ハードウエアとOSに関わらず、また特別なプラグインなどのソフトウェアをインストールすることなく動作します。具体的には、PC、タブレット、スマートフォンなどで、現在のブラウザの標準規格となるHTMLの持つ**JavaScript＋Canvas**という環境下で動作します。ディスプレイは、一般的なデスクトップPCやノートPCで十分で、7インチタブレットでも不都合はありません。スマートフォンは、扱いに不慣れな筆者は画面が小さく苦労しますが、操作に長《た》けた読者の方であれば問題ないと思います。細かな操作では、マウスが必要です。動作確認済みの環境を表1に示します。Microsoft社製のブラウザでは、IE11も動作しますが、操作性の点からMicrosoft社推奨の新しいEdgeがよいと思います。

表1　シミュレータの動作確認済環境

Windows 10 Windows 11	Google Chrome　Microsoft Edge Mozilla Firefox　Microsoft IE11 （Microsoft IE11：Windows11未確認）
MacOS Big Sur 11.6	Safari 14.0.2　Google Chrome Microsoft Edge　Mozilla Firefox

タブレット	Android 5.1.1	メモリ16GB　7インチ 1280×800HD	Bluetoothマウス Google Chrome Ver.87.0.**
スマートフォン	Android 9.1.0	内部ストレージ22GB 2280×1080FHD	

2022年7月現在

（注）上記は筆者の手元にあるPC、タブレット、スマホで動作確認したものです。PC、タブレット、スマホの全機種で動作確認を行ったものではありません。
PC、タブレット、スマホの全機種での動作確認はしていません。

ファイルのダウンロード

本書にはCD-ROMは付いていません。本書で解説したアニメーション、シミュレータは、**技術評論社のホームページ→書籍案内→〔増補改訂版 機構学の「しくみ」と「基本」〕の「本書のサポートページ」**からダウンロードしてください（**ダウンロードするにはインターネット接続が必要**です）。

本書のサポートページ
サンプルファイルのダウンロードや正誤表など

図4　「本書のサポートページ」をクリック

「本書のサポートページ」をクリックすると、ダウンロードファイルの画面が表示されますので、『**mechanism**』をクリックしてください。

ダウンロードファイルは圧縮ファイルになっています。ダウンロード後にダブルクリックすると解凍できます。

ファイルの構成とメニュー画面

図5は、技術評論社のwebサイトからダウンロードした圧縮ファイルを展開したフォルダ「mechanism」の内容です。「mechanism」フォルダを丸ごと適当な場所に保存してください。

図6はメニュー画面の起動ファイルです（index.html）。

index.htmlをダブルクリックすると、図7のメニュー画面が起動します。Androidでは、フォルダをルートディレクトリに置き、ファイルマネージャーではなく、ブラウザのアドレスバーに/sdcardと入力して、ウインドウ上でフォルダを探し、index.htmlを起動します。

index.html	メニュー画面起動ファイル
_bin	indexのフレーム用ファイルフォルダ
01～08	第1章～第8章のプログラムファイルフォルダ
Cam_csv	第4章：カム機構のサンプルフォルダ

図5　「mechanism」フォルダ内のファイル構成

図6　index.html（Edgeでの例）

（注）本書ではタブレット、スマートフォンに関しての詳細な解説はしていません。インストール方法、操作方法、その他の使い方に関しましては、ネットなどでお調べください。

図7　メニュー画面（index.htmlをダブルクリックすると表示）

例として図7の「第3章」をクリックすると、図8の「第3章 リンク機構」の画面が表示されます。ここで「レバー・クランク機構」の画面にカーソルを移動し、図をクリックすると操作画面に移動します。

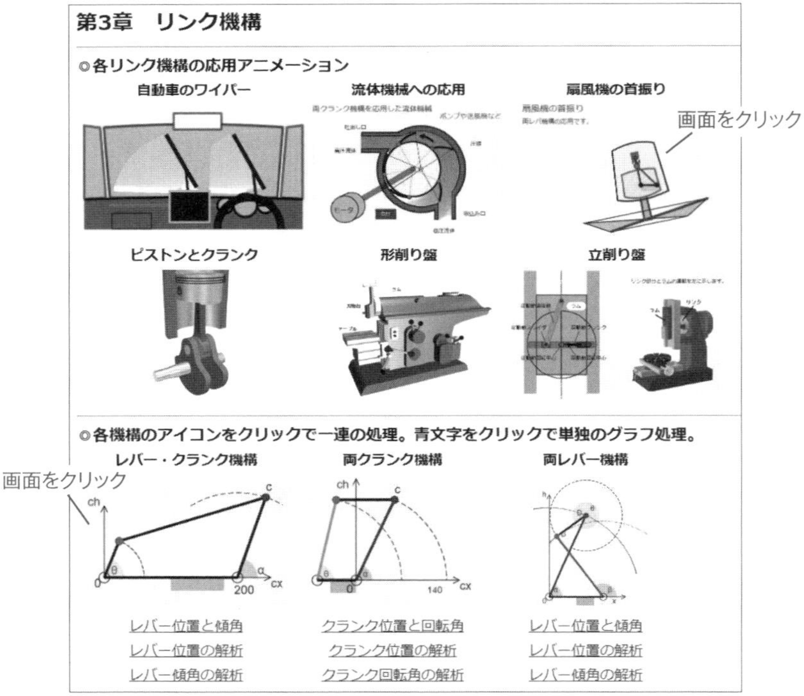

図8　「第3章 リンク機構」のmenu画面

シミュレータの操作例

Microsoft IE11を除くPCブラウザでは、シミュレータの入力欄の多くに図9(a)のスピンボタンが表示されます。設定範囲外の値は、図(b)のようにキー入力で可能です。歯車などの回転体のアニメーションやシミュレーションでは、ストロボ効果により逆転するように見える場合があります。図(c)のアニメーションの速さを適当に調整してください。実行画面は、図(d)のブラウザのズーム機能で拡大縮小できます。

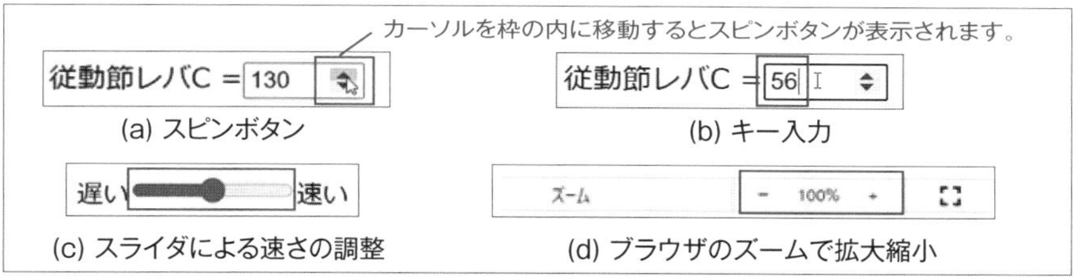

図9　シミュレータの操作例（PCでの操作例）

なお、細かい設定が必要な項目に関しましては、それぞれの関連ページをご覧ください。

使用上の注意

(1) ソフトウェア、プログラムは、すべて使用者の責任においてご使用ください。使用したことで生じた、いかなる直接的、間接的損害に対しても、弊社、プログラムの開発者、筆者・編集者・その他書籍制作に関わったすべての個人、団体、企業は一切の責任を負いません。あらかじめご容赦ください。
(2) ソフトウェアのバージョンアップ情報、プログラムの変更方法、本書で解説した以外の操作方法などの問い合わせにはお答えできません。
(3) プログラム等の著作権その他の権利は、その内容の制作者に帰属します。
(4) アニメーション、シミュレータの無断複製・転載・再配布などは許可しません。
(5) 以上の条項に承諾できない場合は、絶対に使用しないでください。

目次

第8章 歯車列の計算 …… 245

本書の記載情報は、第１刷発行時のものを記載しています。

第1章 機構と運動

　機械についての考え方は、それぞれの時代の技術水準によって変化し、現在ではコンピュータを始めとした知能機械という分類まで考えられています。

　これまで、いろいろと述べられた機械の定義の中で、「各部が限定された相対運動を行う」という点について考えるのが**機構学**です。

　本章では、機械の運動に適したしくみを見つけ出すために、機構の基本的な運動を考えます。

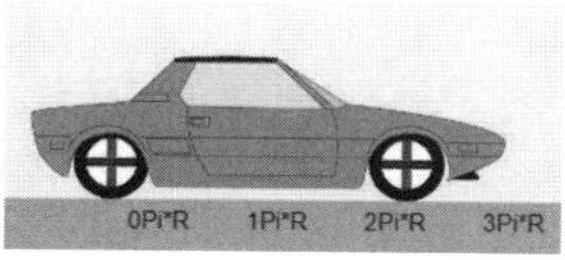

「すべり」と「ころがり」

直進運動と並進運動

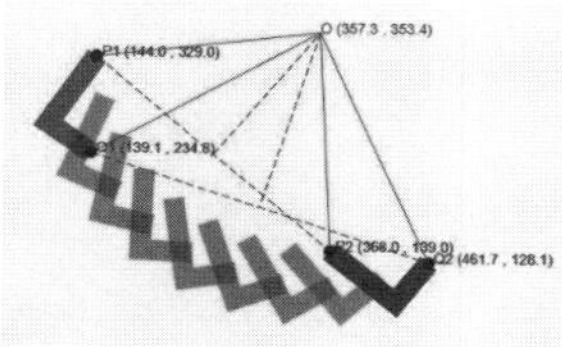

回転移動

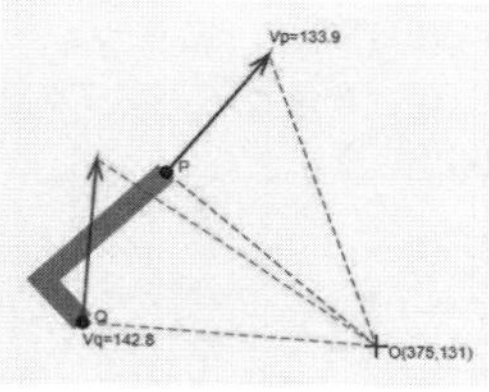

瞬間中心と速度

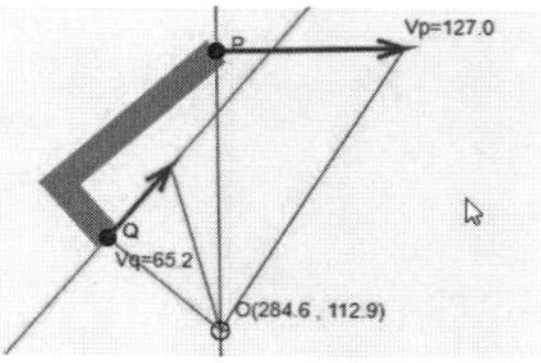

瞬間中心を求める

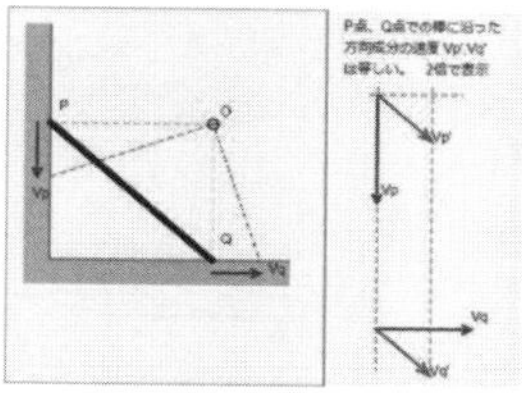

滑り落ちる棒

パワーショベルのアニメーション

1-1
機構の基本的な運動

私たちのまわりにはいろいろな機械があり、それぞれが目的に合った運動を行います。しかし、機械の動きをつくる機構の運動は、数種類の限定された相対運動に大別することができます。

身近な機械の運動を見る

現在の家庭用プリンタは、FAXやスキャナ機能を搭載した複合機として活躍しています。インクジェットプリンタのおもな機械的運動であるプリンタヘッドの往復と用紙送りを例として、機構の運動を考えましょう。

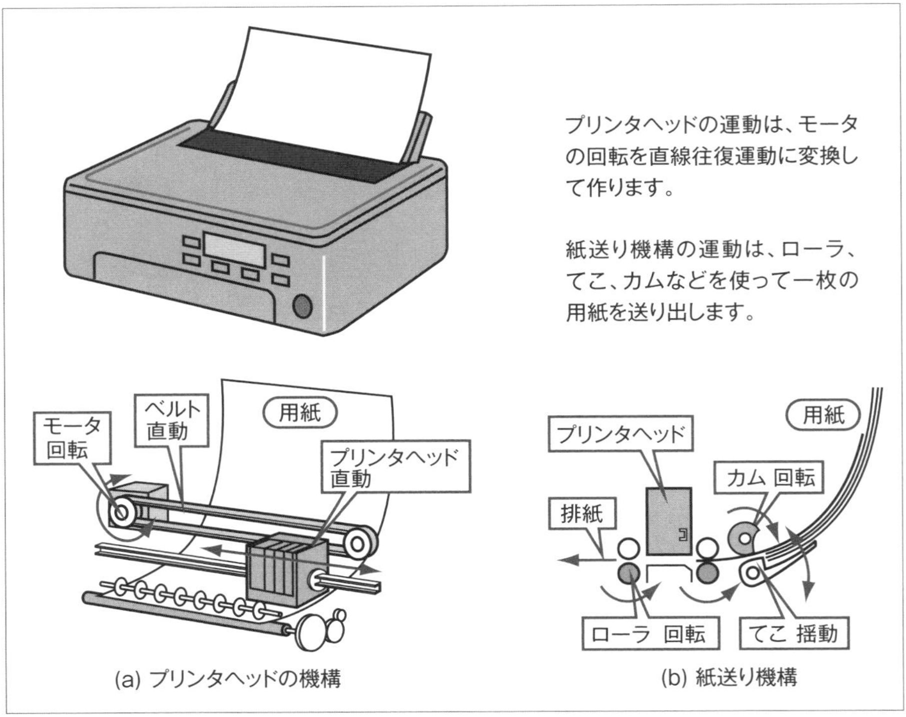

図1-1　インクジェットプリンタの機械部分の機構

限定された相対運動

モータがある角度回転すると、ベルトの直線部分はモータの回転角度に比例した量だけ直線移動をします。するとベルトに固定されたプリンタヘッドは、モータの回転角度に比例して直線移動し、用紙の必要な位置にインクをジェット状にして印字します。プリンタヘッドの移動量と向きは、モータの回転量と向きによって決められます。機械の動作は、機構の各部分が相対的に限定された動きを行うことで完成されるのです。

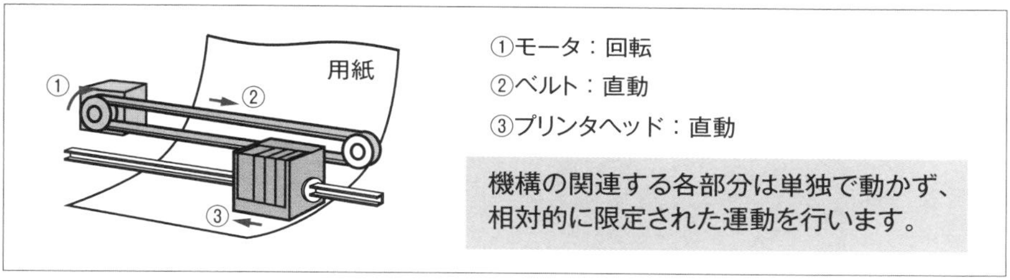

図1-2　プリンタヘッド機構の限定された相対運動

「すべり」と「ころがり」

どのような機械でも直接接触する部品の接触面の運動は「**すべり**」と「**ころがり**」の2つに分類できます。プリンタヘッドのすべりガイドの形状を工夫してプリンタヘッドをガタつかせずに移動させる**すべり接触**をつくります。紙送りのローラは、接触する用紙表面を滑《すべ》ることのないようにゴムなどの材質で**ころがり接触**をつくります。

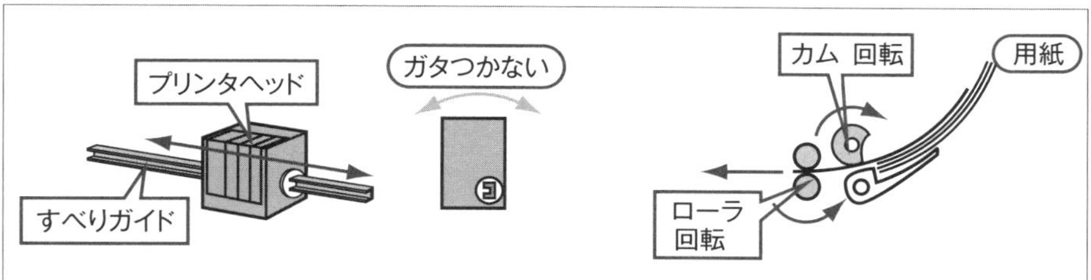

(a) プリンタヘッドとガイドのすべり接触　　(b) ローラのころがり接触による用紙送り

図1-3　「すべり」と「ころがり」

並進運動

直進運動（直動《ちょくどう》）を行う部品の多くに姿勢を変えずに移動する**並進《へいしん》運動**が要求されます。並進運動を行うために移動経路や角度変化を限定する目的で**ガイド**（**案内面**）が設けられます。図1-4（a）のインクジェットプリンタやスキャナのヘッドには、コンパクトな並進ガイドが要求されます。図（b）の工作機械で加工物を固定する部分をテーブルと呼び、工作時の抵抗力に耐える堅牢《けんろう》な並進ガイドが必要とされます。

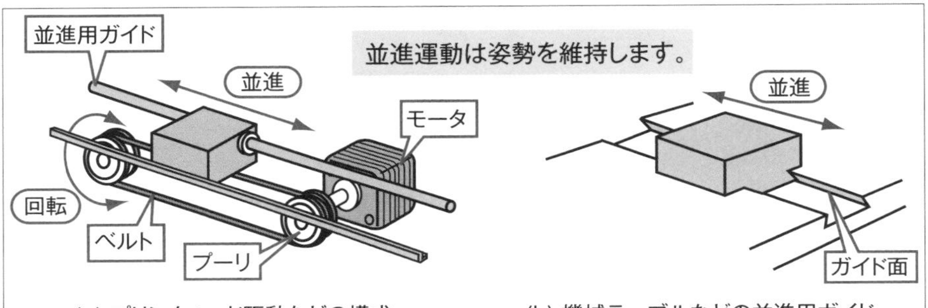

(a) プリンタヘッド駆動などの構成　(b) 機械テーブルなどの並進用ガイド

図1-4　並進運動を支えるガイド

揺動運動

円弧軌道の一定範囲を連続往復する動作を**揺動運動《ようどううんどう》**と呼びます。図1-5（a）は、プリンタの給紙トレイに、てこで微小な揺動を与え、確実に1枚の用紙を取り出すしくみです。日常生活では、図（b）の自動車のワイパーの動作が代表的な揺動運動としてあげられます

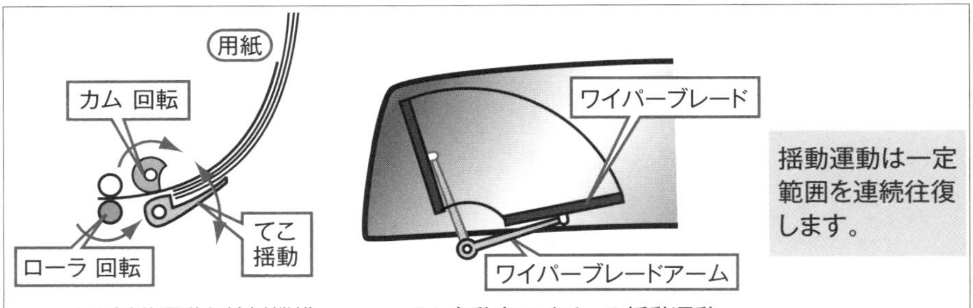

(a) 揺動運動と給紙機構　(b) 自動車ワイパーの揺動運動

図1-5　揺動運動

回転運動と回転の中心

図1-6（a）でモータ、プーリ、ローラ、歯車など円板、円筒形状の部品の多くは、それぞれの形状の中心軸を回転の中心として運動します。図（b）の自動車のドアなどの回転開閉移動は、大きく開くと同時にボディと干渉《かんしょう》しないことが必要で、これらの運動を支える「ちょうつがい」の役目をする「ヒンジ」の形状や設置位置は、回転の開始点と終了点の姿勢から求めた回転の中心から決定できます。多くの機械に回転だけで移動を行う運動が利用されています。

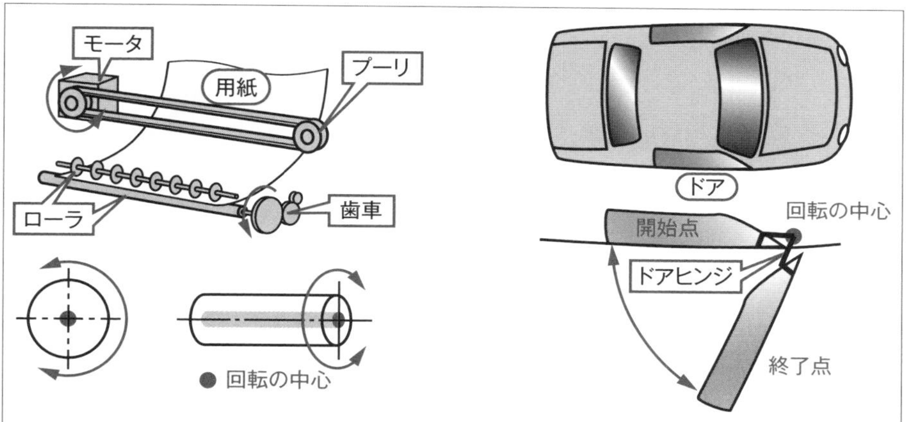

(a) 円板、円筒部品の回転
(b) 自動車ドアの回転

図1-6　回転運動と回転の中心

旋回という運動

図1-7は、**ラジアルボール盤**という穴あけ加工を行う大型機械です。モータを取り付けたアームが**コラム（支柱）**を中心に回って加工位置を決定します。連続回転ではなく、位置決めが終了すれば固定状態となります。このような回転を**旋《せん》回《かい》**と呼びます。

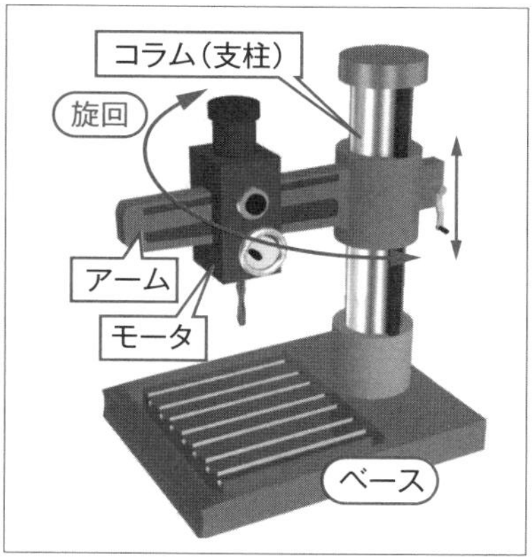

図1-7　ラジアルボール盤の旋回

1-2
「すべり」と「ころがり」

「すべり」と「ころがり」は、機構学の専門用語です。そして、私たちの日常でも聞きなれたことばです。専門用語としての考え方をこの節で理解しましょう。

「すべり」と「ころがり」とは何か

機械の運動で、2つの物体が直接接触し、相対的な位置変化を行うとき、物体の接触面に相対的な速度が発生する運動を「**すべり**」と呼び、物体の接触面の相対的な速度がゼロである運動を「**ころがり**」と呼びます。

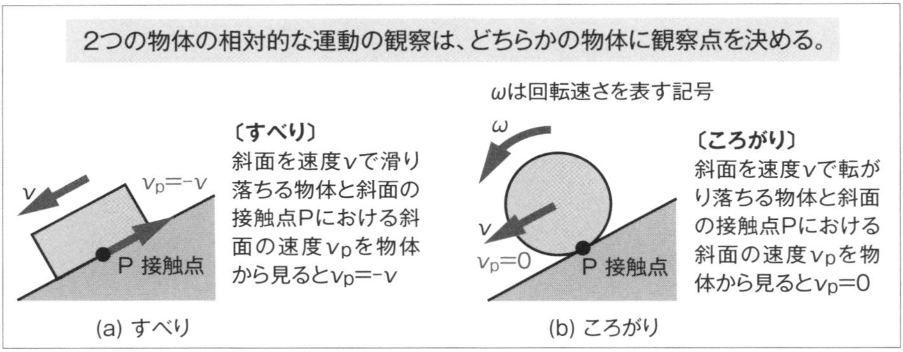

2つの物体の相対的な運動の観察は、どちらかの物体に観察点を決める。
ωは回転速さを表す記号
〔すべり〕
斜面を速度vで滑り落ちる物体と斜面の接触点Pにおける斜面の速度vpを物体から見るとvp=-v
v
vp=-v
P 接触点
(a) すべり
ω
〔ころがり〕
斜面を速度vで転がり落ちる物体と斜面の接触点Pにおける斜面の速度vpを物体から見るとvp=0
v
vp=0
P 接触点
(b) ころがり

図1-8　すべりところがり

機械部品に見る「すべり」と「ころがり」

機械部品の運動によって接触面に発生する抵抗力（摩擦力）は、機械動作の妨《さまた》げとなるので抵抗力を軽減させる工夫が行われます。一般に、多くの機械が回転軸を持ちます。図1-19（a）の回転軸と回転軸を支持する穴がすべり接触するものを「**すべり軸受**《じくうけ》」と呼びます。すべり軸受は、接触面積が大きいので適当な潤滑《じゅんかつ》を行えば大きな荷重に耐えることができます。図（b）は、穴と軸を別々の円環にはめ込んで、その中間にころがり接触するボールなどを入れて抵抗力を軽減する軸受で、「**ころがり軸受**」と呼びます。

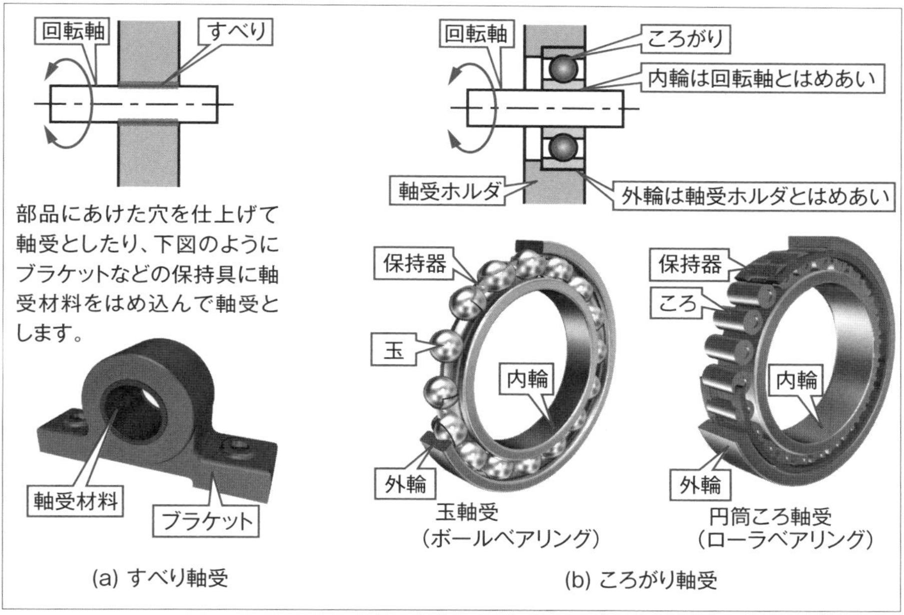

図1-9　すべり軸受ところがり軸受

すべり軸受ところがり軸受の使用例

図1-10は、小型オートバイの変速装置の回転部分を支える軸受です。円筒状のローラを用いた**ローラベアリング**、ボールを用いた**ボールベアリング**、ケースにあけた**すべり軸受**を使用しています。

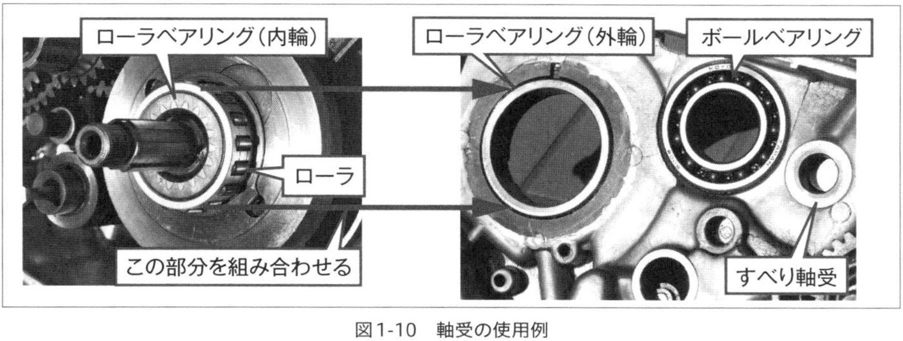

図1-10　軸受の使用例

シミュレータで確認しよう

menu →〔**第1章 機構と運動**〕→〔**「すべり」と「ころがり」**〕を選択してください。図1-11の画面が起動します。すべり、ころがりのラジオボタンの初期値は［◉**すべり**］となっています。

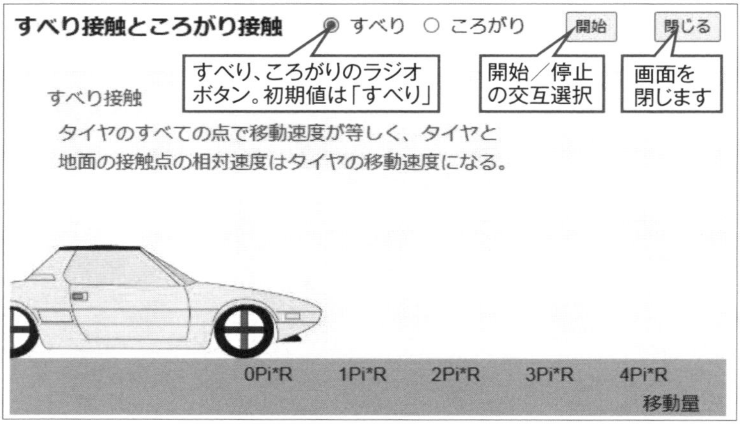

図1-11　「すべり」と「ころがり」のシミュレーション初期画面

すべり接触

［**開始**］ボタンをクリックしてマウスを前輪近辺に近づけると、タイヤが回転しないまま自動車がマウスを追います。タイヤと地面の接点に自動車の速度と等しい相対速度が発生します。

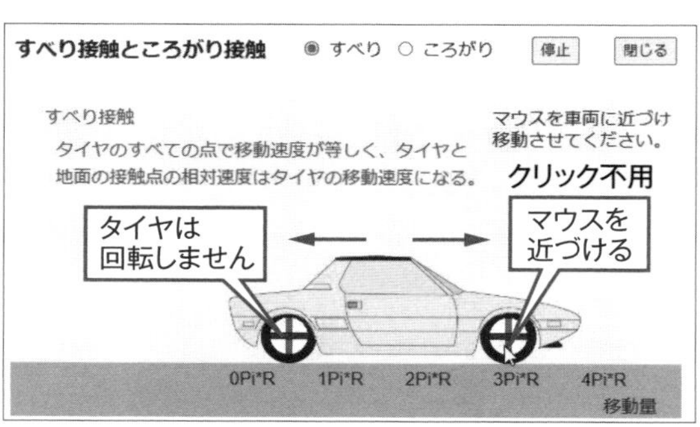

図1-12　すべり接触のシミュレーション

ころがり接触

［◉**ころがり**］のラジオボタンを選択します。運動状態でマウスを前輪近辺に近づけると、自動車がマウスを追いタイヤが回転します。タイヤと地面接点の相対速度はゼロになります。地面に示した移動量は、前輪接地点を基準としたタイヤの円周長さです。

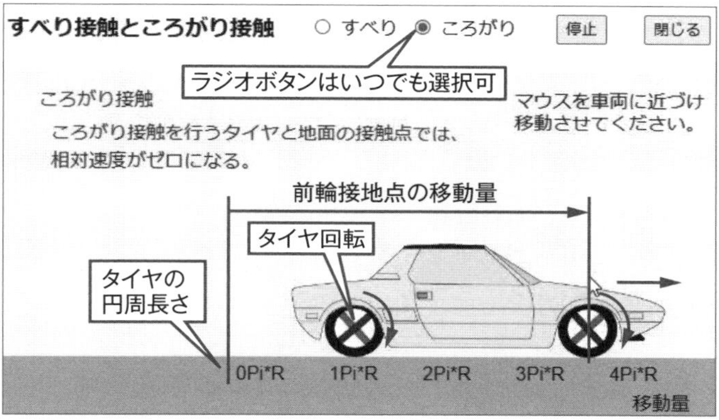

移動量表記について

円周率πをPiとして表しています。
2Pi*R　は、タイヤの半径をRとして、
$2\pi R$　を表します。
2Pi*R:タイヤ1回転
4Pi*R:タイヤ2回転
です。

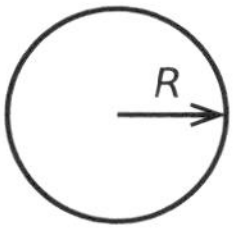

図1-13　ころがり接触のシミュレーション

速度vの自動車におけるタイヤの運動

自動車の速度は地面から見た相対速度（**対地速度**）です。完全に滑《すべ》っているタイヤと完全に転《ころ》がっているタイヤは次のように考えられます。

〔完全に滑っているとき〕
ロック状態のタイヤはすべての任意の点で、対地速度がv。
タイヤと地面の接点の相対速度はvになります。

(a) すべり接触

〔完全に転がっているとき〕
タイヤと地面間にすべりがない場合はタイヤ中心点の対地速度がv。
t秒間に回転するタイヤ外周の弧の長さsとt秒間に進む距離sが一致するとき、タイヤと地面の接点の相対速度はゼロになります。

(b) ころがり接触

図1-14　直進速度vにおけるタイヤの運動

1-3 並進運動

物体の運動経路が直線となる直進運動のうち、直進する物体上の任意の各点が角度変化することなく同じ姿勢を保持したまま移動する運動を並進運動と呼びます。

物体の直進運動と並進運動

平面内での物体の位置は、*X-Y*直交座標で表し、通常は物体を代表する重心などで位置を考えます。物体の姿勢を考える場合には、平面上での直交座標に角度を決定する回転角を加えて考えます。

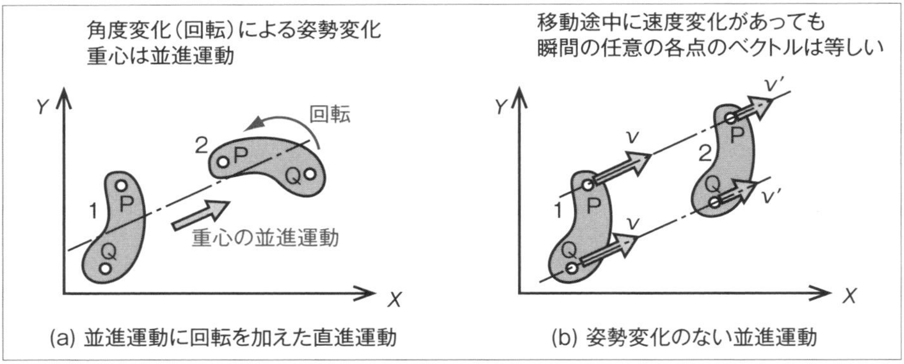

図1-15　物体の直進運動と並進運動

アニメーションで確認しよう

menu →〔第1章 機構と運動〕→〔直進運動と並進運動〕を選択してください。図1-16の画面が起動します。

直進運動のアニメーション

アニメーションを開始すると、球体がV型断面の溝の上を転がりながら直進します。球体の任意の各点の速度はそれぞれ異なり、重心の並進運動に回転を加えた直進運動を行います。

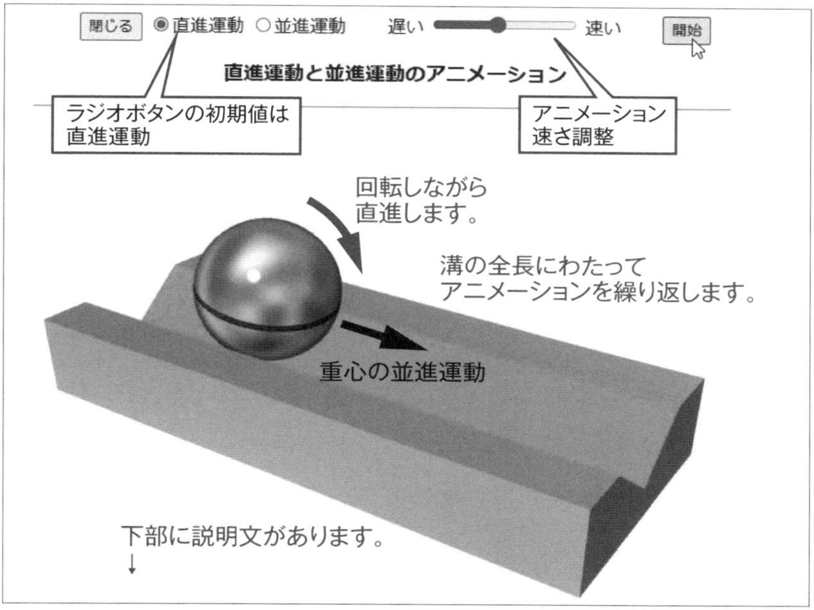

図1-16　直進運動と並進運動のアニメーションの初期画面

並進運動のアニメーション

ラジオボタン〔◉**並進運動**〕を選びます。立方体は矩《く》形《けい》断面の溝の上で、姿勢変化がなく任意の各点の速度の等しい並進運動を行います。

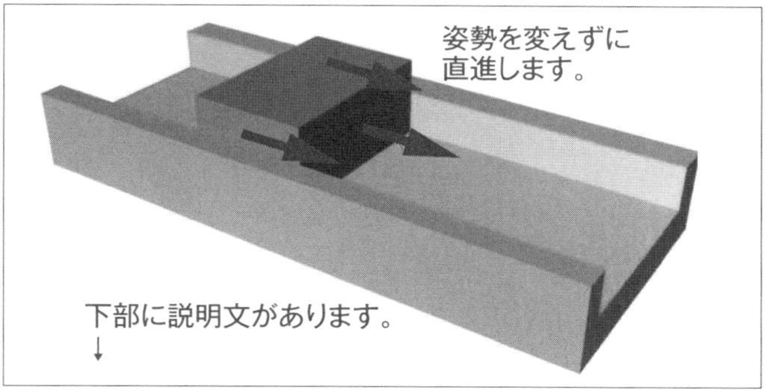

図1-17　並進運動のアニメーション

1-4 回転移動と回転中心

定められた位置と角度に部品を移動する位置決め動作を回転だけで完了させ、機構を単純化することが考えられます。この回転移動の中心が回転中心です。

物体の移動と回転中心

図1-18で、(a) 物体の移動の始点と終点が扇型の両辺にある場合は扇型の中心を回転の中心とできます。(b) 任意の位置と角度への移動では、位置移動と回転による角度変化の組み合わせが考えられます。(b) の移動も条件を満たすと、(c) 回転運動だけで物体を移動させることができます。このときの回転の中心点を**回転中心**と呼びます。

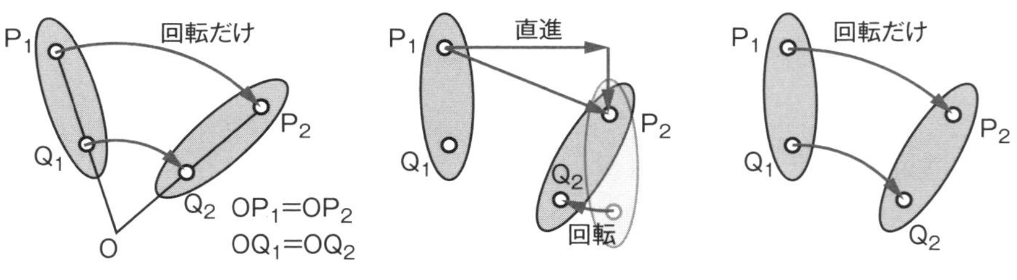

(a) 点Oは扇形の中心点　(b) 直進、回転の順番は任意　(c) 回転中心による回転移動

図1-18　物体の回転移動

回転中心の求め方

図1-19で、物体を状態①から状態②へ回転だけで移動するための回転中心は、物体上の任意の2点をP、Qとし、線分P_1P_2、Q_1Q_2の垂直二等分線の交点Oとして求めます。**剛体《ごうたい》**上に取った任意の2点と回転中心との3点を結んだ三角形は合同《ごうどう》となり、3点の相対位置は物体の移動前後で変化しません。このように求めた合同三角形の一頂点を回転中心とすれば回転だけで物体を移動することができるのです。

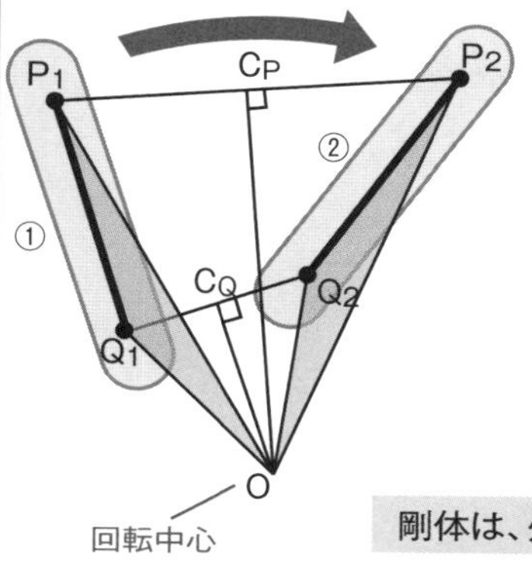

任意の2点P、Qは剛体上にあるので

$P_1Q_1=P_2Q_2$ … (1)

線分P_1P_2、Q_1Q_2の垂直二等分線の交点をOとすれば

$\triangle P_1OP_2$、$\triangle Q_1OQ_2$は、ともに二等辺三角形なので

$P_1O=P_2O$ … (2) $Q_1Q=O_2O$ … (3)

(1)、(2)、(3)から

$\triangle P_1Q_1O\equiv\triangle P_2Q_2O$ (三辺が等しい合同の三角形)

以上から、①から②への移動は、合同三角形の頂点Oを中心として回転させるだけで可能ですから、点Oが回転中心となります。

剛体は、外力を受けても変形しないと考える理想物体。

重ね合わせることのできる図形を合同な図形といいます。

図1-19 回転中心の求め方

シミュレータで確認しよう

menu →〔第1章 機構と運動〕→〔回転移動〕を選択してください。図1-20の画面が起動します。

シミュレータの動作

回転移動の始点と終点を指定すると回転中心を求め描画します。移動のアニメーション(シミュレータ)を実行できます。

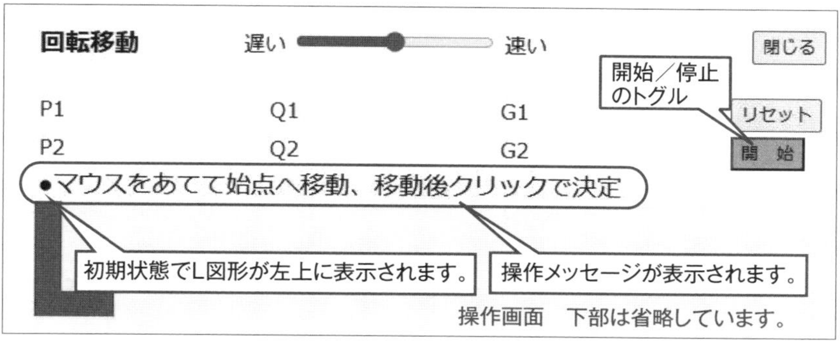

図1-20 回転移動のアニメーション(シミュレータ)の初期画面

操作方法

図1-21の①アニメーション（シミュレータ）例の操作方法を順を追って説明します。始点と終点の設定が完了すると、回転中心を求めて描画します。次に［**開始**］ボタンをクリックして回転移動を確認してください（アニメーションの開始）。

●アニメーション（シミュレーション）例

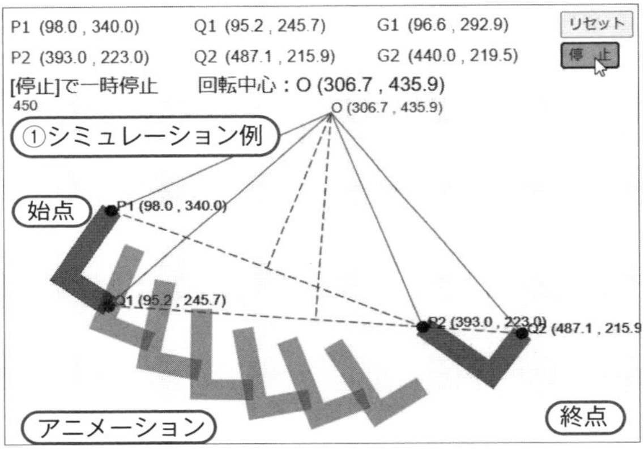

前ページ、図 1-19 の回転中心の求め方を利用して、回転中心の位置を予測しながらシミュレーションを行うことが望ましいのですが、慣れないうちは難しいので、操作画面上で余裕を持たせて始点と終点を設定してください。

※操作の修正は［リセット］で初期画面へ戻り、再度実行してください。

図1-21（a）　回転移動のアニメーション（シミュレーション）

シミュレータソフトの画面説明（基本画面）

［**開始**］：シミュレータ、アニメーションを開始します。

［**閉じる**］：実行中の画面を閉じます。

［**リセット**］：やり直すことができます。

◉ボタン：2択のスイッチになっていて、選択した方に切り替わります。

スライダのバー：バーを左右に移動することで、例えば速度を「遅い←→速い」の調整ができます。

（章によっては基本画面と違うボタンがあります。各章の本文中に解説してありますのでそちらをご覧ください）

●始点の設定

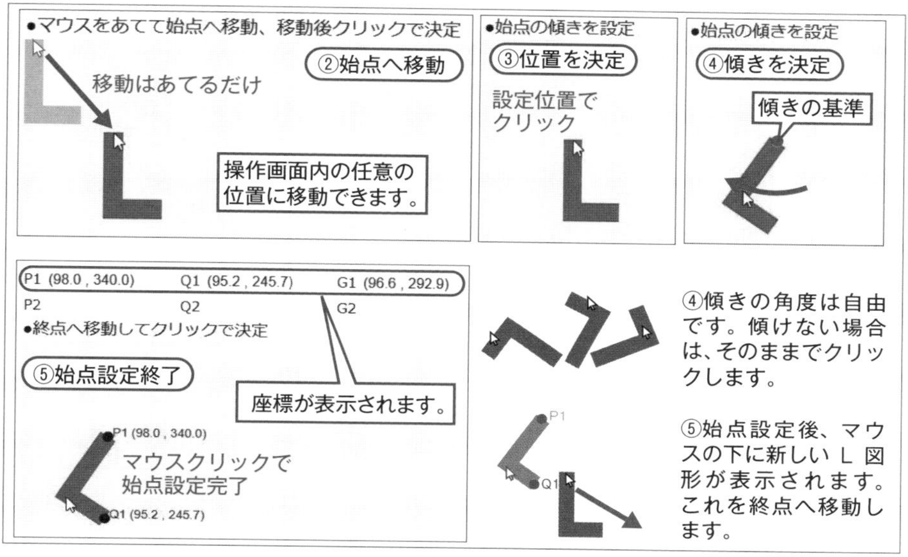
●マウスをあてて始点へ移動、移動後クリックで決定
②始点へ移動
移動はあてるだけ
操作画面内の任意の
位置に移動できます。
●始点の傾きを設定
③位置を決定
設定位置で
クリック
●始点の傾きを設定
④傾きを決定
傾きの基準
P1 (98.0 , 340.0)
Q1 (95.2 , 245.7)
G1 (96.6 , 292.9)
P2
Q2
G2
●終点へ移動してクリックで決定
⑤始点設定終了
座標が表示されます。
P1 (98.0 , 340.0)
マウスクリックで
始点設定完了
Q1 (95.2 , 245.7)
④傾きの角度は自由です。傾けない場合は、そのままでクリックします。
P1
Q1
⑤始点設定後、マウスの下に新しい L 図形が表示されます。これを終点へ移動します。

図1-21（b）　始点の設定

●終点の設定

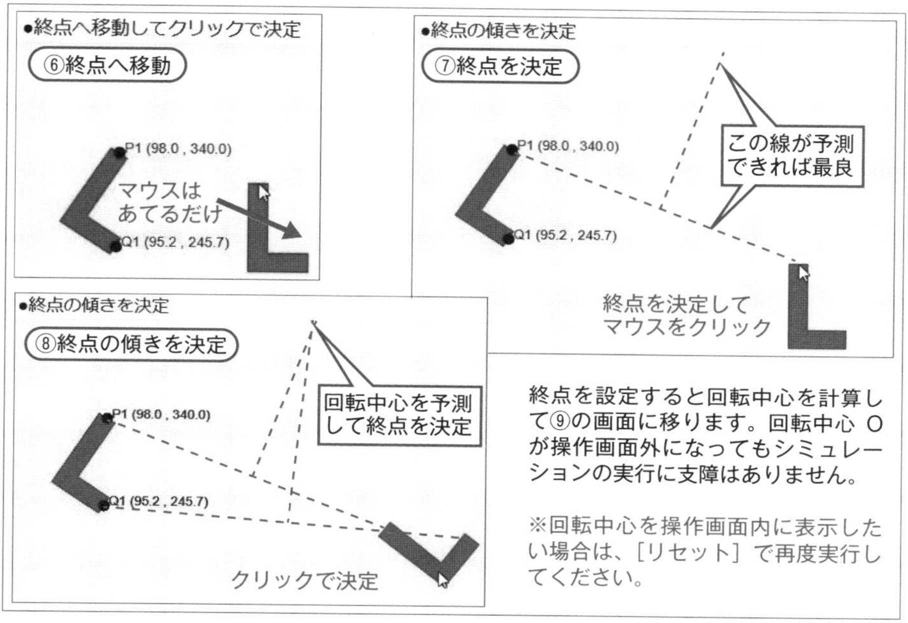
●終点へ移動してクリックで決定
⑥終点へ移動
P1 (98.0 , 340.0)
マウスは
あてるだけ
Q1 (95.2 , 245.7)
●終点の傾きを決定
⑦終点を決定
この線が予測
できれば最良
P1 (98.0 , 340.0)
Q1 (95.2 , 245.7)
終点を決定して
マウスをクリック
●終点の傾きを決定
⑧終点の傾きを決定
回転中心を予測
して終点を決定
P1 (98.0 , 340.0)
Q1 (95.2 , 245.7)
クリックで決定
終点を設定すると回転中心を計算して⑨の画面に移ります。回転中心 O が操作画面外になってもシミュレーションの実行に支障はありません。
※回転中心を操作画面内に表示したい場合は、［リセット］で再度実行してください。

図1-21（c）　終点の設定

●アニメーション（シミュレータ）を実行

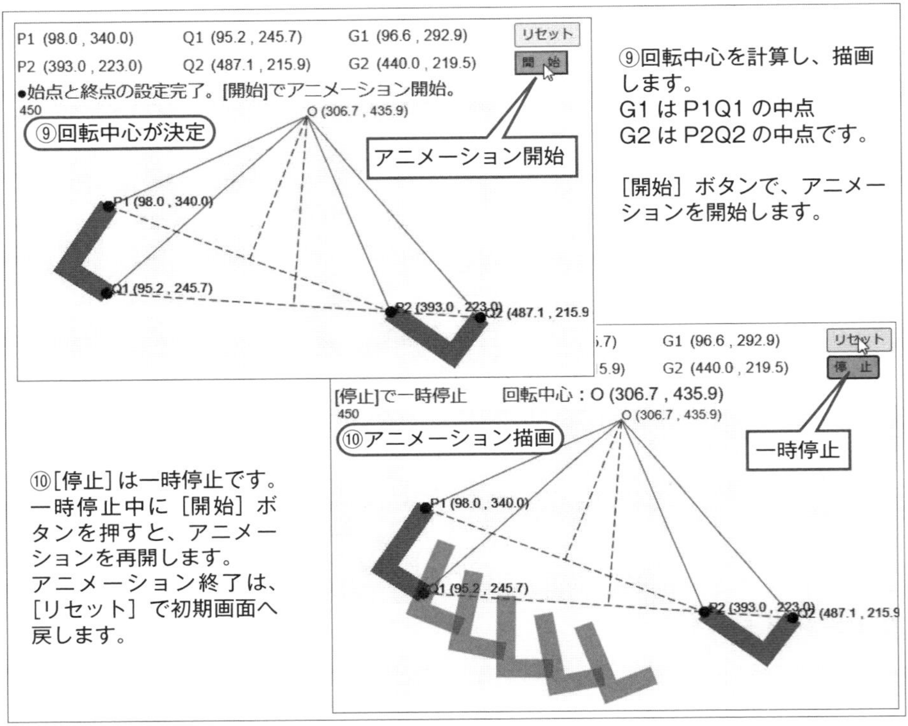

図1-21 (d)　［開始］ボタンを押してアニメーションを実行

物理量の表記に関しまして

本書の本文中（1章〜7章）、物理量（長さ、力、加速度など）はイタリック体で表記しました。なお、シミュレータソフトの画面中の物理量は立体活字となっています（ソフト開発のスピードを優先したため）。

〔例〕シミュレータソフト中：v ＝ 本文中：*v*

なお、本書の8章は例外で、シミュレータソフトの画面に合わせた方がわかりやすいため、本文中の物理量も立体活字にしてあります。

1-5
瞬間中心と速度

回転移動の回転角を極めて小さくすると回転移動中の瞬間における物体の運動を観測することができます。このときの回転中心を瞬間中心と呼びます。

瞬間中心のイメージ

金づちで釘《くぎ》を打つとき、握り部よりも先端のほうが速度が大きいことがイメージできると思います。図1-22の瞬間で金づちの回転運動の中心が手首付近の点Oにあるとすれば、点Oをこの瞬間における**瞬間中心**《しゅんかんちゅうしん》と呼びます。

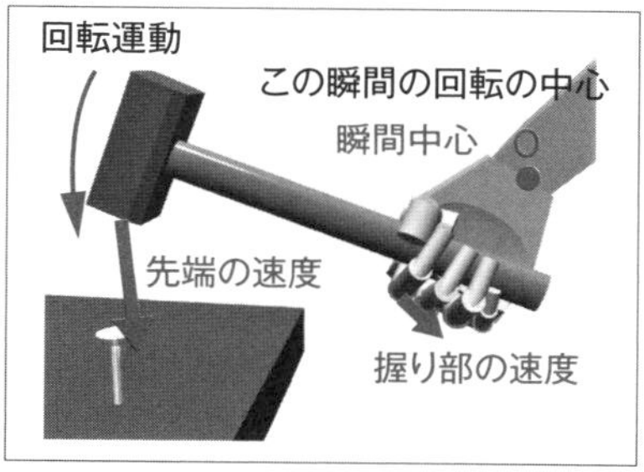

図1-22　瞬間中心のイメージ

瞬間中心と回転体の速度

図1-22のように回転物体の任意の点における速度ベクトルは、瞬間中心から遠いほど大きく、その大きさは瞬間中心からの距離に比例します。

この時、瞬間中心は速度ゼロの比例原点となります。また接触する2つの剛体のどちらか、あるいは両方が回転運動を行う場合には、相対速度がゼロの接触点を瞬間中心とします。回転体の任意の点Pにおける速度ベクトルは、回転中心Oと点Pを結んだ線分の垂直線上に取ります。つまり、「回転体の任意の点における瞬間の速度は、瞬間中心からの距離に比例し、瞬間中心からの線分に垂直な線上に発生する」といえます。図1-23 (a) は、対地速度$\boldsymbol{v}$

でころがり接触する円板の任意の点における速度です。図 (b) は接地点が滑らずに倒れる棒の任意の点における速度です。回転運動する物体の一点Pの速度が既知であれば、瞬間中心を利用して任意の点の速度を求めることができます。

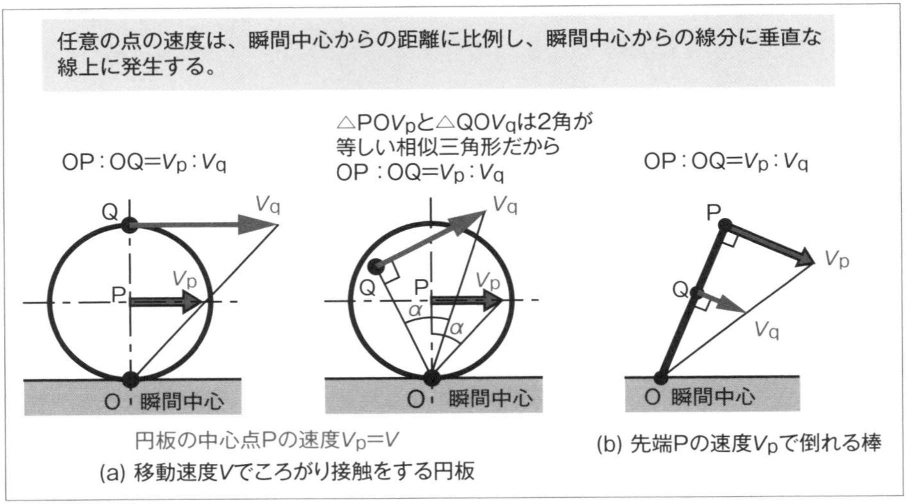

図1-23　既知の点の速度V_pから点Qの速度V_qを求める

瞬間中心を使ってみよう

ここで前ページの図1-22を見てください。速度ベクトルの傾きがおかしいと感じた方はいませんか。図1-24 (a) のようにすると自然に見えるかもしれません。

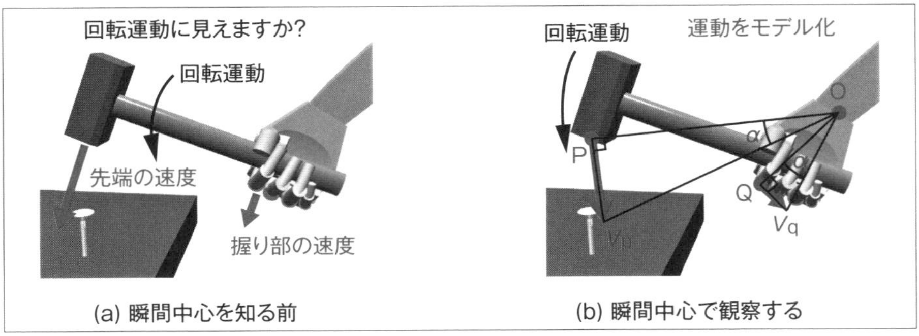

図1-24　金づちの運動の観察

図1-24 (b) は、これまでの説明に従って瞬間中心を用いてこの運動を観察したものです。本書冒頭の「機構のモデル化」にあるように、「もっとも簡単なしくみを見つける手法」が機構学なのです。瞬間中心を知った今では、図 (a) が不自然に見えるのではないでしょうか。

シミュレータで確認しよう

menu →〔**第1章 機構と運動**〕→〔**瞬間中心と速度**〕を選択してください。図1-25 (a) の画面が起動します。

シミュレータの動作

図形の位置と姿勢を決定し、瞬間中心と点Pの速度 V_{p} を設定すると、点Qの速度 V_{q} を求めて描画します。

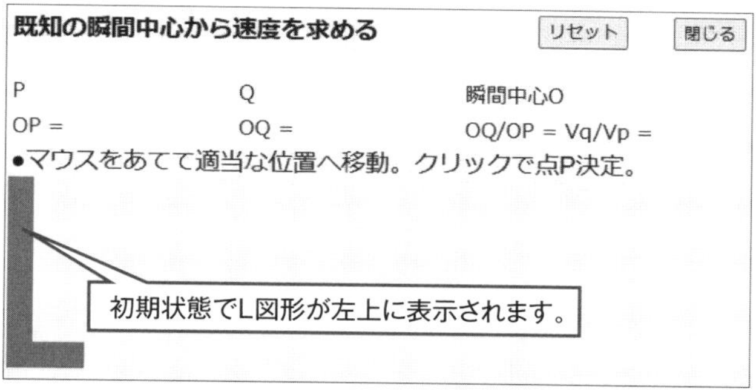

図1-25 (a)　シミュレータの初期画面

シミュレータの操作方法

図1-25 (b) に示すシミュレーション例の各点の相対位置に着目してください。前ページ図1-24 (b) に近似させたシミュレーションです。

●シミュレーション例

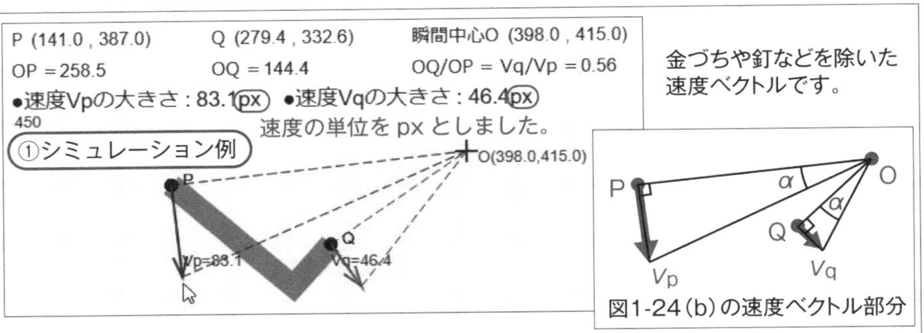

図1-25（b） シミュレーション例

●図形の位置と姿勢の決定

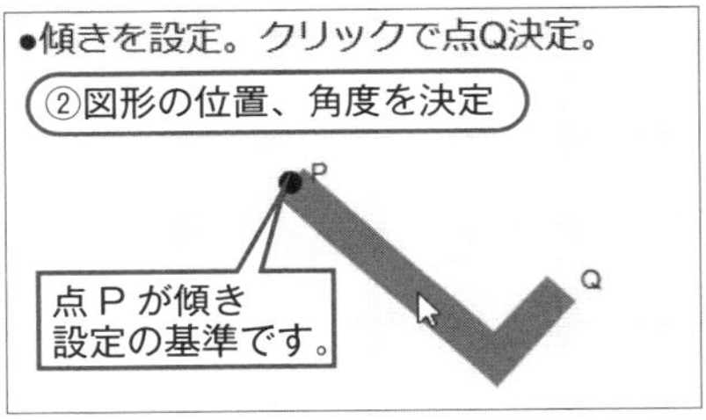

操作メッセージ
(1) ●マウスをあてて適当な位置へ移動。
クリックで点P決定。
(2) ●傾きを設定。クリックで点Q決定。

(2)のクリックする前の状態です。ここでクリックすると③へ移ります。

図1-25（c）

●瞬間中心を設定する

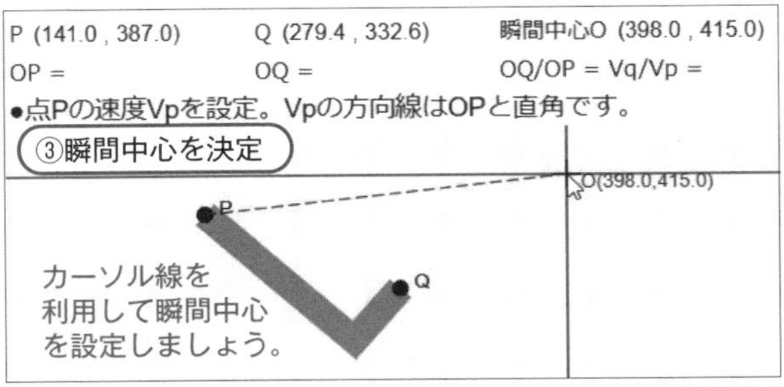

操作メッセージ
(3) ●瞬間中心を決定。
(4) ●点Pの速度V_pを設定。
V_pの方向線はOPと直角です。

(3)瞬間中心を設定して、(4)V_p設定に移る前の状態です。マウスを移動させるとカーソル線が消えます。

図1-25（d）

●点Pの速度を設定する

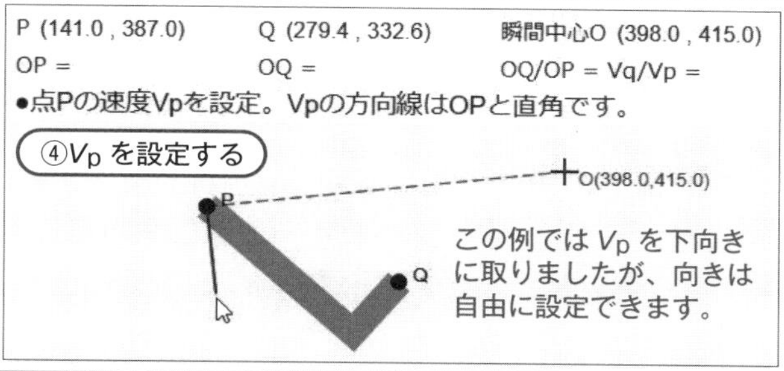

点Pの速度V_pを設定するとすぐに、点Qの速度V_qが求められ、相似三角形と速度ベクトルを描画した①の画面が表示されます。

※V_pの設定は、敏感に応答する角度があります。要領をつかんでください。

図1-26　V_pを設定

シミュレーション結果について

〔OQ／OP = V_q／V_p = 0.56〕

「●速度V_pの大きさ：83.1px　●速度V_qの大きさ：46.4px」と表示されています。これを計算すると0.55836…となり、数値が合いません。これは表示桁数によるもので、演算上の誤差ではありません。

Column　P、Q、Oが直線上にある例

図1-23で説明した点P、点Q、瞬間中心Oが直線上にある例を作ってみましょう。ディスプレイ上で定規などを使うと、3点を直線上に並べやすいですよ。

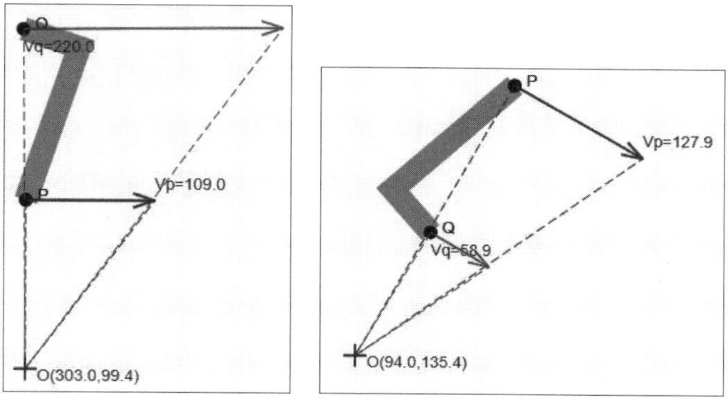

1-6
瞬間中心を求める

瞬間中心は回転移動中の物体の瞬間における回転の中心で、任意の点の速度の比例原点です。これを利用して任意の2点における速度ベクトルに対する垂直線の交点として瞬間中心を求めることができます。

瞬間中心を求めて未知の速度を求める

「回転体の任意の点における瞬間の速度は、瞬間中心からの距離に比例し、瞬間中心からの線分に垂直な線上に発生する」のですから、既知の条件がそろえば、瞬間中心を求めることができます。

図1-27は、物体の1点の速度ベクトルと他の点の速度ベクトルの方向線を既知として、未知の速度を求める例です。

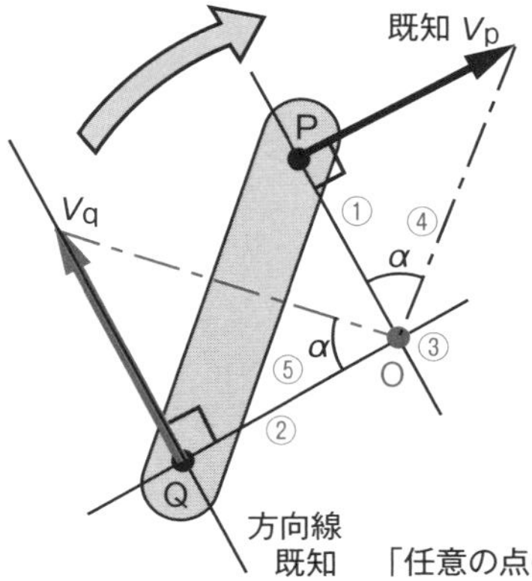

回転移動する物体の
点Pの速度ベクトルV_p
点Qの速度ベクトルV_qの方向線
を既知とする。

①点PにV_pの垂線を作る。
②点QにV_qの垂線を作る。
③2本の垂線の交点が瞬間中心Oとなる。
④△POV_pにαを求める。
⑤線分OQにαを取って△QOV_qとする。
　直角とαの2角が等しいので、
　△POV_pと△QOV_qは相似三角形になる。

「任意の点の速度は瞬間中心からの距離に比例する」から
　$OP:OQ=V_p:V_q$
　として、V_qが点Qの速度ベクトルとなる。

図1-27　瞬間中心を求めて未知の速度を求める

シミュレータで確認しよう

menu →〔第１章 機構と運動〕→〔瞬間中心を求める〕を選択してください。図1-28の画面が起動します。

シミュレータの動作

図形の位置と姿勢を決定し、点Pの速度ベクトルV_pと点Qの速度ベクトルの方向線を設定すると、瞬間中心と速度ベクトルV_qを求めて描画します。

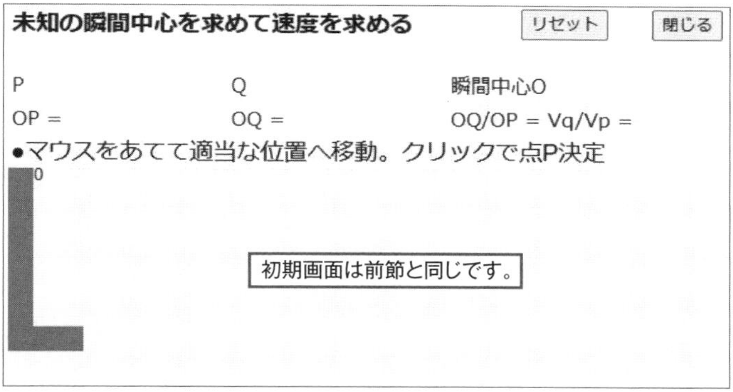

図1-28　瞬間中心を求めるシミュレータ初期画面

Column　速度ベクトルと方向という用語について

1-5節と1-6節で、速度ベクトルという表現を使っています。「速さ」は大きさだけで考えるスカラー量、「速度」は大きさに向きを加えたベクトル量ですから、速度ベクトルという表現は重複・冗長と言えます。

速度ベクトルという表現を使う理由は、瞬間中心と速度の関係では、矢印つまりベクトルの処理がポイントになることを強調するためです。

また、方向と向きも使い分けが必要で、水平方向という場合は、水平な線分で表し、水平右向きという場合は矢印で表せます。日常語で言われる右方向という表現は、あまり使われないと思います。

■ シミュレータの操作方法

図1-29 (a) に示すシミュレーション例を求める操作方法を説明します。前ページ図1-27の瞬間中心の求め方に近似させた位置でシミュレートを実行しました。プログラムも図1-27の作画手順に従って実行させたものです。

以下の操作説明では、操作メッセージ欄と座標情報が見えるように操作画面の上部を使用していますが、操作画面の中央を使って、余裕をもって操作してください。

●シミュレーション例

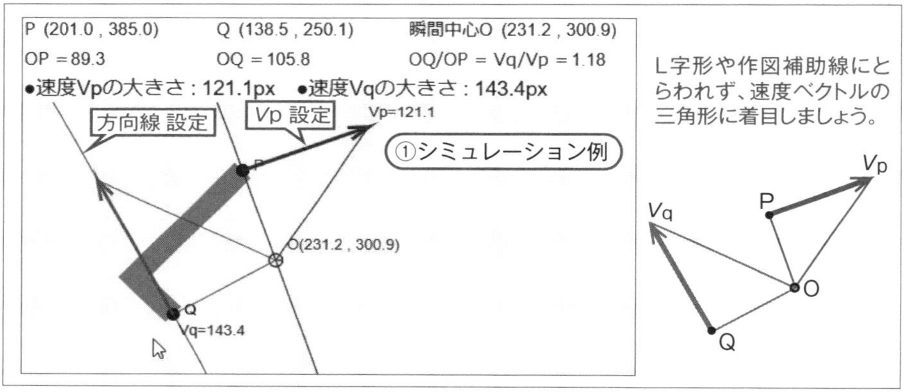

図1-29 (a)　シミュレーション例

●図形の位置と姿勢の決定

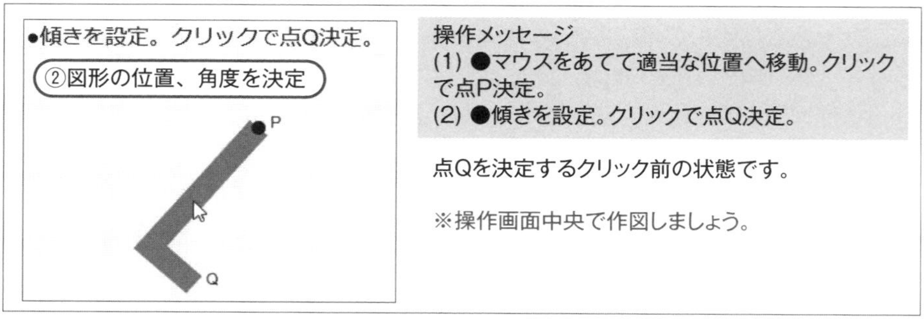

図1-29 (b)　図形の位置、角度を決定

●点Pの速度V_pを設定する

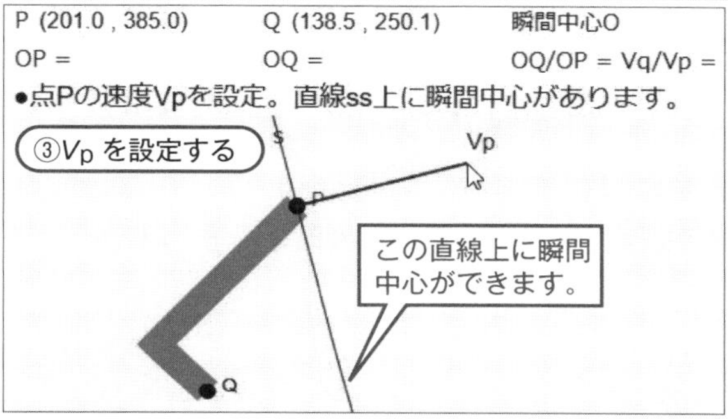

操作画面は、無限の空間の一部を表示していると考えてください。

直線ssは無限の直線と考えるので、瞬間中心が画面外に作られることもあります。

操作メッセージ
(3) ●点Pの速度V_pを設定。直線ss上に瞬間中心があります。

直線ssは点PにおけるV_pとの垂直線です。
この操作でV_pの大きさ（長さ）を設定します。

※直線ss上につくる瞬間中心の位置を見積りながらV_pを決定しましょう。

図1-29（c） 点Pの速度V_pを設定

●点Qの速度の方向線を設定する

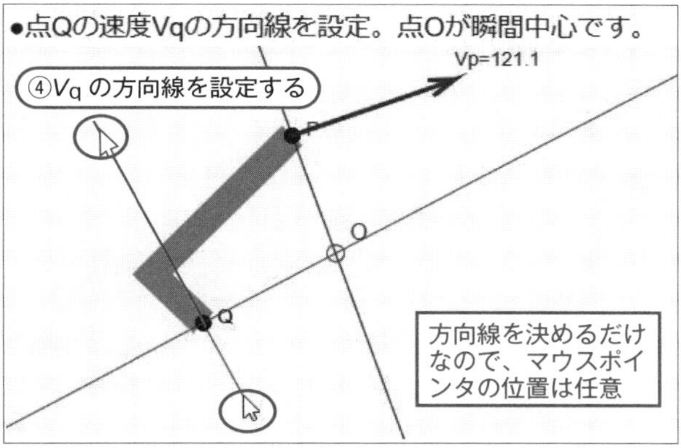

V_qの方向線を設定すると①のシミュレート画面が表示されます。
瞬間中心やベクトルの描画結果が予想に反するときは、リセットで初期状態から再度実行してみましょう。

操作メッセージ
(4) ●点Qの速度V_qの方向線を設定。点Oが瞬間中心です。

V_qの方向線に垂直な直線と直線ssの交点が瞬間中心です。

※V_qの大きさ（長さ）と向きは計算されるので、マウスポインタで点Qを含む方向線の傾きを決定するだけです。

図1-29（d） 点Qの速度V_qの方向線を設定

1-7
滑り落ちる棒の運動

水平な床の上で、垂直な壁に立てかけた棒が滑り落ちる運動は日常の現象です。機構学の観点からこの運動を考えてみましょう。

剛体の分速度と瞬間中心

図1-30 (a) の滑り落ちる棒は、外力による変形を無視できる剛体とします。点Pの速度V_pと点Qの速度V_qを既知として、図 (b) のように棒に沿った方向の分速度V_p'、V_q'を取ります。点Pと点Qは剛体上の2点なのでPQ間の距離は常に一定です。ということは、V_p'とV_q'は常に等しくなければなりません。つまり、運動途中の剛体の任意2点の速度ベクトルの2点を含む直線方向の分速度は等しいのです。

このことから、任意2点のどちらかの点の速度ベクトルが既知で、他の点の速度ベクトルの方向が既知であれば、その点の速度を求めることが可能です。これは、図 (c) のように1-6節の瞬間中心と速度の関係でも確認しています。

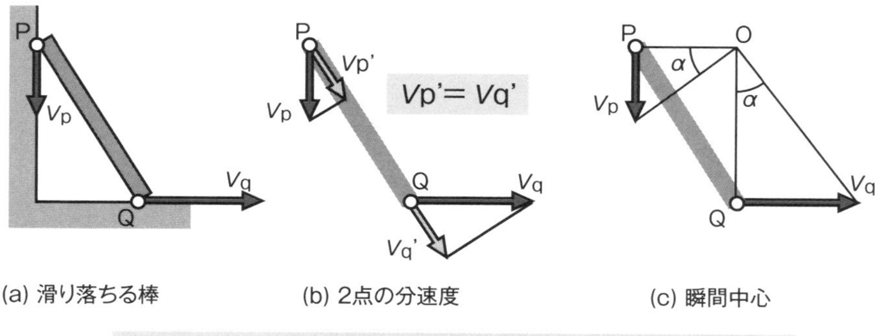

(a) 滑り落ちる棒　(b) 2点の分速度　(c) 瞬間中心

分速度：ある点の速度を目的とする方向に分解して得た速度。

図1-30　滑り落ちる棒の2点における速度ベクトル

瞬間中心とセントロード

運動する物体の瞬間中心の軌跡《きせき》を**セントロード**と呼びます。図1-31 (a) の運動平面や運動空間において移動する物体の刻々の瞬間中心を結んで作った軌跡は運動平面や運動空間座標に固定されているので、**固定セントロード**と呼びます。図 (b) のように、物体を基準として刻々と変わる瞬間中心を結んで作った軌跡を**移動セントロード**と呼びます。図 (c) に示すように、移動セントロードは、固定セントロードの中を転《ころ》がる関係にあります。

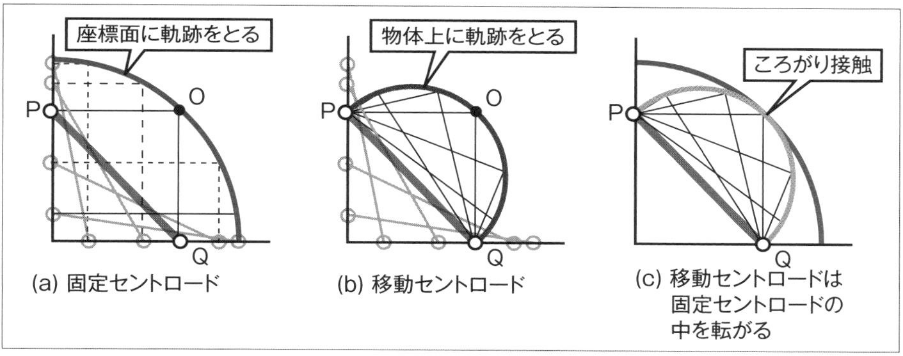

図1-31　滑り落ちる棒の瞬間中心とセントロード

問題です。鉛筆を手にしてください

図1-32 (a) の転がる円板で V_p を既知とします。図1-30を参考に、点Qの速度ベクトル V_q をこの紙面上に作図してみましょう (解答はp.47参照)。

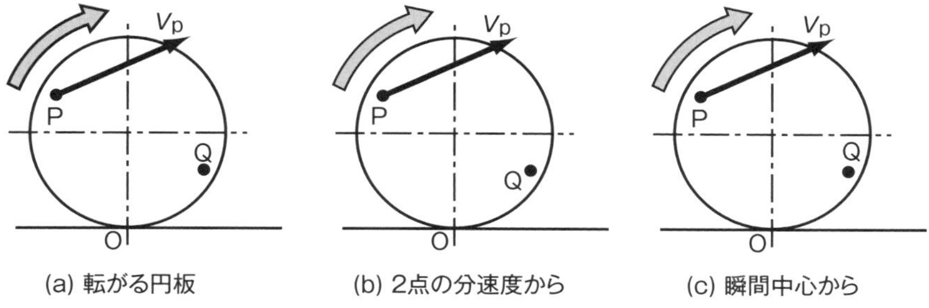

図1-32　問題：転がる円板の点Qにおける速度 V_q を求める

アニメーションで観察しよう

menu →〔第1章 機構と運動〕→〔滑り落ちる棒〕を選択し、[開始] ボタンをクリックしてください。図1-33の画面が起動します。

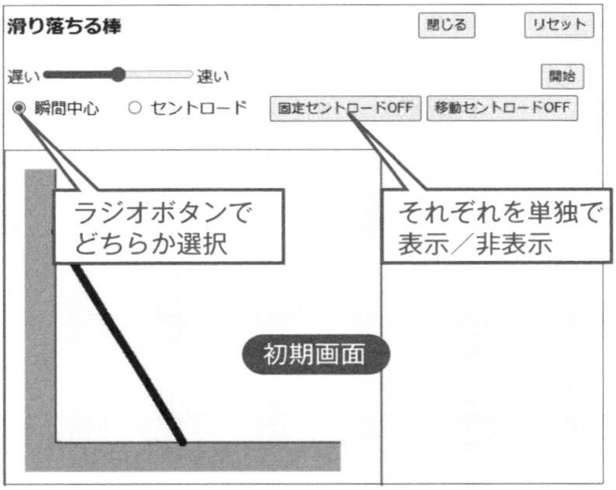

初期状態では、瞬間中心によるアニメーションが選定されています。

セントロードとの切り替えは、アニメーション実行中でも可能です。

固定セントロードと移動セントロード表示／非表示の選択は、ラジオボタンで◉セントロードを選択したときに有効になります。

図1-33　滑り落ちる棒（アニメーション初期画面）

アニメーションの操作

滑り落ちる棒の運動について、瞬間中心、2点の分速度、セントロードのアニメーションを実行します。項目を選択して観察してください。

①瞬間中心と分速度

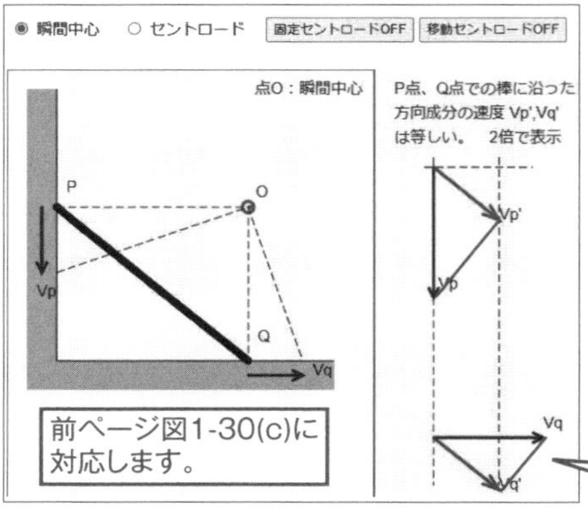

(1) 棒と壁、床との摩擦を考えない。
(2) 点Pを自由落下する落体として、点Pの速度ベクトルV_pを運動の基準とします。
(3) 点Pと点Qは剛体上の2点。
(4) V_qの速度ベクトルの方向線は水平。
として、V_qを求めます。
・画面左側が瞬間中心Oから求めたV_q。
・画面右側が分速度V_p'、V_q'から求めたV_qです。

※分速度V_p'とV_q'のベクトルが等しいことを確認してください。

図1-34 (a)　滑り落ちる棒（アニメーション）

②セントロード

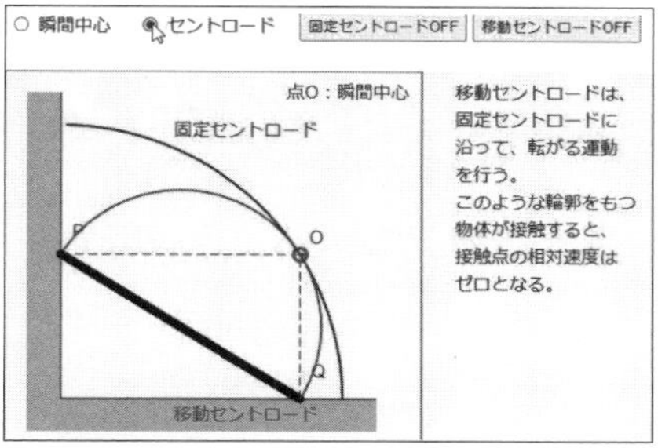

③移動セントロード

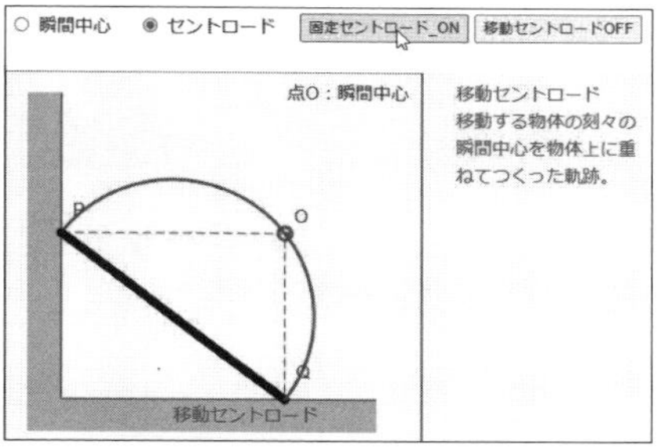

ラジオボタンでセントロードを選択すると、初期状態では固定セントロードと移動セントロードの両方が描画されます。

④固定セントロード

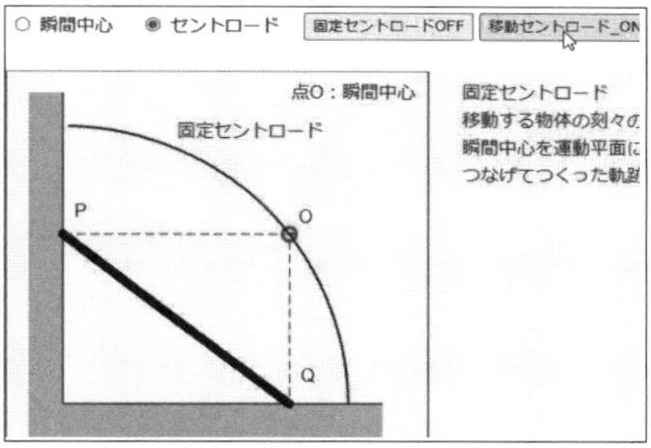

[セントロード OFF/_ON]　のボタン操作で、固定セントロードと移動セントロードを単独で観察できます。

⑤瞬間中心

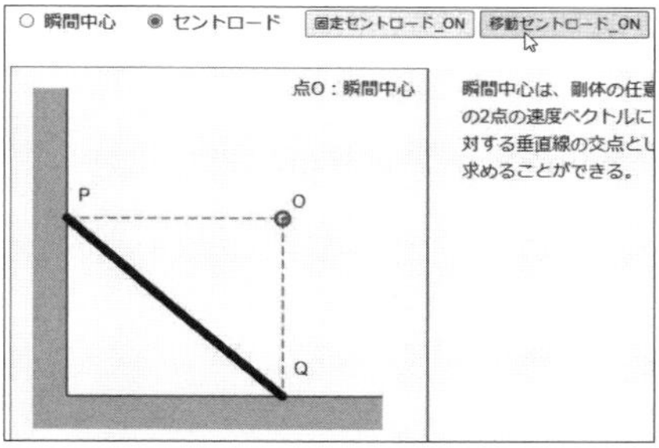

固定セントロードと移動セントロードの両方を非表示にすると、瞬間中心だけが描画されます。

図1-34 (b)　滑り落ちる棒 (各種のアニメーション)

※図1-35では、円板外周が移動セントロード、水平面が固定セントロードです。移動セントロードを作図で確認することをお勧めします。

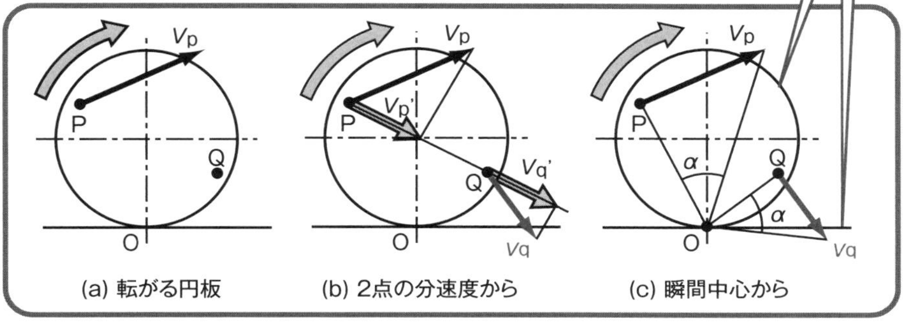

図1-35　図1-32の解答例

1-8 パワーショベルのアニメーション

ダイナミックな動きをするパワーショベルのアニメーションです。動きを分類してみてください。

アニメーションで観察しよう

menu →〔**第1章 機構と運動**〕→〔**パワーショベルのアニメーション**〕を選択し、［**開始**］ボタンをクリックしてください。図1-36の画面が起動します。

油圧シリンダの動き

油圧シリンダの並進運動を動力源として、アームとバケットの回転、揺動を作ります。シリンダは、ピストンの移動する向きによって受圧面積が異なるので外部へ与える力が異なります。パワーショベルは、バケットが掘るときに大きな力を発生する向きにシリンダを取り付けます。

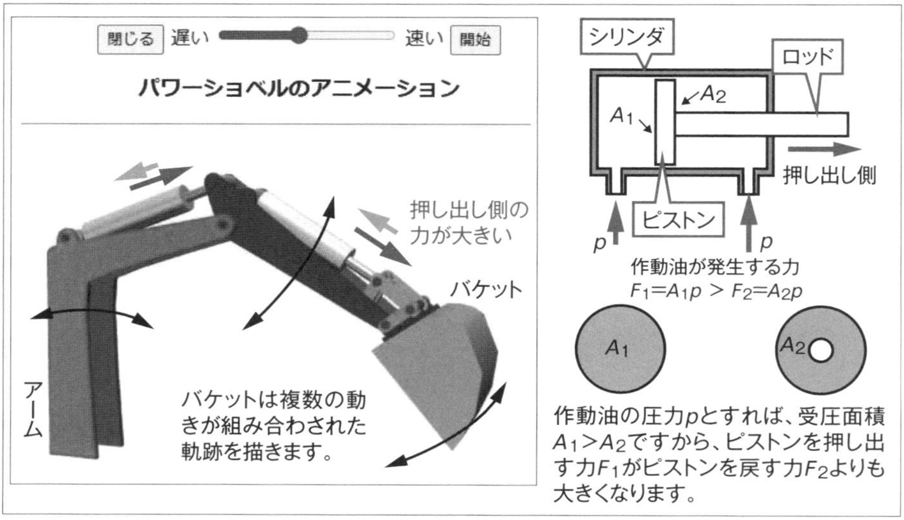

図1-36　パワーショベルのアニメーション

1章では機構に共通してみられる基本的な運動を考えました。機構を作るには、複数の部品の組み合わせが必要となります。2つの部品を組み合わせて機構の運動のもととなる運動を行う最小単位を対偶と呼びます。本章では、機械の素となる対偶の基本的な運動を考えます。

第2章

対偶と運動

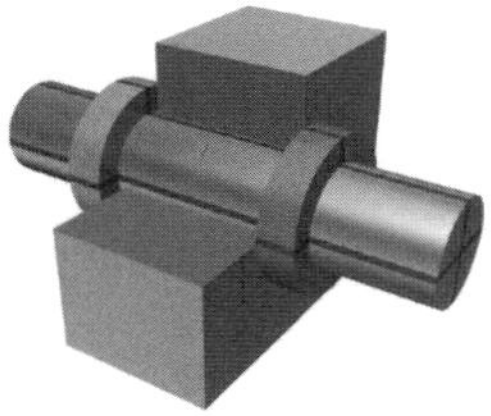

回り対偶

進み対偶

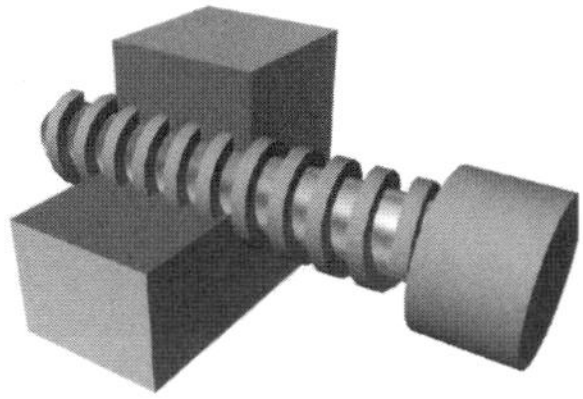

ねじ対偶

円筒対偶

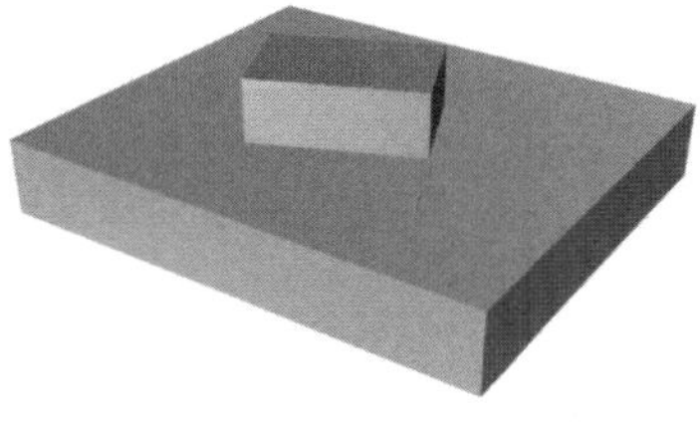

平面対偶

球対偶

2-1 機構の運動は対偶の組み合わせ

機械は、複数の機構の運動の組み合わせで動いています。機構の運動は、２つの部品の組み合わせからできた対偶の限定された運動に大別できます。

機械は複数の運動からできている

図2-1は小型オートバイのエンジンと変速機の内部です。ピストンとシリンダは、燃料の燃焼エネルギから**直線往復運動**を作るエンジン部品です。ピストンの直線往復運動はクランクで**回転運動**に変換され、微小な直線移動で動力を継断するクラッチを介して、回転運動を行う歯車変速装置へ送られます。変速歯車の組み合わせは変速用カム表面の**らせん運動**で選択されます。

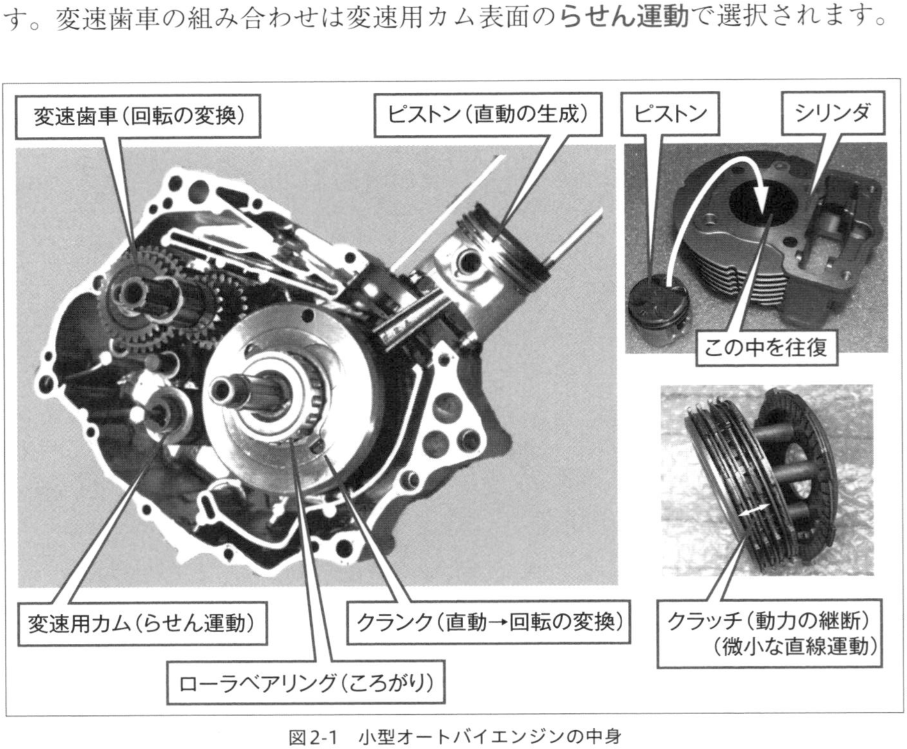

図2-1　小型オートバイエンジンの中身

対偶と基本的な運動

機構の運動を細分化すると、それ以上に分類のできない2つの部品の組み合わせが作る運動にたどり着きます。機構の最小単位となる、この2つの部品の組み合わせを**対偶**《たいぐう》（**ペア**）と呼びます。対偶の素となる単体の部品を**節**《せつ》あるいは**機素**《きそ》、**要素**と呼び、2つの節が面で接触する対偶を総称して**面対偶**、点や線で接触する対偶を総称して**線点対偶**と呼びます。面対偶は、回転、並進、らせんなどの基本的な運動を行います。

図2-2　対偶と基本的な運動

低次対偶と高次対偶

図2-3 (a) に示す2つの要素が面で接する面対偶では、各要素の表面形状が共有する接触面の形状と等しくなります。これを**低次対偶**と呼びます。図 (b) の線点対偶は2つの要素が点や線で接触するため、各要素の表面形状は接触部分の形状の影響を受けずに要素固有の形状をもちます。これを**高次対偶**と呼びます。

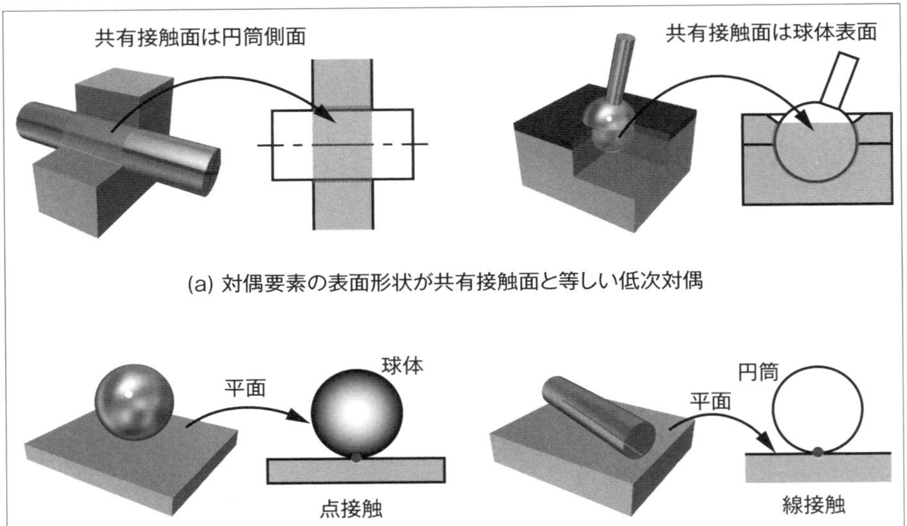

(a) 対偶要素の表面形状が共有接触面と等しい低次対偶

(b) 対偶要素固有の表面形状をもつ高次対偶

図2-3　低次対偶と高次対偶

自由度と自由度1の対偶

対偶の運動を限定する度合いを**自由度**と呼び、剛体《ごうたい》の状態を決定する運動要素の数で表します。図2-4 (a) **回り対偶**と (b) **進み対偶**は、ともに1種類だけの運動を行うので、自由度1の対偶です。図 (c) の**ねじ対偶**では、おねじとめねじに相対的な回転運動と並進運動の2種類が発生します。しかし、2つの運動で生じる移動量は互いに比例関係にあり、どちらか一方が決定されると他方の移動量が決定されます。このような運動の自由度は1です。

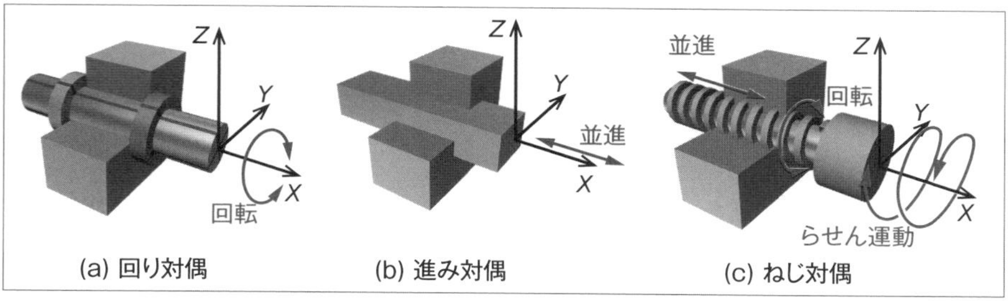

図2-4　自由度1の対偶

自由度2以上の対偶

複数の独立した相対運動が可能な対偶は、2以上の自由度をもちます。図2-5に示す対偶の運動は、他の運動と関連することなしに単独、あるいは同時に行うことができます。

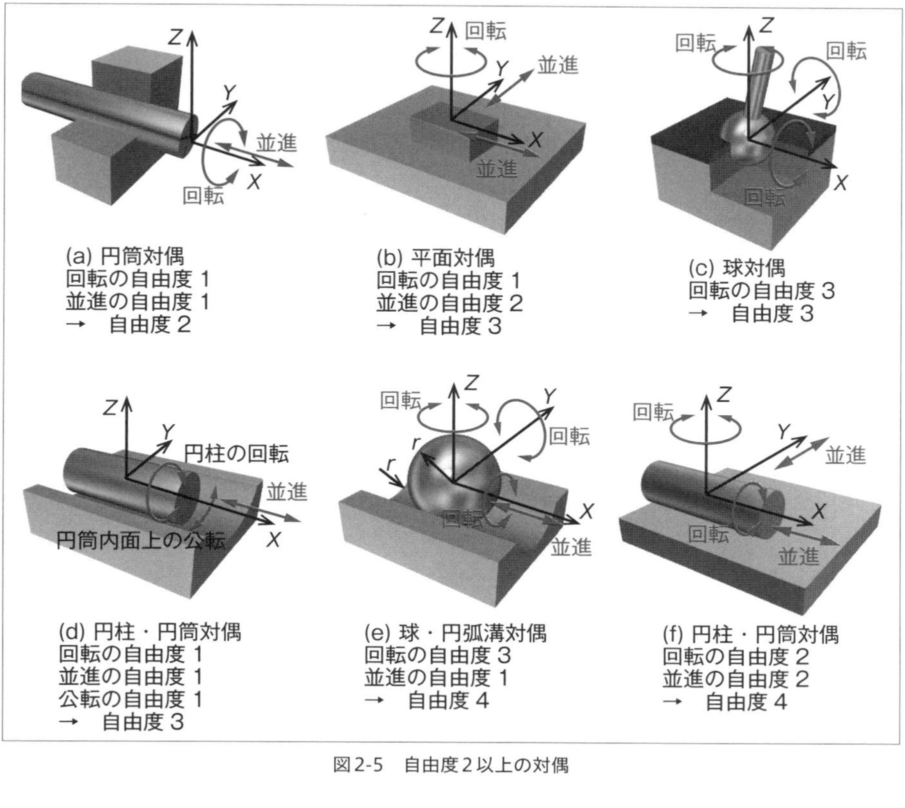

図2-5　自由度2以上の対偶

2-2 回り対偶

回り対偶は、円筒状の節とそれと組み合わせる穴をあけた節で構成され、回転のすべり接触だけを行う自由度1の低次対偶です。

アニメーションで確認しよう

menu →〔第2章 対偶と運動〕→〔回り対偶〕を選択し、[開始] ボタンをクリックしてください。図2-6の画面が起動します。

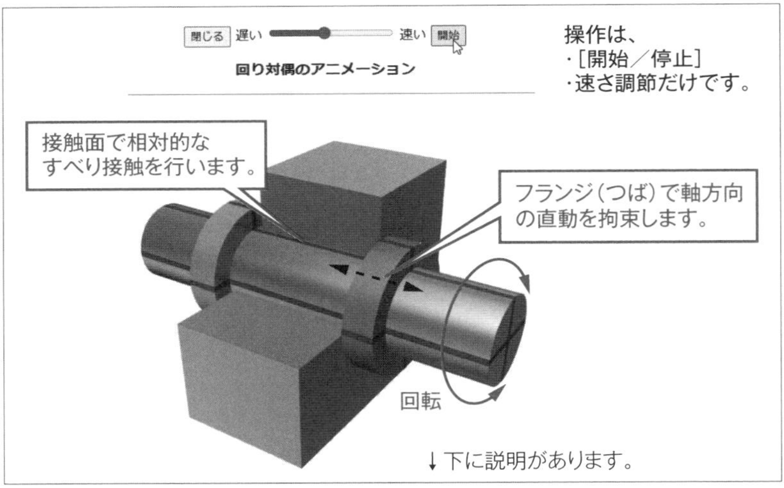
閉じる
遅い
速い
開始
回り対偶のアニメーション
操作は、
・[開始／停止]
・速さ調節だけです。
接触面で相対的な
すべり接触を行います。
フランジ（つば）で軸方向
の直動を拘束します。
回転
↓下に説明があります。

図2-6　回り対偶アニメーションの初期画面

立体の三次元座標軸について

前述の図2-4、図2-5は、右手直交座標系で表しています。*X*、*Y*、*Z*各軸をどの軸に割り当てるかは、分野によって異なることがあります。

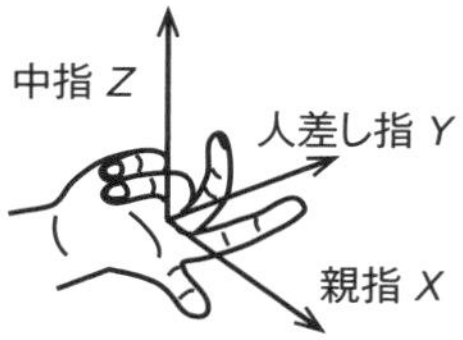

図2-7　右手直交座標系

回り対偶の例

回り対偶は、すべり接触、面接触ですから、回る部分にベアリングが使われた場合は、回り対偶ではありません。身近な回す箇所、回るものなどに、回り対偶を見つけてみましょう。

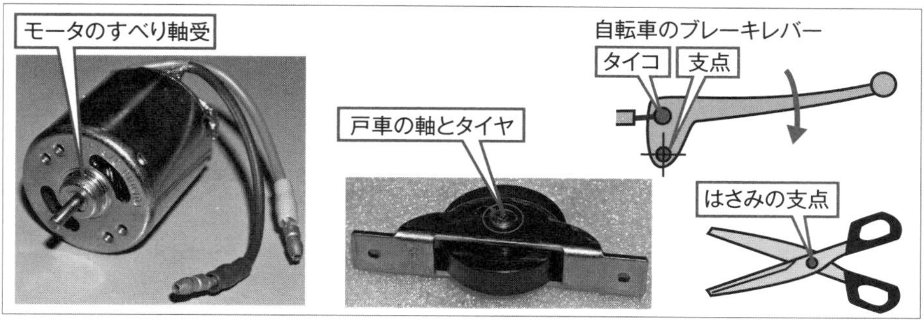

図2-8　身近な回り対偶の例

Column　回り対偶、永久中心

モータの回転軸のように、節が回転運動のみを行う自由度1の待遇を**回り対偶**と呼びます。回転中心（30ページ参照）と瞬間中心（35ページ参照）が一致し、運動を考える座標軸上で固定されている場合を**永久中心**とも呼びます。

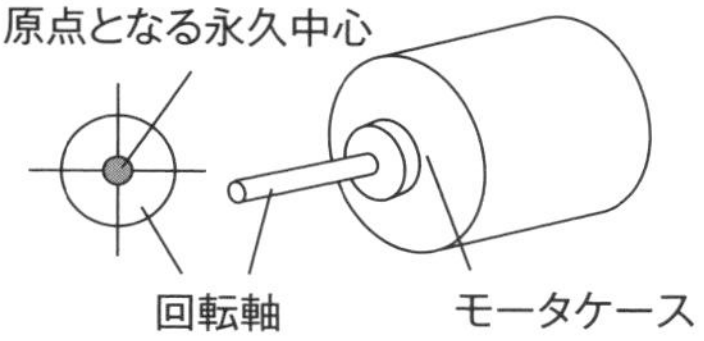

図2-9　回転軸と永久中心

回転運動の表し方

回転速さの代表的な扱い方に次のようなものがあります。

- **回転数**：機械の実用的な単位として、単位時間あたりに回転する回数で表します。記号として、Nやnが一般的に使用されます。
  rpm（revolution per minute）：1分間あたりに回転する回数
  rps（revolution per second）　：1秒間あたりに回転する回数
- **角速度**［rad/s］：角度をrad単位で表した1秒間あたりの回転角。
  rad（ラディアン）は角度を図2-10のように表す**弧《こ》度《ど》法《ほう》**と呼ばれる方法です。記号にω（オメガ）を使用します。

Column　**rad単位（弧度法）**

円の半径r、円弧の長さrになるときの扇形の中心角を1radと表わします。
中心角360°の円周の長さは、$2\pi r$から

$$360° = 2\pi r / r = 2\pi \text{ [rad]}$$

$$1\text{rad} = 360° / (2\pi) \fallingdotseq 57.3°$$

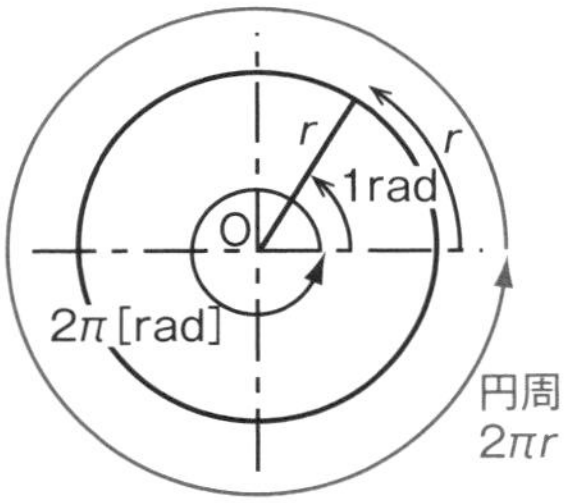

図2-10　角度と回転速さの表し方

2-3 進み対偶

進み対偶は、機械の運動部分に多く見られる並進運動をすべり接触だけで作る自由度１の低次対偶で、すべり対偶とも呼びます。

アニメーションで確認しよう

menu →〔第２章 対偶と運動〕→〔進み対偶〕を選択し、[開始] ボタンをクリックしてください。図2-11の画面が起動します。

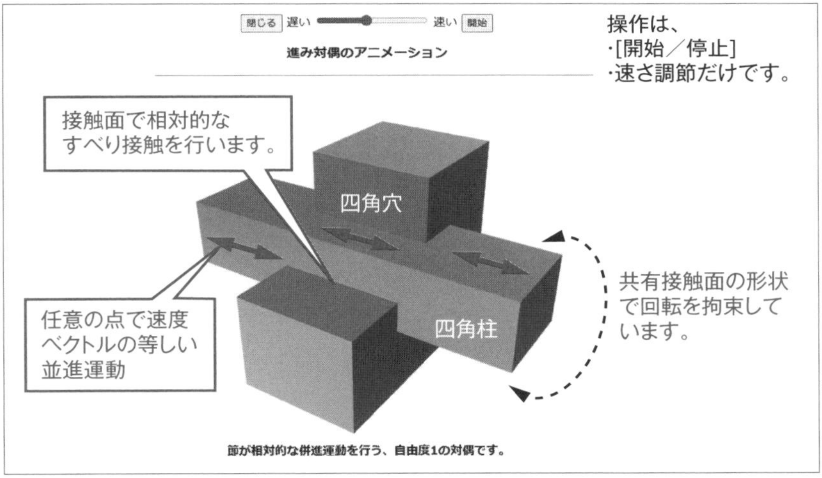
閉じる
遅い
速い
開始
進み対偶のアニメーション
操作は、
·[開始／停止]
·速さ調節だけです。
接触面で相対的な
すべり接触を行います。
四角穴
四角柱
任意の点で速度
ベクトルの等しい
並進運動
共有接触面の形状
で回転を拘束して
います。
節が相対的な併進運動を行う、自由度1の対偶です。

図2-11　進み対偶アニメーションの初期画面

進み対偶を作るには

図2-11の角棒と角穴の対偶の他、**進み対偶**のしくみには、図2-12に示す方法などがあります。図2-12 (a) はキーとキー溝、図 (b) は軸と軸受けに凹凸を設けた**スプライン**で、節相互の回転を伝えながら**長《なが》手《て》方向《ほうこう》**（**スラスト方向**）の相対運動を可能にします。図 (c) は機械のテーブル案内面など、高い強度が必要とされる場所に使用される並進運動用案内面です。

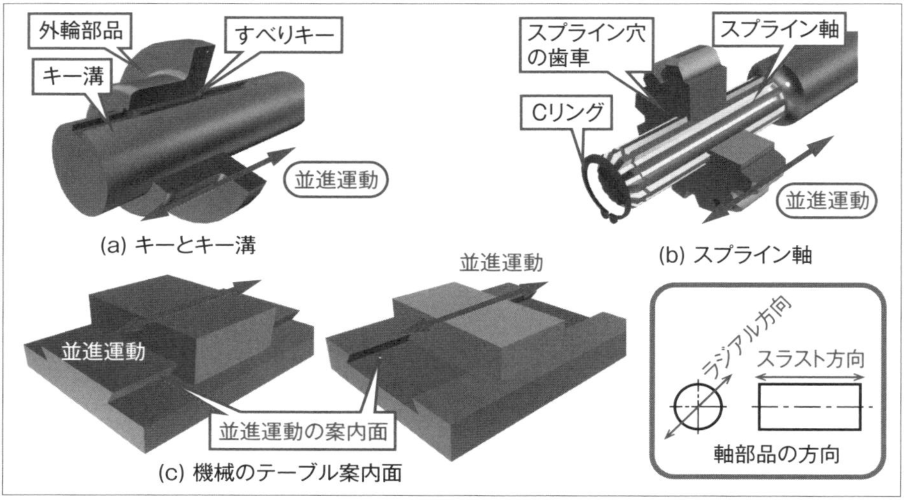

(a) キーとキー溝
(b) スプライン軸
(c) 機械のテーブル案内面

図2-12　機械に使われる進み対偶の例

日常に見る進み対偶

図2-13は、(a) CDトレイ、(b) インクジェットプリンタヘッド、(c) 引き戸の動きの例です。私たちのまわりには、並進運動の素となる多くの進み対偶があります。

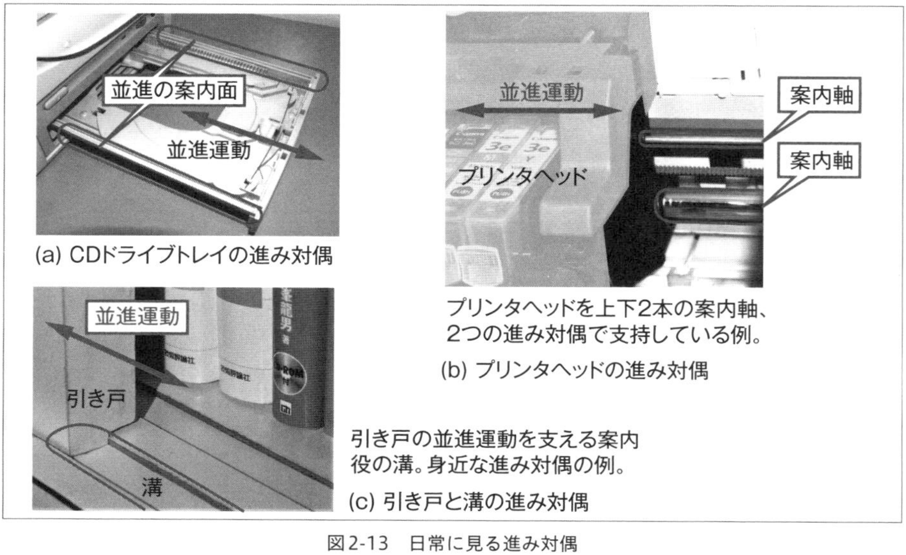

(a) CDドライブトレイの進み対偶

プリンタヘッドを上下2本の案内軸、2つの進み対偶で支持している例。
(b) プリンタヘッドの進み対偶

引き戸の並進運動を支える案内役の溝。身近な進み対偶の例。
(c) 引き戸と溝の進み対偶

図2-13　日常に見る進み対偶

2-4 ねじ対偶

ねじ対偶は、回転と並進2つの運動が同時に比例して行われる、すべり接触だけで作る自由度1の低次対偶です。

アニメーションで確認しよう

menu →〔**第2章 対偶と運動**〕→〔**ねじ対偶**〕を選択し、[**開始**] ボタンをクリックしてください。図2-14の画面が起動します。

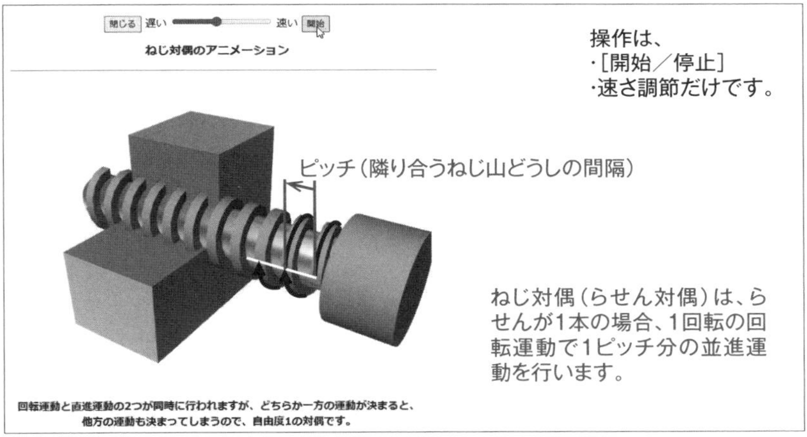
閉じる
遅い
速い
開始
ねじ対偶のアニメーション
操作は、
・[開始／停止]
・速さ調節だけです。
ピッチ（隣り合うねじ山どうしの間隔）
ねじ対偶（らせん対偶）は、らせんが1本の場合、1回転の回転運動で1ピッチ分の並進運動を行います。
回転運動と直進運動の2つが同時に行われますが、どちらか一方の運動が決まると、
他方の運動も決まってしまうので、自由度1の対偶です。

図2-14　ねじ対偶アニメーションの初期画面

ねじ対偶の直進移動量

ねじが1回転で移動する量を**リード**と呼びます。図2-15 (a) のらせんが1本のねじを**1条ねじ**と呼び、リードはねじ山の**ピッチ**と等しくなります。「条」は、「すじ」を意味します。らせんが2本以上のねじを**多《た》条《じょう》ねじ**と呼びます。

図 (b) の2条ねじであれば、リードはピッチの2倍になります。根強い人気を博す万年筆のねじ式キャップが少しの回転角で開け閉めできるのは、3条や4条の複数のらせんを採用しているからです。

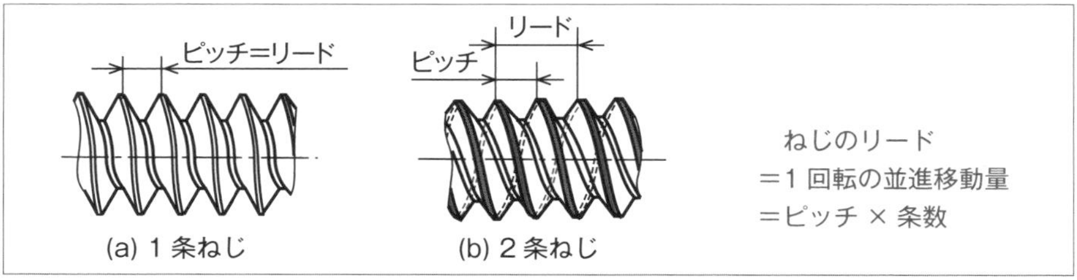

図2-15　ねじ対偶の直進移動量

日常に見るねじ対偶

ねじ対偶は私たちの身近な所でも、図2-16 (a) のびんやペットボトルの蓋《ふた》、(b) 自動車のジャッキ、(c) 締《し》め付け要素など、いろいろな用途に使用されています。

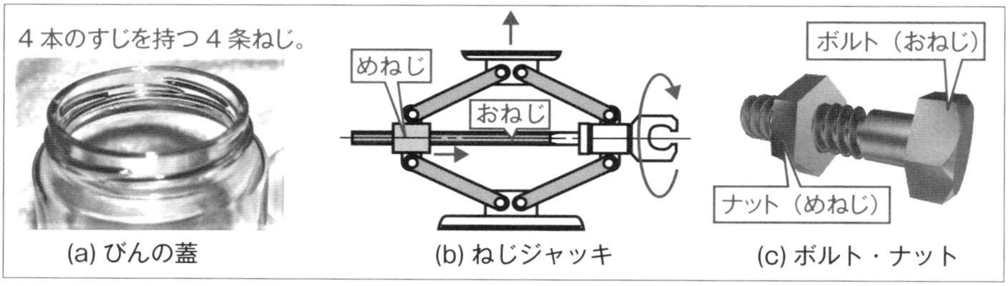

図2-16　日常に見るねじ対偶

機械の代表的なねじ対偶

機械用途でのねじ対偶は、図2-17 (a) のように回転運動を並進運動へ変換したり、図 (b) の精密に作られたねじの回転量に比例した並進移動量を利用して寸法を測定する**マイクロメータ**など、多くの用途に用いられます。

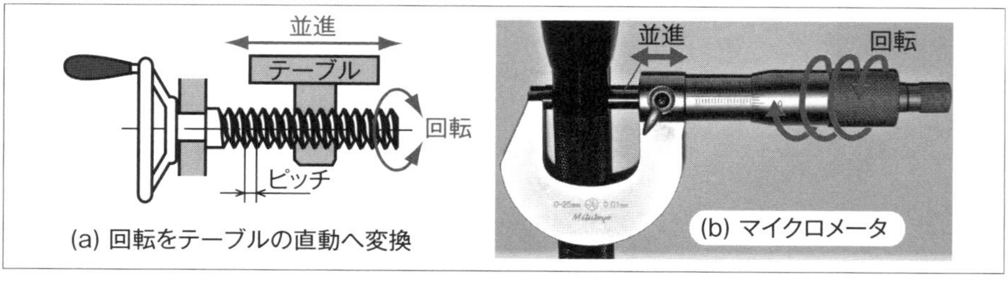

図2-17　機械の代表的なねじ対偶

2-5
円筒対偶

円筒対偶は、回転と並進２つの運動を独立して行うことのできる、すべり接触だけで作る自由度２の低次対偶です。

アニメーションで確認しよう

menu →〔第２章 対偶と運動〕→〔円筒対偶〕を選択し、[開始] ボタンをクリックしてください。図2-18の画面が起動します。

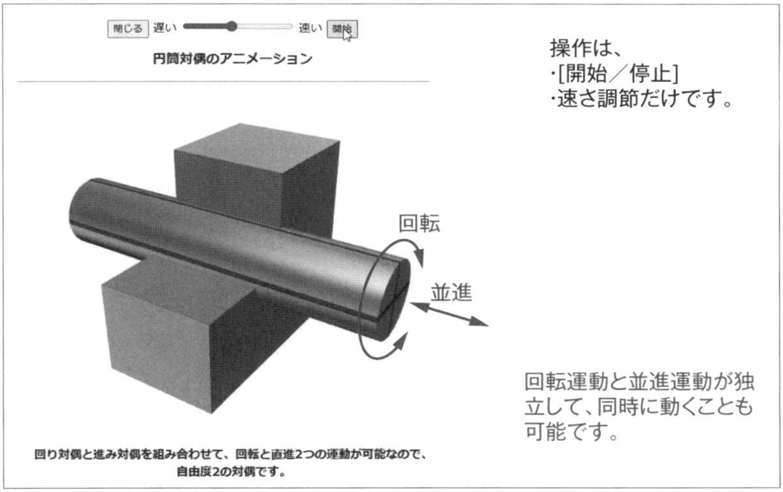
閉じる
遅い
速い
開始
円筒対偶のアニメーション
操作は、
・[開始／停止]
・速さ調節だけです。
回転
並進
回転運動と並進運動が独立して、同時に動くことも可能です。
回り対偶と進み対偶を組み合わせて、回転と直進2つの運動が可能なので、
自由度2の対偶です。

図2-18　円筒対偶アニメーションの初期画面

自転車を題材として円筒対偶をみる

図2-19の自転車からベアリングを使っていない円筒対偶部分を探すと、(a) **ハンドルステム**と (b) **シートポスト**があります。

(a) ハンドルステムは、ハンドルの高さを決めた後、引き棒の雄《お》ネジを締めて**ウス**（雌《め》ネジ）をステムのスリットに食い込ませ、ステムを広げて前輪

のステアリング部分と固定します。

(b) のシートポストは、サドルの高さを決めた後にクランプレバーを締めクランプ部分の隙間を締め付けてシートポストを固定します。どちらも調整した後に固定してしまう部分です。

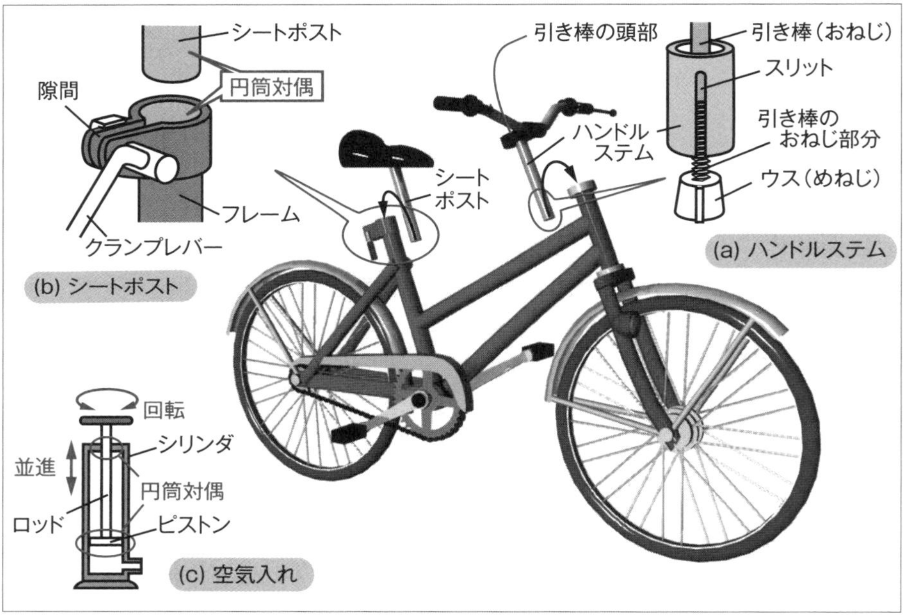

図2-19　自転車に見る円筒対遇

(c) 空気入れは、ピストンとシリンダの円筒対偶で、ロッドとピストンは、クルクルと回転すると同時にシリンダの中を並進運動します。空気を吸い込んで押し出すためには、並進運動だけでよさそうですが、回転できることでシリンダとピストンの密閉が保たれるのです。

ボール盤の円筒対偶

図2-20は、穴あけ用の**ボール盤《ばん》**の構成例です。コラムにモータヘッドが固定され、コラムと円筒対偶を作るテーブルに工作物を載せ、加工位置を決定後、テーブルをコラムに固定し、ドリルを送って、加工を行います。

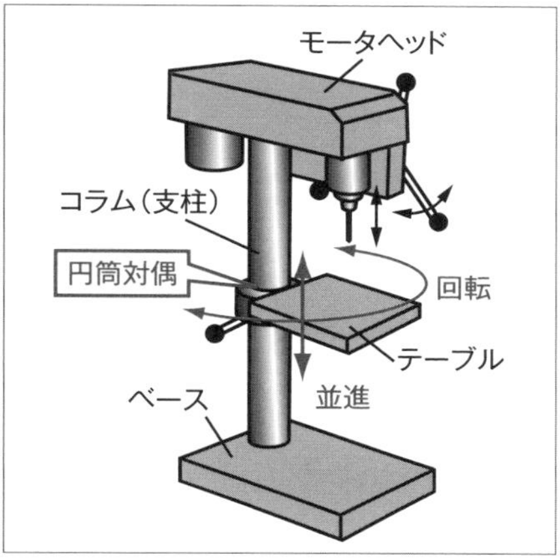

図2-20　ボール盤の円筒対偶

Column　ねじ対偶を発展させたボールねじ

ねじ対偶は面接触のすべり接触なので、摩擦を軽減し、駆動精度を高める目的から、「おねじ」と「めねじ」の間に圧入したボールを循環させてころがり接触とした**ボールねじ**が多くの機械に使用されています。

ころがり接触の詳細は「2-8 線点対偶」(p.70) で説明します。

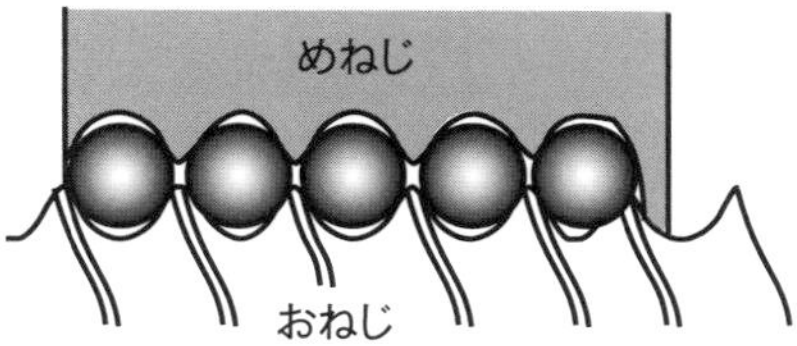

図2-21　ボールねじ

2-6 平面対偶

平面対偶は、平面上で独立した運動を自由に行うことのできる、すべり接触だけで作る自由度3の低次対偶です。

アニメーションで確認しよう

menu →〔**第2章 対偶と運動**〕→〔**平面対偶**〕を選択し、[**開始**] ボタンをクリックしてください。図2-22の画面が起動します。

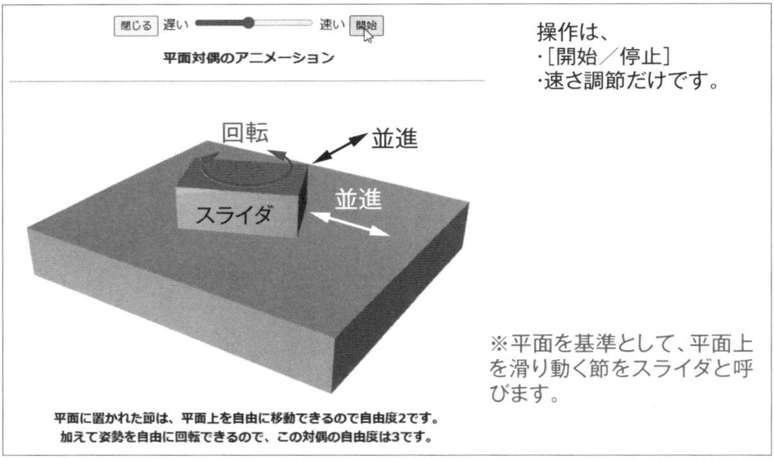

図2-22　平面対偶アニメーションの初期画面

平面対偶の自由度

図2-22のアニメーションで、スライダは平面から離れることなく平面上を自由に運動します。しかし、どこへでも動けるからといっても自由度が無限とはなりません。図2-23のようにスライダの平面上の位置は、2軸の直交座標で決定するので、平面上での運動の自由度は最大で2です。これに姿勢変化を決定する回転角度を加えて、**平面対偶**の自由度は3になります。

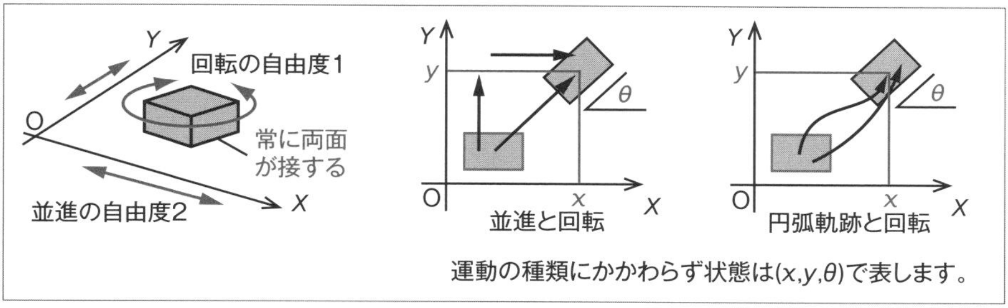

図2-23　平面対偶の自由度

平面対偶の例

図2-24 (a) のマウスはパソコン操作に欠かすことのできない、平面上を自由に移動させて相対的な直交2軸の並進移動量をパソコンに送る入力機器です。図 (b) の不織布などでできた掃除用シートを取り付けてフローリングなどを掃除するステッキ状の用具は、人の手による雑巾がけを発展させて平面対偶を実用化したものです。図 (c) の**トースカン**（けがき用の工具の一種）と**Vブロック**は、機械加工や測定で実質上の基準平面とする**定盤**《じょうばん》の上に載せ、マウスと同様に手で定盤上を滑らせて、材料表面に水平線を引くケガキ作業や、測定などに使用される器具です。

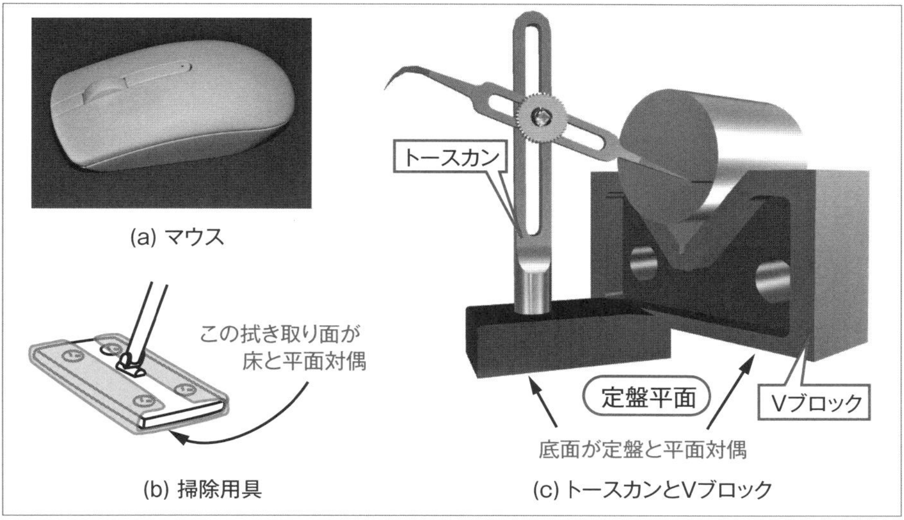

図2-24　平面対偶の例

2-7

球対偶

球対偶は、グルグルと制限なく動いているようですが、球体の中心を原点として回転する、すべり接触だけを行う自由度3の低次対偶です。

アニメーションで確認しよう

menu →〔第2章 対偶と運動〕→〔球対偶〕を選択し、［開始］ボタンをクリックしてください。図2-25の画面が起動します。

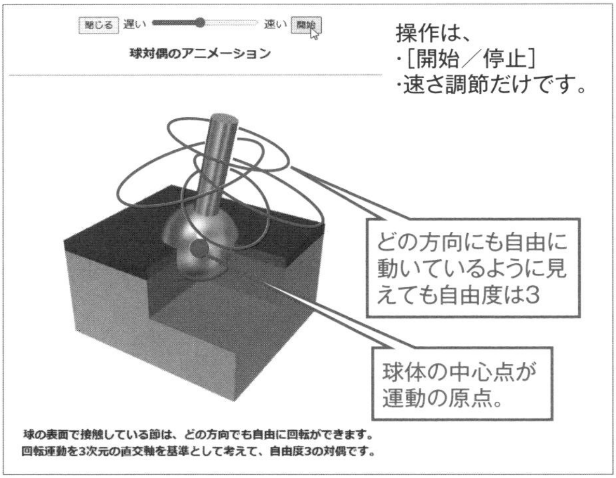

閉じる
遅い
速い
開始
球対偶のアニメーション
操作は、
・［開始／停止］
・速さ調節だけです。
どの方向にも自由に動いているように見えても自由度は3
球体の中心点が運動の原点。
球の表面で接触している節は、どの方向でも自由に回転ができます。
回転運動を3次元の直交軸を基準として考えて、自由度3の対偶です。

図2-25　球対偶アニメーションの初期画面

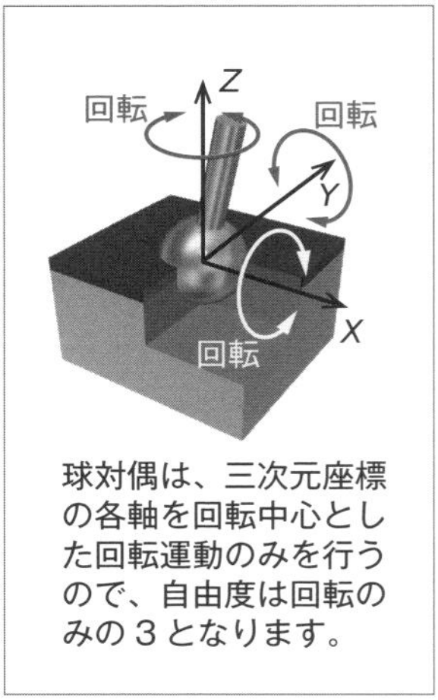

Z
回転
回転
Y
X
回転
球対偶は、三次元座標の各軸を回転中心とした回転運動のみを行うので、自由度は回転のみの３となります。

図2-26　球対偶の自由度

球対偶の自由度

球対偶は、球体を包む節の一部を開放して自由な角度変化を取れるようにした対偶です。前節までの対偶と異なり、三次元での運動を行います。しかし、三次元座標軸に沿った並進運動はなく、図2-26のように3本の座標軸を中心とする回転運動だけなので、自由度は3になります。

身近な球対偶の例

図2-27 (a) は、私たちの日常で最も身近な球対偶と思われるボールペンのチップ部分（ボールペンの先端部分）です。図 (b) にチップの概略を示します。**ボール受け座**と球対偶を作る**ボール**をチップ先端の**カシメ部**で保持しています。

図 (c) は、ミニバイクのバックミラーです。プラスチック製本体のボール保持部にミラーステー先端のボールを圧入して球対偶を作ります。ボールが抜けるのを防ぐために締め付けねじで本体のスリットを締め付けます。

図 (d) は、自動車のリアゲートダンパの**ボールジョイント**部分です。ボールはホルダを包むスプリング先端の爪で外れないように保持されています。分解するときは、スプリングを浮かせて爪を引っ込めてホルダを抜きます。組付けは、ボールをボール受け部に押し付けると爪が開いてボールが格納されます。

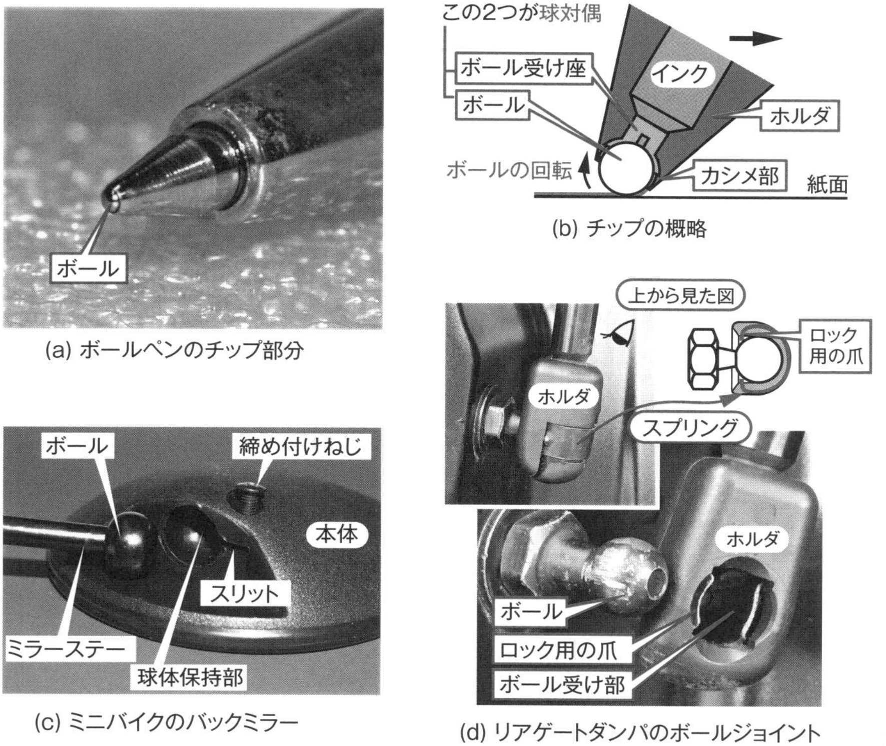

(a) ボールペンのチップ部分
(b) チップの概略
(c) ミニバイクのバックミラー
(d) リアゲートダンパのボールジョイント

図2-27　身近な球対偶の例

自動車のステアリングとサスペンション

球対偶は、いくつかの方向の動きを同時に支えることのできる**ボールジョイント**として広く使用されています。図2-28の自動車の**ステアリング**（**かじ取り装置**）と**サスペンション**（**懸《けん》架《か》装《そう》置《ち》**）には、球対偶（ボールジョイント）とこれまでの他の対偶が観察できます。図は、**ダブルウィッシュボーン式**と呼ばれる構造の概略です。

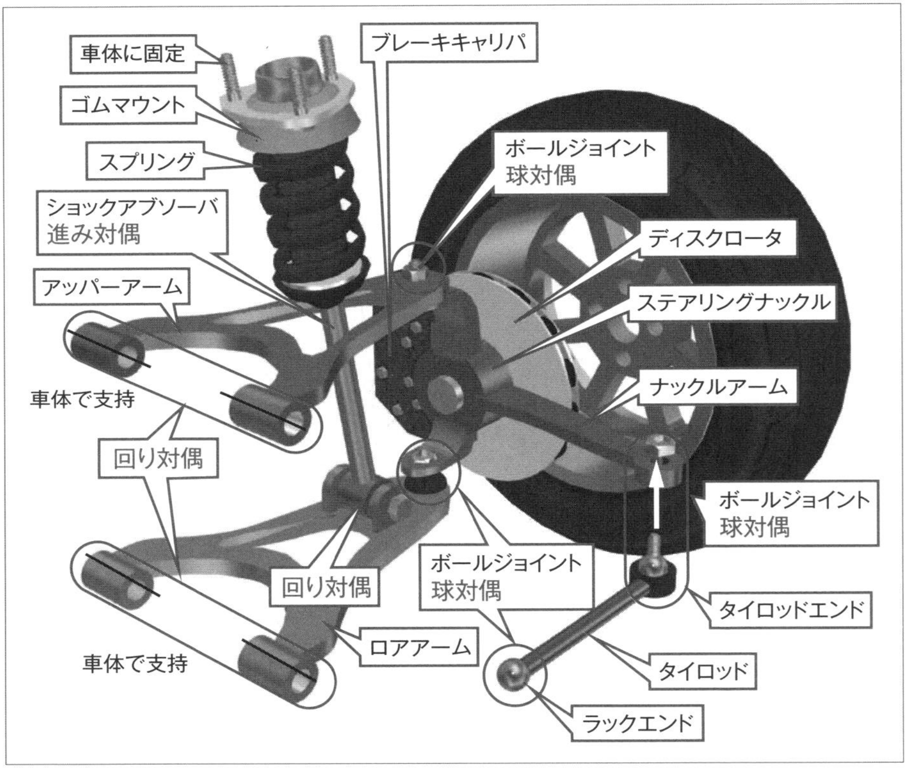

図2-28　自動車前輪のステアリングとサスペンション

部品の名称と説明

動きを見るにあたって、聞きなれない部品名があるかもしれませんので、概略を説明しておきます。

(a) **ショックアブソーバ**：衝撃を吸収する部品。

復元力はスプリングの弾性を利用します。自動車分野では「ショック」だけでも理解され、**ダンパ**とも呼ばれます。上端を**ゴムマウント**で車体に固定します。

(b) **ステアリングナックル**：前輪を支持する主要部品。

ここに前輪車軸、ブレーキ装置、方向を変えるためのナックルアームなどを取り付けます。自動車分野では「ナックル」だけでも理解されます。

(c) **タイロッド**：自動車のステアリングホイール（一般にハンドル）の回転を歯車装置などで併進運動に変換し、作られた操舵量を**ナックルアーム**に伝える**ロッド**（棒）のことです。

両端にボールジョイントが使われます。

ステアリングとサスペンションの動き

図2-29の簡素化したモデルで考えます。説明文中の①、②…は時間的な動作順を示すものではなく、動作の因果関係を表すもので、すべての動作は、ほぼ同時に行われます。

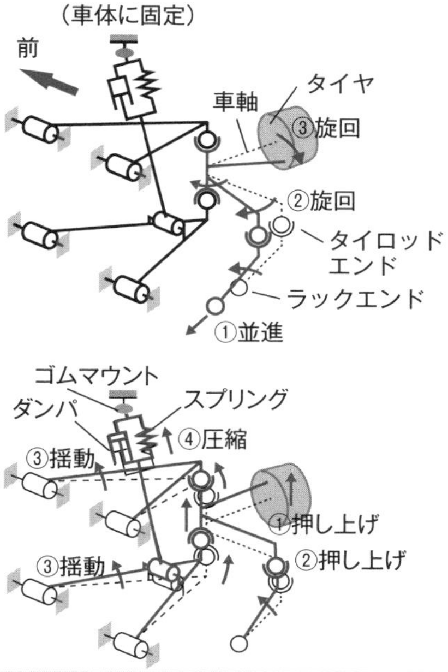

(a) ステアリングの動き
図の左側を前として、ハンドルを右に回すと
①ラックエンドのボールジョイントが並進運動で左に引かれる。
②タイロッドエンドが左に引かれ、ナックルアームとナックルがボールジョイントを中心として右に旋回する。
③ナックルに取り付けた車軸が右に旋回し、タイヤが右を向く。
自動車が右へ曲がります。

(b) サスペンションの動き
タイヤが路面の突起を通過すると
①タイヤと車軸が押し上げられる。
②ナックル全体が押し上げられる。
③上下のアームが回り対偶を中心として揺動する。
④ショックアブソーバとスプリングが圧縮される。
車体の受ける衝撃を和らげることができます。

（揺動、旋回 → P72 のコラム参照）

図2-29　ステアリングとサスペンションの動き

2-8 線点対偶

線接触や点接触を行う線点対偶は、回転や並進の基本的な運動を組み合わせて持つことのできる高次対偶です。

三次元空間での運動の自由度

物体が三次元空間で行うことのできる運動は、図2-30に示すように、三次元直交座標軸に沿った並進運動3、各座標軸を中心とした回転運動3の合計6で、三次元空間を自由に動くことのできる物体の自由度は6です。

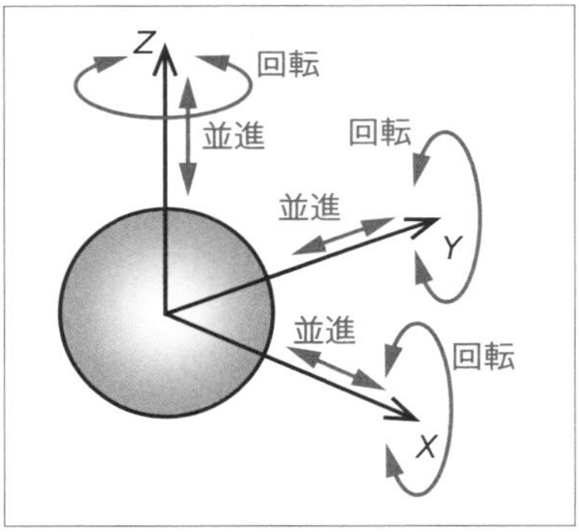

図2-30　三次元空間での運動の自由度

対偶の自由度

前節まで、運動できる数を取って対偶の自由度を考えました。三次元空間での物体の運動の最大自由度が6ですから、図2-31のように対偶の運動が拘束される数を6から減ずれば、対偶の自由度となります。

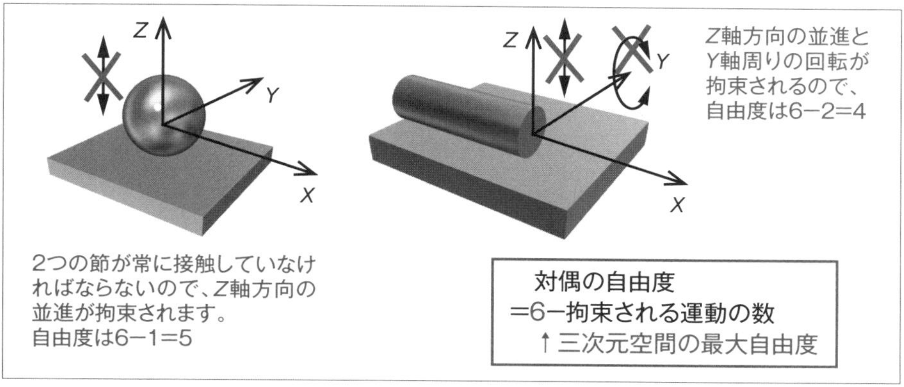

図2-31　対偶の自由度

ベアリングの運動

図2-32は1-2節の「すべり」と「ころがり」で見たころがり軸受です。対偶のしくみそのままに少ない要素で作られますが、自動車や機械で、軸とホルダにはめ合わせて使われる重要な部品です。組み合わせる軸と穴の直径の関係を図(c)に示す「**はめあい**」と呼び、すべり軸受では「**すきまばめ**」、ベアリングでは「**しまりばめ**」か「**中間ばめ**」を使用します。

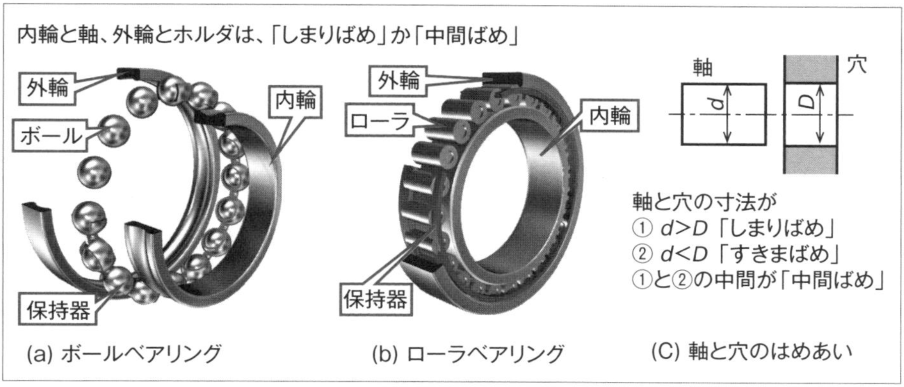

図2-32　ころがり軸受

図2-33は、(a)ボールと(b)ローラの内輪と保持器との接触の様子です。無負荷では、(a)点接触、(b)線接触です。保持器はボールとローラに常に

面接触をしています。機構学では物体の変形は考えませんが、実際の材料は負荷によって弾性変形するので、点接触は**だ円面接触**に、線接触は**長方形面接触**に変化します。

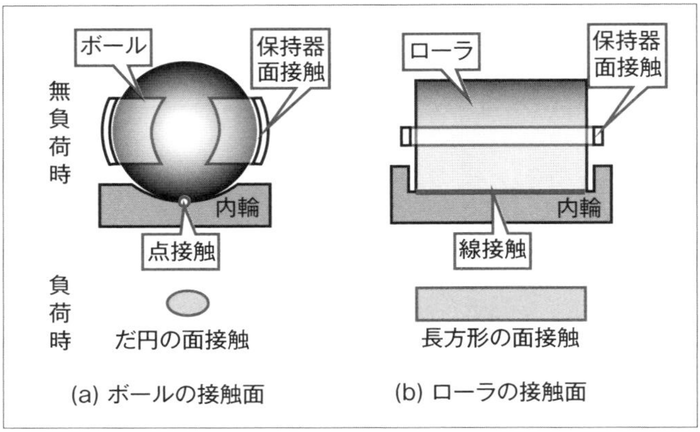

図2-33　ボールの接触とローラの接触

Column 回転運動

回り対偶の相対的な運動を区別するには、次のような呼び方があります。

- **回転**：機械の運動で一般的な軸、歯車、タイヤなどの永久中心を中心とした回り対偶。
- **揺動**《ようどう》：回転角が一定の範囲内で回転する運動。
- **旋回**《せんかい》：固定軸を中心として、その周囲を回転する運動。

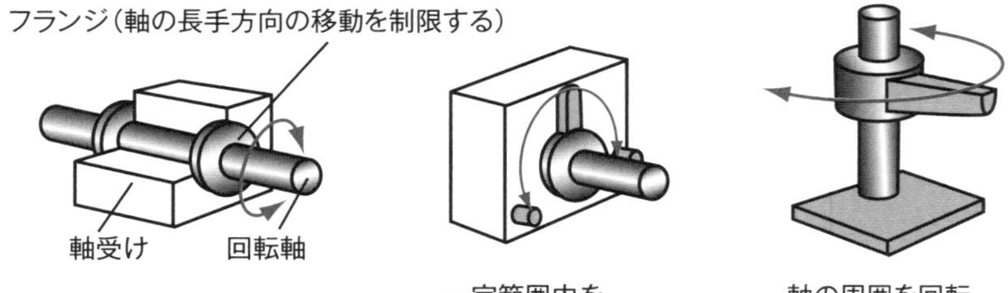

軸受けと軸の「回転」　一定範囲内を回転する「揺動」　軸の周囲を回転する「旋回」

前章までで、機械に共通する基本的な運動と機構の最小単位となる対偶の運動を考えました。本章では、運動の伝達と変換を同時に行うことのできるリンク機構を考えます。

付録（p.295）に「第3章で行う数式展開の参考」を掲載してあります。

第3章

リンク機構

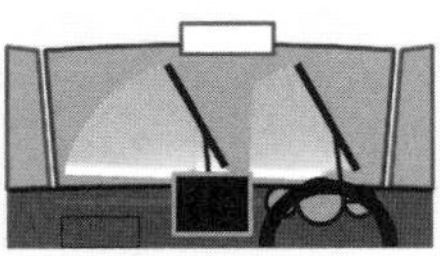

自動車のワイパー

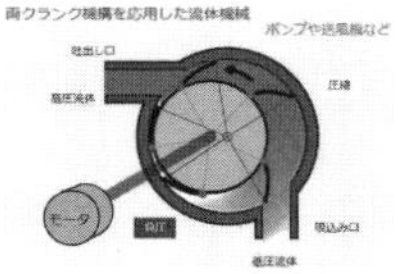

流体機械への応用

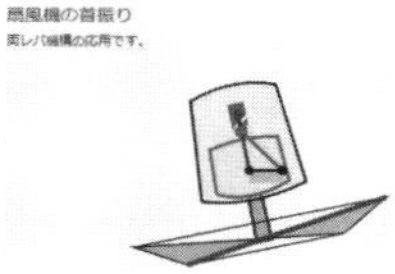

扇風機の首振り

ピストンとクランク

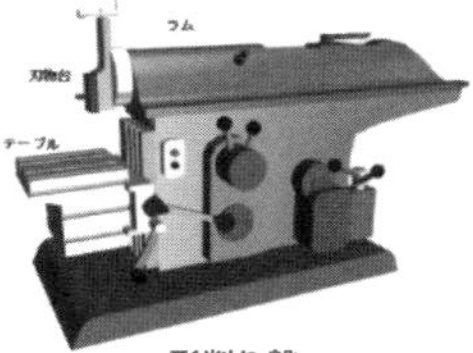

形削り盤

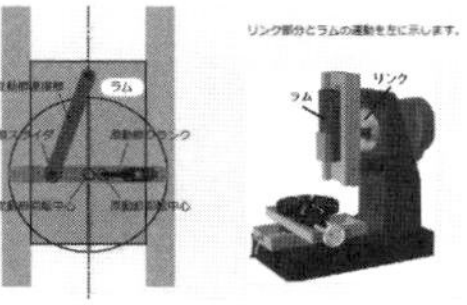

立削り盤

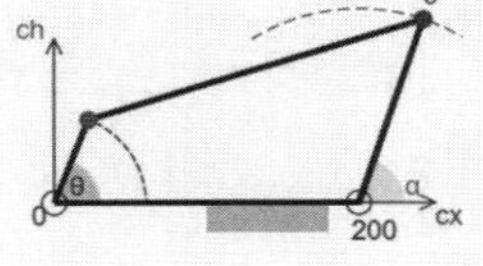

レバー・クランク機構

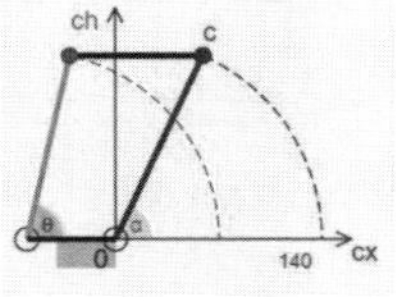

両クランク機構

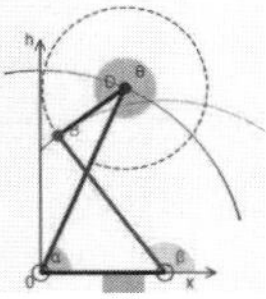

両レバー機構

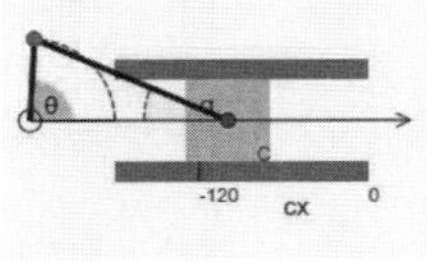

往復スライダ・クランク機構

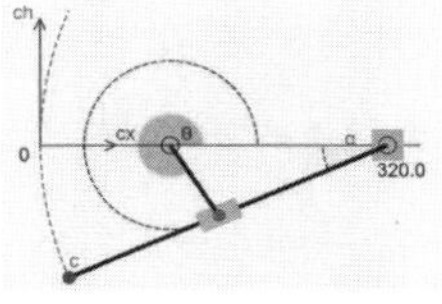

揺動スライダ・クランク機構

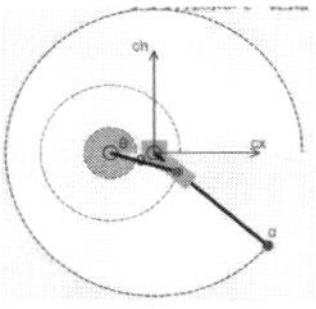

回転スライダ・クランク機構

3-1 リンク機構のあらまし

リンクと呼ぶ棒状の部材を複数、ピンで結合したものをリンク構造と呼び、堅牢《けんろう》な構造物や運動を伝達、変換するリンク機構を作ることができます。

節の数によるリンク構造の分類

図3-1 (a) の2つのリンクをピンで連結して回り対偶《たいぐう》とする組み合わせを**ピン結合**と呼び、連結した構造を**リンク構造**と呼びます。リンクは対偶の節なので、節の数により、**3節リンク、4節リンク、多節リンク**に分けられます。(b) 3節リンクは、各節の運動が拘束された**トラス**と呼ばれ、構造体として使われます。(c) 4節リンク機構は、各節が関連して運動するので、機構として利用できます。(d) 多節リンクは、節の運動が特定できないため、そのままでは機構の条件である「限定された運動」を満たしません。

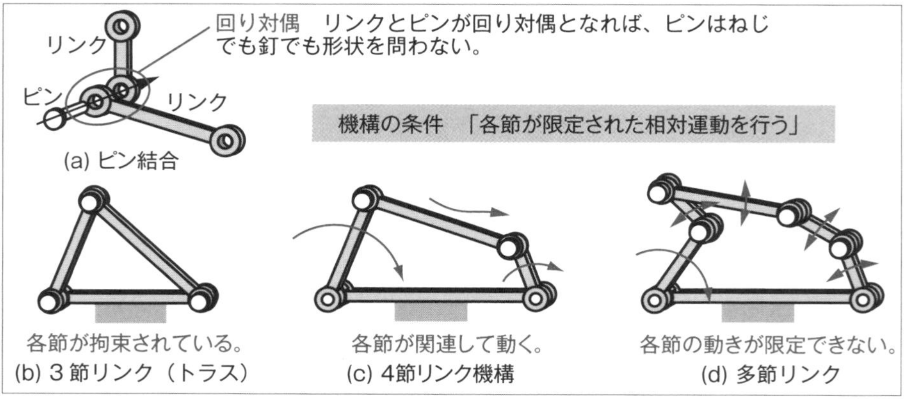

図3-1　節の数によるリンク構造の分類

自転車をこぐ動作はリンク機構

図3-2 (a) の自転車をこぐ足の動きを単純化して、図 (b) のようにモデル

化しました。図（b）は図3-1（c）4節リンク機構に対応します。私たちは日常の経験から大人が小さな子供用自転車に乗ったり、小さな子供が大きな大人用自転車に乗るとペダルをこぎ切れなくなることを理解しています。これは完全な回転を満たすリンク機構としての成立条件を満たしていないためです。

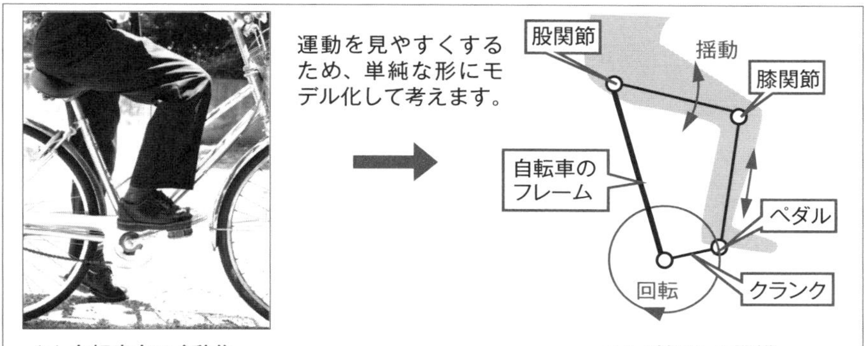

(a) 自転車をこぐ動作　　(b) 4節リンク機構

図3-2　自転車をこぐ動作はリンク機構

4節回転リンク機構

4本のリンクをすべて回り対偶で連結したものを**4節回転リンク機構**と呼びます。機構には、外部から運動を受ける**原動節**《げんどうせつ》（**主動節**）、原動節の運動と自由度1の比例関係で運動を外部へ出力する**従動節**《じゅうどうせつ》、機構を固定する**固定節**（**静止節**）が必須で、場合により、原動節と従動節を連結する**中間節**を必要とします。図3-3は、4節回転リンク機構の最短節と対偶をなす節の一方を固定節とした**レバー・クランク機構**と呼びます。最短節を回転するクランク、クランクに対向し、揺動《ようどう》する節を**レバー**（**てこ**）、2つの節を連結する節を**コンロッド**（**連接棒**《れんせつぼう》）と呼びます。

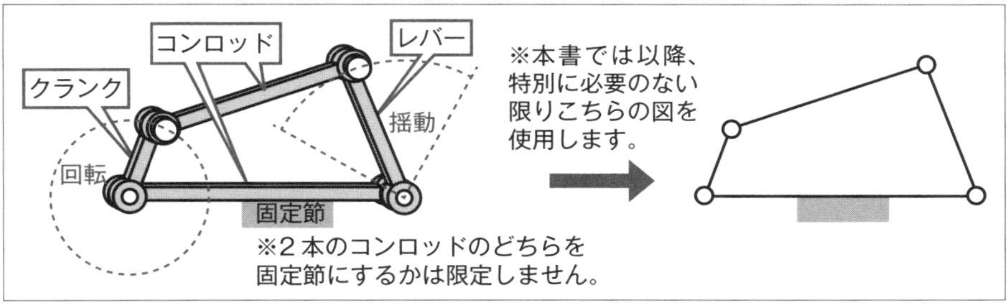

図3-3　レバー・クランク機構

4節回転リンク機構の成立条件（グラスホフの定理）

4節回転リンク機構のクランクが完全に回転するには、クランクが回転するときにリンクが作る三角形の節の長さを満足することが条件となります。図3-4で、各節の長さをa（最短節）、b、c、dとすると、$a+b \leqq c+d$、$a+c \leqq b+d$、$a+d \leqq b+c$という各節の長さの関係が成立します。これを「最短節と他の1つの節の長さの和は、残りの2節の和以下である」として、**グラスホフの定理**と呼びます。

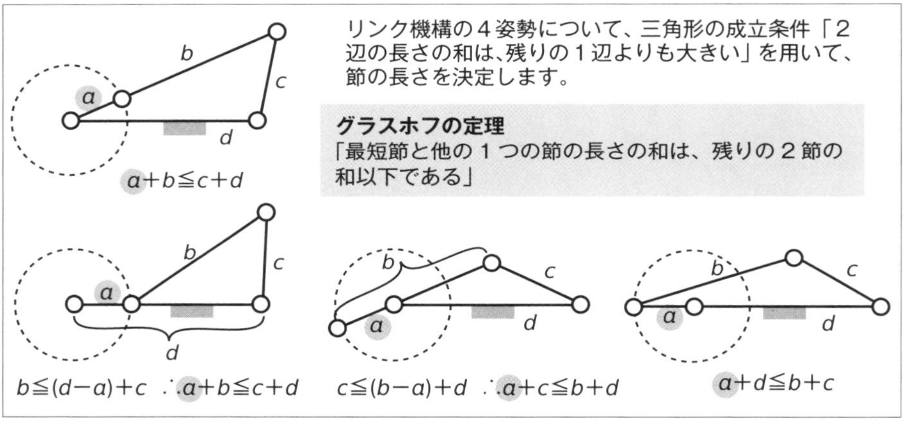

図3-4　グラスホフの定理

節の交替

グラスホフの定理を満たす4節回転リンク機構は、固定節を変更すると異なった運動を行うリンク機構になります。これを**節の交替**、または**機構の交替**と呼びます。節を交替しても、回転節はクランク、揺動節はレバーです。

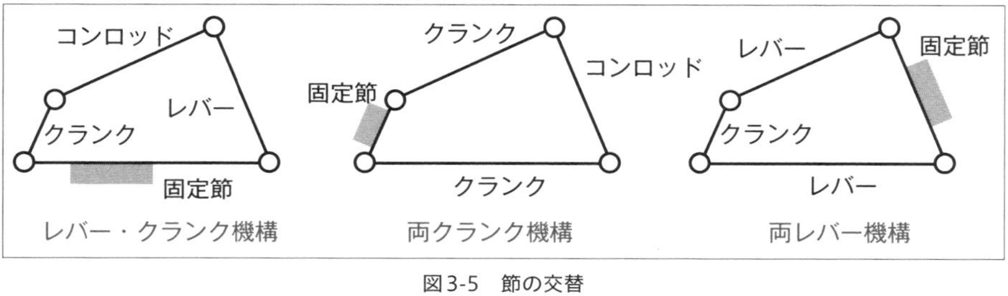

図3-5　節の交替

シミュレータ（アニメーション）ソフトについて

本章のシミュレータソフトは、次節から説明する6種類のリンク機構についての「応用例アニメーション」と「リンク機構シミュレータ」から構成しています。アニメーションの操作要領は、全章ともほぼ同一です。リンク機構シミュレータは、図3-6の階層を持ち、リンクアニメーション、別ウインドウでのグラフ解析、CSVデータの書き出しなどを行います。

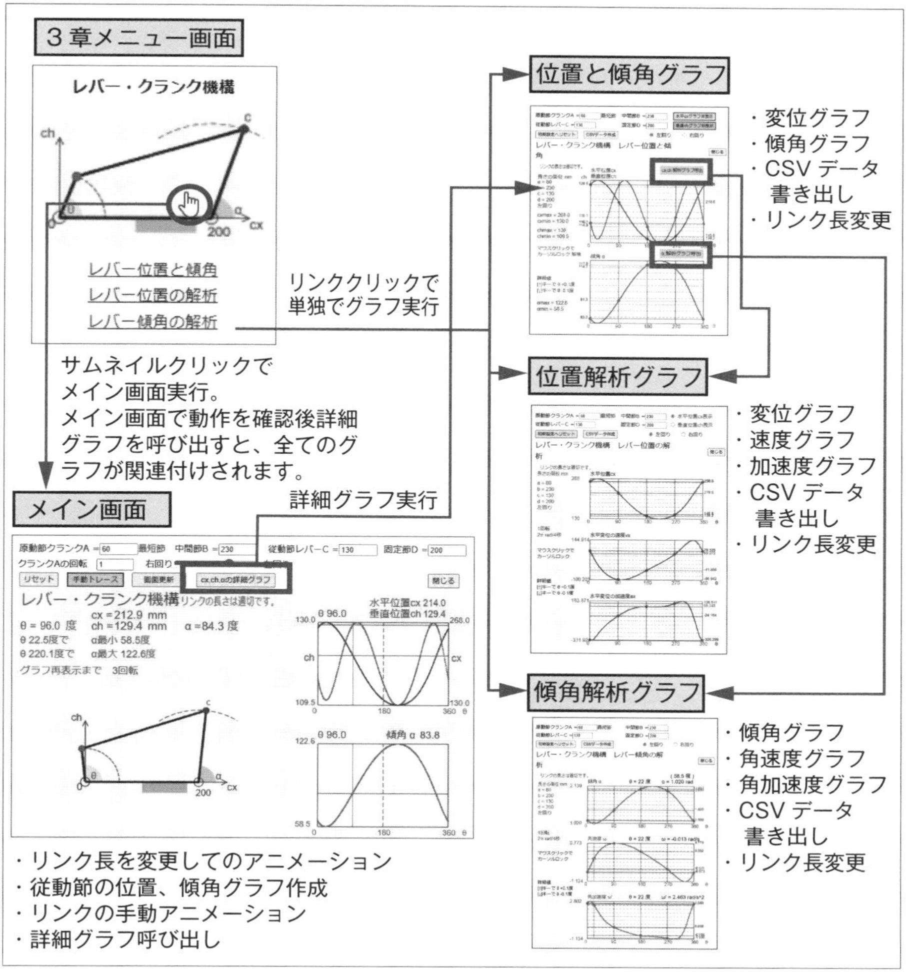

図3-6　レバー・クランク機構を例としたシミュレータの階層

3-2 レバー・クランク機構

4節リンク機構の最短節と対偶を作るどちらかの節を固定すると、最短節がクランク、対向節がレバーのレバー・クランク機構ができます。この節では、3章全般に共通する事項も説明しています。

レバー・クランク機構の動き

多くのリンク機構が原動節と従動節に可逆性をもちます。**レバー・クランク機構**は、一般的にはレバーとクランクが原動節と従動節に使用されます。図3-7 (a) は、自転車をこぐ動作を機構に置き換え、レバーが原動節、クランクが従動節になる例です。図 (b) は自動車のワイパーで、ワイパーモータユニットがクランクを回転させ、レバーに取り付けたワイパーブレードを揺動させる例です。

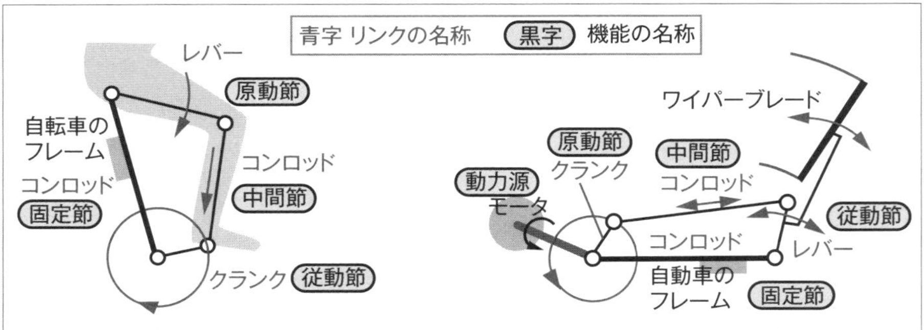

(a) レバーの揺動でクランクを回転させる　(b) クランクの回転でレバーを揺動させる

図3-7　レバー・クランク機構の動き

従動節レバーの運動

この節では、クランクを一定角速度で回転する原動節、レバーを従動節として機構の運動をシミュレートしています。図3-8のように各節の長さをa、b、c、d、クランク回転角θとして、レバー先端の座標x_2、y_2とレバー水平傾角《けいかく》

αを求め、レバーの角速度、角加速度、レバー先端の速度、加速度を求めています。ソースコードに合わせ、Y軸下向きを正とします。

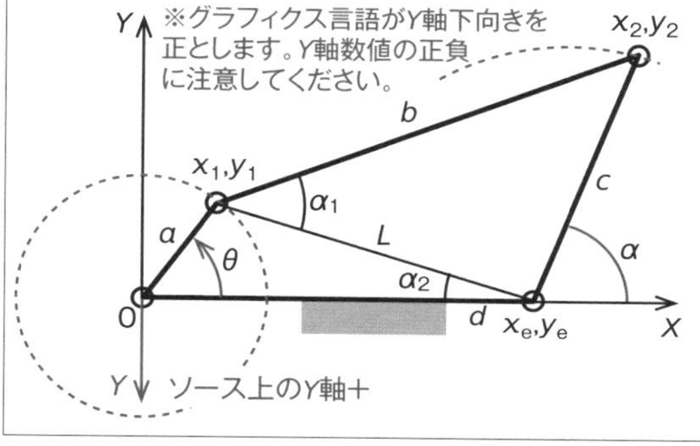

$$x_1 = a \cdot \cos\theta$$
$$y_1 = -a \cdot \sin\theta$$
$$L = \sqrt{(x_e - x_1)^2 + (y_e - y_1)^2}$$
$$\alpha_1 = \cos^{-1}\frac{L^2 + b^2 - c^2}{2L \cdot b}$$
$$\alpha_2 = \tan^{-1}\frac{y_e - y_1}{x_e - x_1}$$
$$x_2 = x_1 + b \cdot \cos(\alpha_1 - \alpha_2)$$
$$y_2 = y_1 - b \cdot \sin(\alpha_1 - \alpha_2)$$
$$\alpha = \cos^{-1}\frac{x_2 - x_e}{c}$$

図3-8　レバー先端の座標と水平傾角を求める

シミュレータ（アニメーション）で確認しよう

menu →〔第3章 リンク機構〕→〔レバー・クランク機構〕を選択してください。図3-9のシミュレータメイン画面が起動します。［**運動開始**］ボタンをクリックし、アニメーションを実行すると同時に従動節の運動をグラフ化します。詳細グラフを呼び出すと、ここで設定した条件が呼び出したグラフと以降の解析グラフに反映されます。「レバー・クランク機構」のメイン画面でリンク機構の運動を観察しましょう。

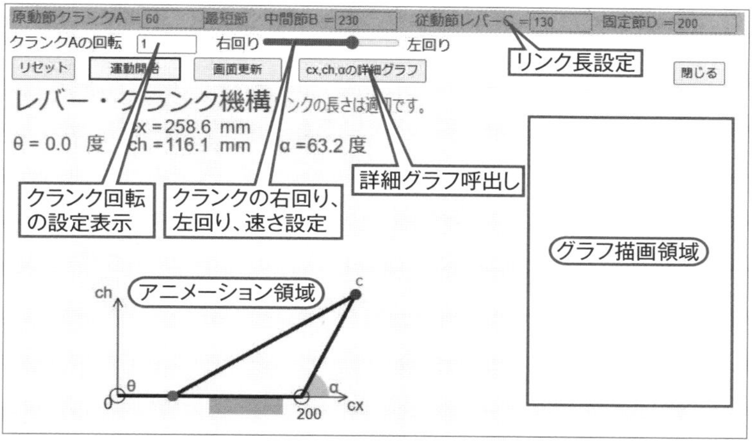

図3-9　レバー・クランク機構シミュレータの初期画面

アニメーションの開始

［運動開始］ボタンをクリックするとリンク長の初期値でアニメーションを開始します。「クランク1回転後にグラフを表示します」「クランク10回転でグラフを再表示します」のメッセージを表示します。

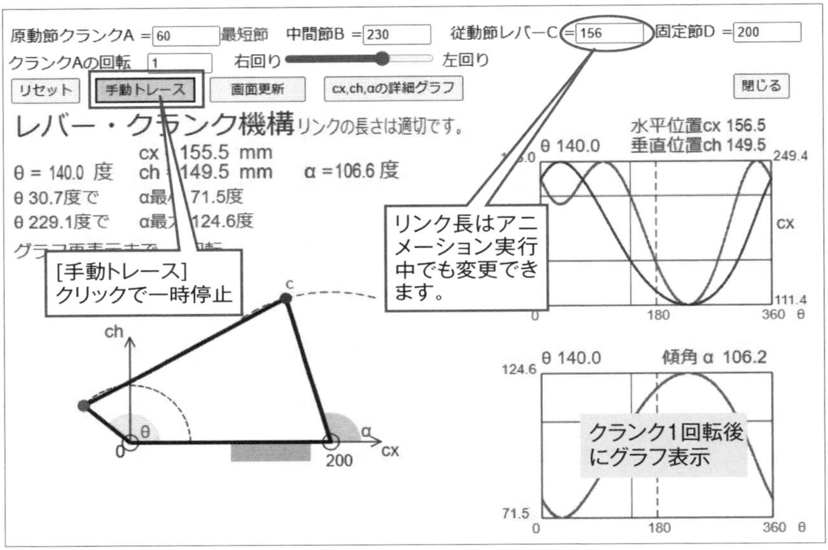

図3-10　アニメーション画面

アニメーションの停止／再開と手動トレース

アニメーションの一時停止は**［手動トレース］**をクリックします。ここで、マウスをクランク付近で一度クリックし、クランク軌道に沿って移動させると、クランクがマウスに追従します。再度クリックすると手動トレースを終了します。アニメーション再開は、**［運動再開］**をクリックします。

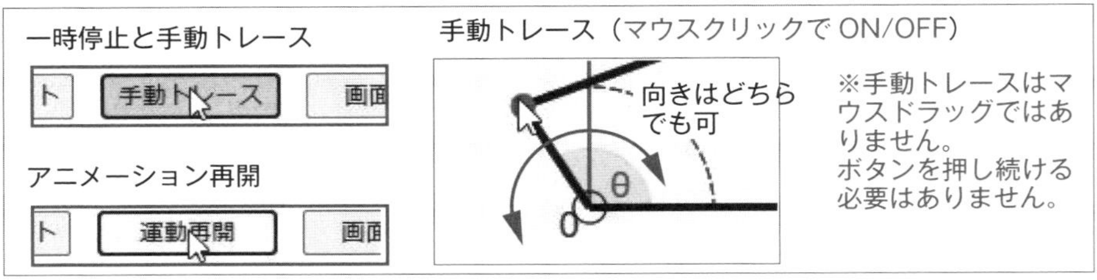

図3-11　アニメーションの停止／再開と手動トレース

リンク長さとグラスホフの定理

リンク長初期値でのアニメーションでは、図3-12 (a)「リンクの長さは適切です」と表示されます。[**中間節B**] を270に変更すると、図 (b) のように「リンク長の限界です」と表示されアニメーションを続行します。[**中間節B**] を271以上にすると、図 (c)「リンクの長さが不適切です」と表示されアニメーションを中断します。これらは図3-4のグラスホフの定理により節の長さを判断させています。

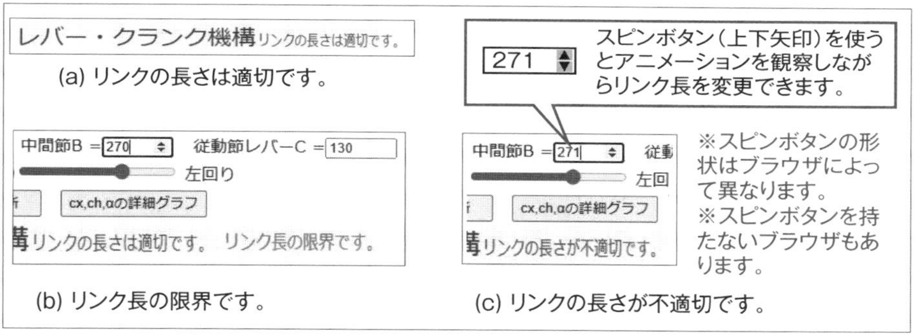

図3-12　リンク長さとグラスホフの定理

平行クランク機構の運動

対向する節の長さが等しいリンク機構を**平行クランク機構**と呼びます。リンク長をA = 60、B = 230、C = 60、D = 230に設定して、アニメーションを実行します。ここで右上に [**平行クランクon**] と表示され、原動節と従動節が同じ回転を行い、中間節が固定節と平行に運動します。

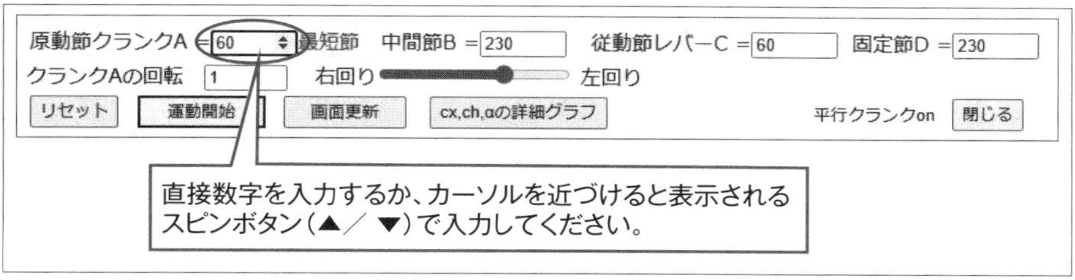

図3-13 (a)　入力方法

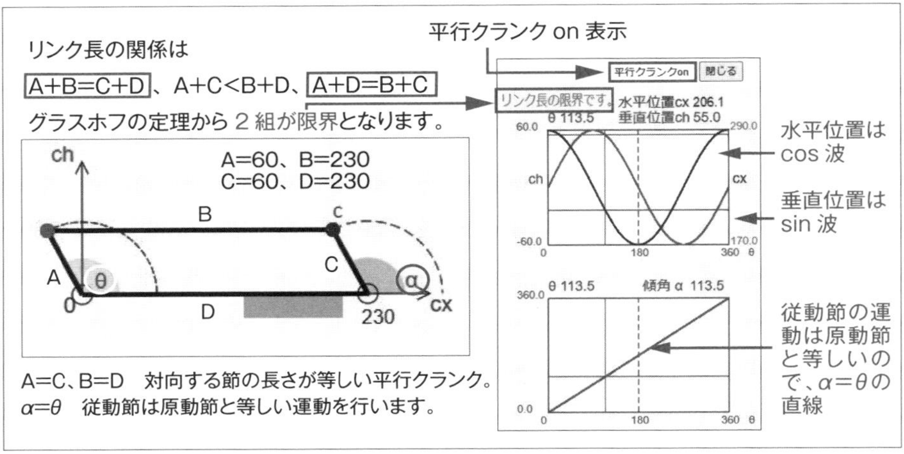

図3-13 (b)　平行クランクのシミュレーション

特異点の観察

リンク機構の思案点

リンク長をB = 1250、C = 1200、D = 1850、A = 600とします。Aは最短節なので最後に設定します。これもA + D = B + Cで限界リンク長のリンク機構です。運動開始後［**手動トレース**］でクランクを誘導し、図3-14 (a) の位置にします（グラフの表示が完了するまで［グラフ準備中］と表示）。ここで、レバーを原動節、クランクを従動節と考えると、レバーの運動は左回りだけに制限されます。

マウスを図 (b)、(c) のように移動させると、レバーはともに左回りに運動します。つまり、レバーを原動節とすると、従動節クランクはレバーの入力に対して2つの異なる出力を持つということです。これでは機構として成立しません。このような点を**思案点**《しあんてん》と呼びます。

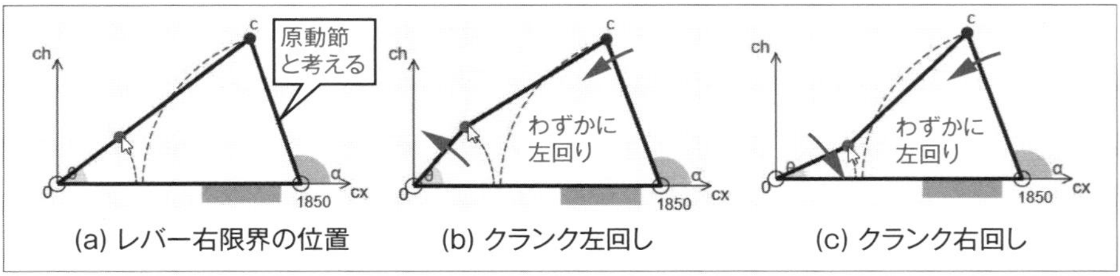

図3-14　リンク機構の思案点

リンク機構の死点

クランクが回転するには、図3-15（a）に示す**トルク**（**力のモーメント**）が必要です。図3-14（a）でレバーを原動節と考えると、コンロッドとクランクが直線上にあるため、レバーが与えた力は、図（b）のようにコンロッドとクランクを押すだけで、クランクにトルクを与えることができず、クランクは回転しません。このような点を**死点**と呼びます。思案点と死点は**特異点**と呼ばれます。

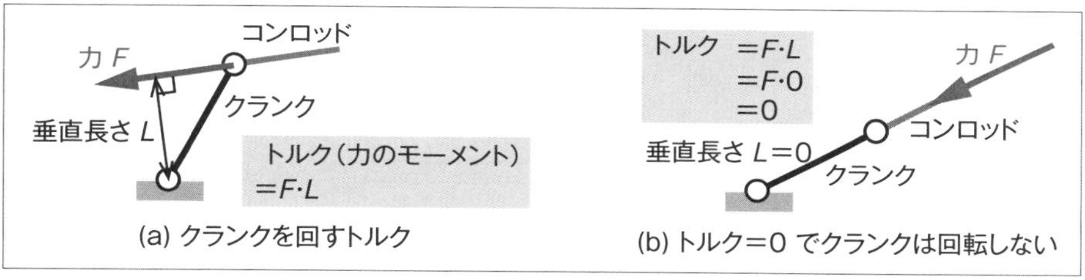

図3-15　リンク機構の死点

シミュレートと実際の機構の動き

前述のリンク長の設定と［**手動トレース**］で図3-16（a）$\theta \fallingdotseq 180$を作ります（［手動トレース］をクリック後、画面のクランク付近で一度クリックして、画面の赤い丸を$\theta \fallingdotseq 180$あたりに移動）。次にクランクを少し左回しで図（b）、同程度右回しで図（c）を作ります。両者を比べるとコンロッドとレバーの動きが異なり、ともに図中の青線の運動も考えられます。つまり、前述の思案点になります。シミュレータの動作はプログラムで作っています。実際の機構には特別な工夫をしない限り思案点での動作を決定する機能はありません。

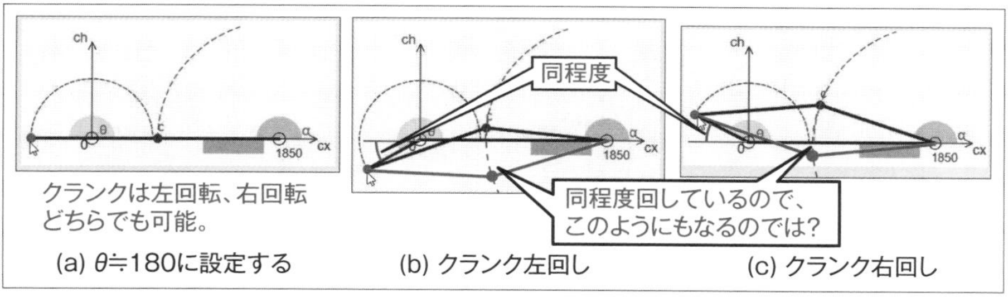

図3-16　プログラムで決定した思案点の運動

平行クランクはプログラムで特別に処理しています。B = 4000、C = 1800、D = 4000、A = 1800として［**平行クランクon**］をクリックすると［**平行クランクoff**］に変わり、特異点の処理が外れます。アニメーションを実行すると図3-17 (a) の運動と (b) のグラフが表示されます。

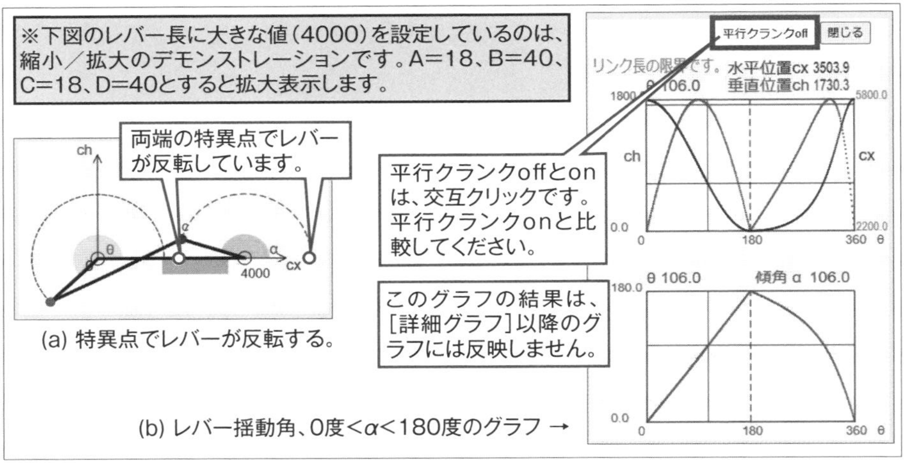

(a) 特異点でレバーが反転する。

(b) レバー揺動角、0度<α<180度のグラフ →

図3-17　平行クランクの特異点処理を外す

応用例を確認しよう（自動車のワイパー）

menu →〔**第3章 リンク機構**〕→〔**自動車のワイパー**〕を選択してください。図3-18 (a) は、［**開始**］ボタンをクリックしてアニメーションを実行している画面です。ここで［**停止**］すると、実際の自動車と同様にワイパー

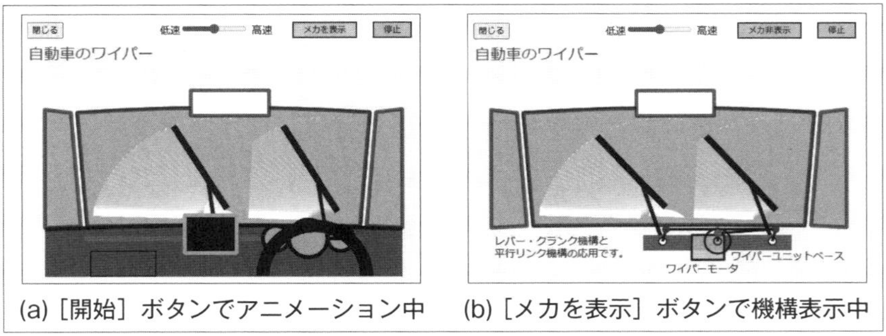

(a)［開始］ボタンでアニメーション中　(b)［メカを表示］ボタンで機構表示中

図3-18 「自動車のワイパー」のアニメーション

ブレードが下端まで戻ります。[**メカを表示**]でリンク機構を表示します。

シミュレータ（アニメーション）で確認しよう

図3-18（b）の機構部分を図3-19（a）に拡大しました。このリンク機構は（b）レバー・クランク機構と（c）平行クランク機構を組み合わせたものです。図中のリンク長はアニメーションデータです。レバー・クランク機構シミュレータで個別の動きを観察してください。平行クランクのリンク長を変更すると左右の拭き取り角度（レバー揺動角）の異なったリンク機構となります。

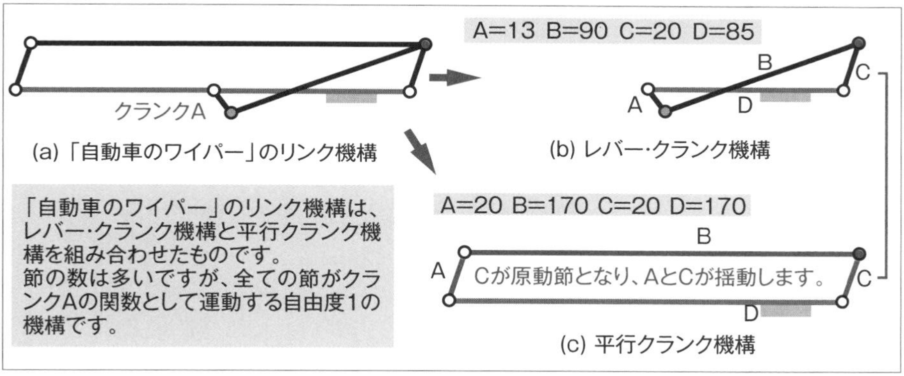

図3-19 「自動車のワイパー」のリンク機構

レバーの揺動角

A = 80、B = 250、C = 200、D = 230でシミュレートした画面表示の一部が、図3-20（a）です。αの最大値と最小値の差の振れ幅をレバーcの揺動角αとします。レバーの右側限界を図（b）、レバーの左側限界を図（c）に求め、その差からαを算出できます。計算例を付しておきます。

θ 36.6度で	α最小 80.0度
θ 237.7度で	α最大 134.1度

(a) αの最大値と最小値

レバーの揺動角α　下図 (b)、(c) から

$$\alpha=\alpha_2-\alpha_1=\beta_1-\beta_2$$

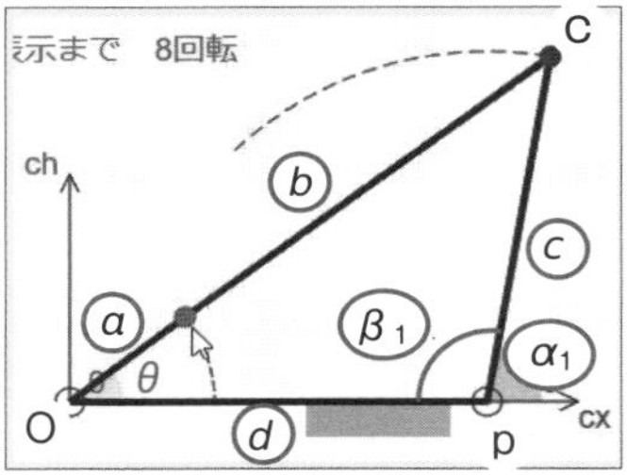

(b) レバーの右側限界

△Ocp の余弦定理から

$$(a+b)^2=c^2+d^2-2cd\cos\beta_1$$

$$\cos\beta_1=\frac{c^2+d^2-(a+b)^2}{2cd}$$

$$\therefore\ \beta_1=\cos^{-1}\left(\frac{c^2+d^2-(a+b)^2}{2cd}\right)$$

$$\alpha_1=180-\beta_1$$

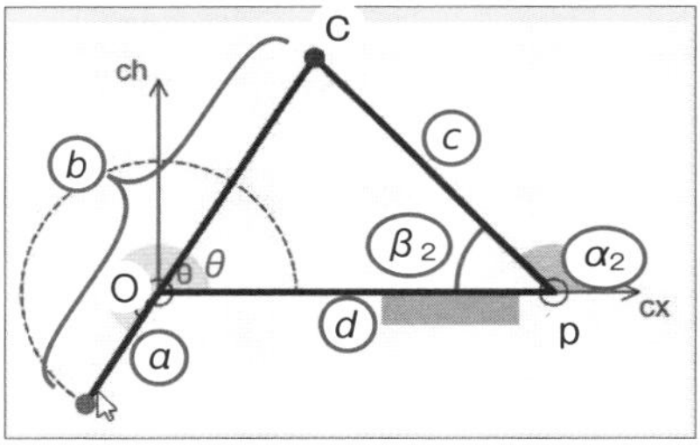

(c) レバーの左側限界

△Ocp の余弦定理から

$$(b-a)^2=c^2+d^2-2cd\cos\beta_2$$

$$\cos\beta_2=\frac{c^2+d^2-(b-a)^2}{2cd}$$

$$\therefore\ \beta_2=\cos^{-1}\left(\frac{c^2+d^2-(b-a)^2}{2cd}\right)$$

$$\alpha_2=180-\beta_2$$

［計算例］

$$\beta_1=\cos^{-1}\left(\frac{200^2+230^2-(80+250)^2}{2\times200\times230}\right)=\underline{100.02\text{ 度}}$$

$$\alpha_1=180-100.02=\underline{79.98\text{ 度}}$$

$$\beta_2=\cos^{-1}\left(\frac{200^2+230^2-(250-80)^2}{2\times200\times230}\right)=\underline{45.92\text{ 度}}$$

$$\alpha_2=180-45.92=\underline{134.08\text{ 度}}$$

$$\alpha=\alpha_2-\alpha_1$$
$$=134.08-79.98$$
$$=\underline{54.1\text{ 度}}$$

$$\alpha=\beta_1-\beta_2$$
$$=100.02-45.92$$
$$=\underline{54.1\text{ 度}}$$

図3-20　レバーの揺動角

シミュレータ（アニメーション）で確認しよう

本章のリンクシミュレータは、3枚のグラフを作成します。操作性はほぼ同一です。全グラフとも3章メニューの画面、例えば「レバー位置と傾角」にカーソルを移動し、クリックすることで直接起動できます。

レバー位置と傾角（グラフ）

メイン画面の動作状態にかかわらず、**[cx, ch, α の詳細グラフ]** ボタンをクリックすると、その時点でのメイン画面データを反映したグラフを別ウインドウに呼び出します。グラフ起動後のメイン画面データの変更は反映しません。再度グラフを呼び出すか、グラフ上で編集します。

menu →**〔レバー・クランク機構〕の〔レバー位置と傾角〕**から起動した場合は、単独の初期値となります。

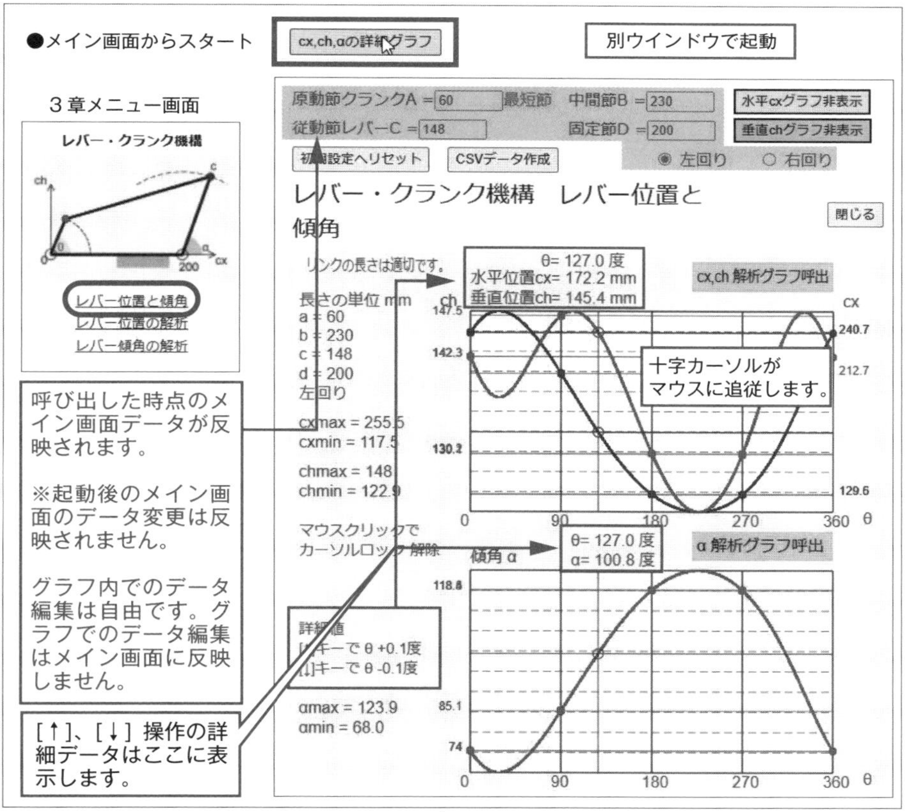

図3-21　レバー位置と傾角（グラフ）

●データの読み取り

・グラフ画面にマウスを移動させると座標データを表示し、十字カーソルが追従します。
- グラフ上のマウスクリックで、カーソルをロック／解除します。
- ［↑］キーで$\theta+0.1$度、［↓］キーで$\theta-0.1$度の詳細値を表示します。カーソルは動きません。

●グラフ表示データの選択

［水平cxグラフ非表示］、**［垂直chグラフ非表示］**で、図3-22のように表示グラフを選択します。表示／非表示は交互クリックです。

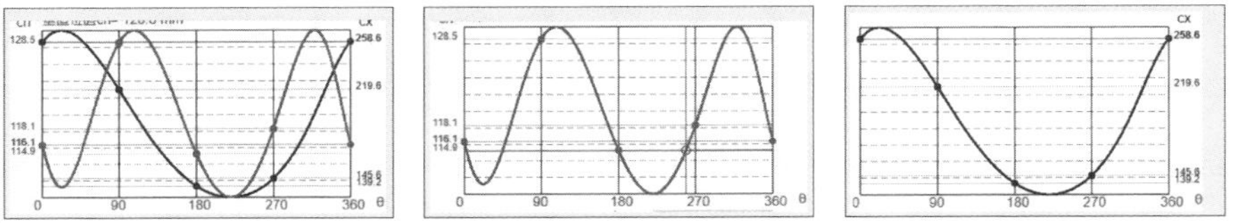

(a) cx、ch グラフ表示　(b)［cx グラフ非表示］ch のみ　(c)［ch グラフ非表示］cx のみ

図3-22　グラフ操作例

●CSVデータの作成（出力ファイル名：LC0.csv）

［CSVデータ作成］ボタンをクリックすると、メッセージをアラート画面に表示し、「θ, cx, ch, α」の並びでグラフデータを書き出します（CSVデータ：カンマで区切られたテキストデータ。例えばExcelで開くことができます）。
- クリップボードにコピーします。
- データ保存はプログラムの動作上ダウンロード処理です。保存先・保存方法は、図3-23のように使用環境のダウンロード機能に従います。

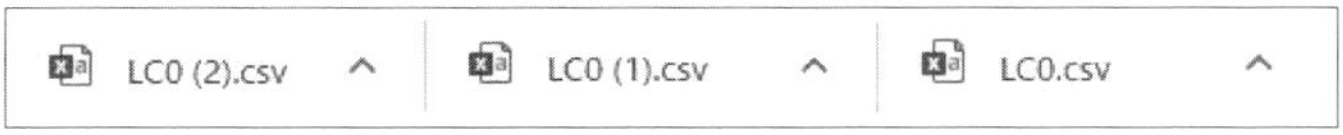

図3-23　Windowsで複数のデータを保存した例

解析グラフの呼出し

［cx, ch解析グラフ呼出］、**［α解析グラフ呼出］**をクリックすると、それぞれの現象の解析グラフにデータを渡し、別ウインドウに呼び出します。

レバー位置の解析（グラフ）

〔**第3章 リンク機構**〕〔**レバー・クランク機構**〕→〔**cx, ch, αの詳細グラフ**〕をクリックし、［**cx, ch 解析グラフ呼出**］を選択、あるいは、〔**第3章 リンク機構**〕〔**レバー・クランク機構**〕の〔**レバー位置の解析**〕を選択します。

以下の説明は、リンク条件の初期値で行っています。

●詳細値データの表示箇所

［↑］、［↓］キーで計算される詳細値は、図3-24のグラフ画面左下にまとめて表示します。詳細値は±0.9度の範囲で計算します。

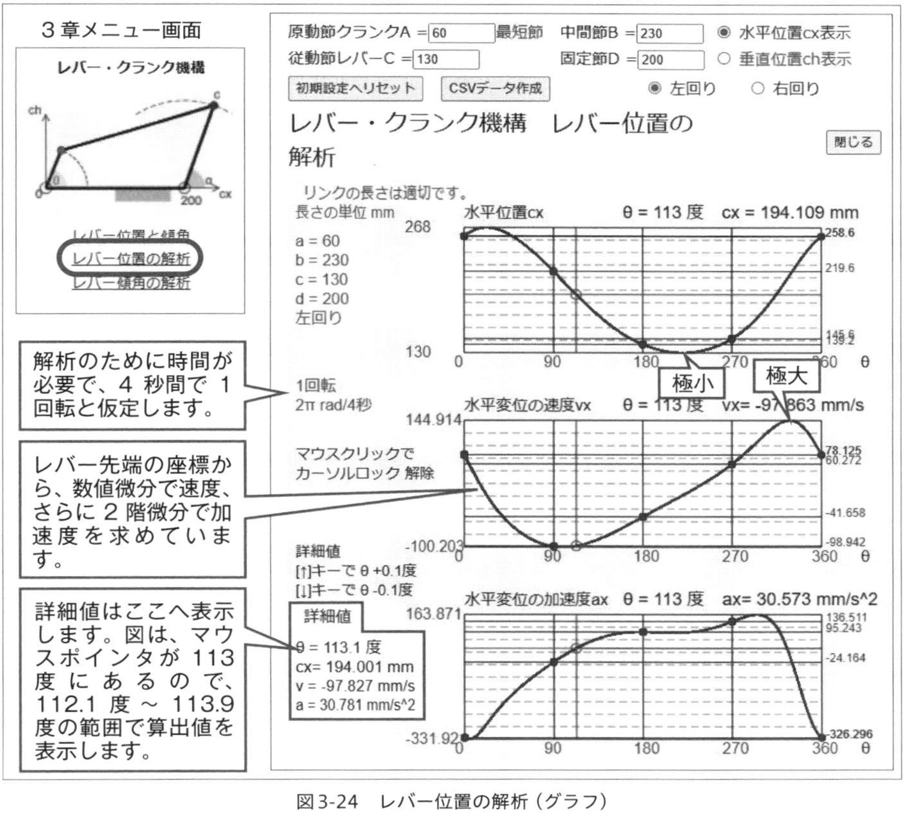

図3-24　レバー位置の解析（グラフ）

●グラフの読み方

位置を微分して速度、速度を微分して加速度を求めます。数値微分による誤差が含まれます。図3-25の増減表を参考にグラフを観察してください。

位　置	↗	→	↘	極大／極小	変曲点	
速　度	＋	0	−	0	極大／極小	変曲点
	↗	→	↘	極大／極小		
加速度	＋	0	−	0	0	極大／極小

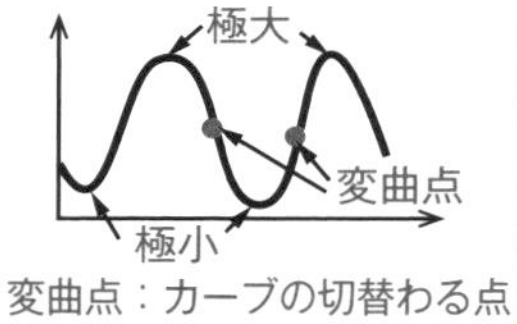

図3-25　グラフ観察用の増減表

●横軸の見方

横軸は、原動節回転角 θ を度で表しています。シミュレートの時間処理上、原動節の回転速さを1回転／4秒＝360度／4秒＝ 2π rad／4秒としました。これは図3-26のように、4秒／360度＝4秒／ 2π radとなります。この値は上述の数値微分の刻み幅に相当します。

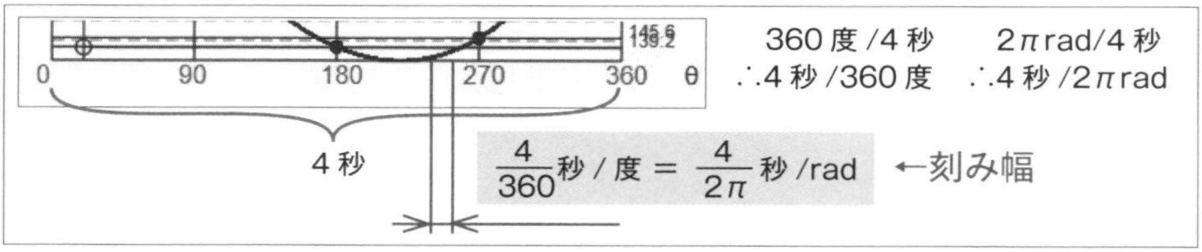

図3-26　横軸の刻み幅

●CSVデータを利用する（出力ファイル名：LCh.csv）

図3-27（a）は［**◉垂直位置ch表示**］を選択して、［**CSVデータ作成**］で書き出した表計算データのヘッダ部分の例です。図（b）は表計算ソフト（Excel）で全く編集せずにグラフを挿入しただけの例です（Excelでの表の作成方法はExcelの関連書籍またはネットでお調べください）。データファイルは「水平位置cx」、「垂直位置ch」のグラフごとに作成してください（ファイル名はどちらもLCh.csvです）。

	A	B	C	D	E	F	G
1	theta	ch	vh	ah	a=60 b=230 c=130 d=200 CCW		
2	0	116.0577	-39.4121	98.63251			

(a) CSV データヘッダ部分の例

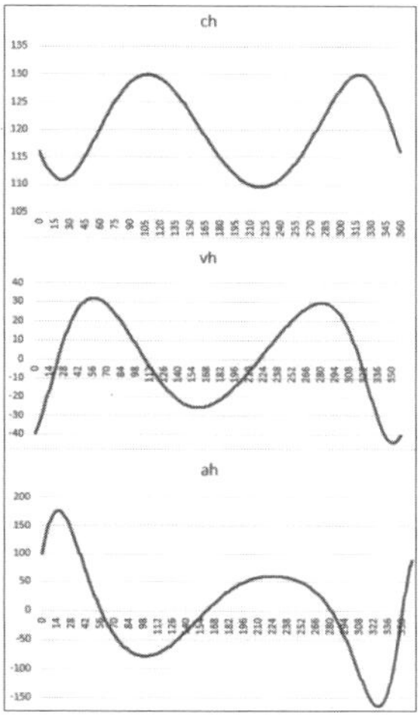

(b) グラフ作成の例

図3-27　CSVデータを利用する

マウスをキーパッドで移動させる

次の「解析データを計算してみる」の項目にて（「レバー位置の解析」にて θ = 180度に設定する際）、グラフ中のカーソルを微小量、移動させます。この場合マウスだけでの操作が難しい場合、例えばWindows10、11であれば『マウスキー機能』を使用すると便利かもしれません。ご使用の機種・OSによって操作が異なりますので、マニュアル、インターネットでお調べください。図3-28に例を示しておきます。

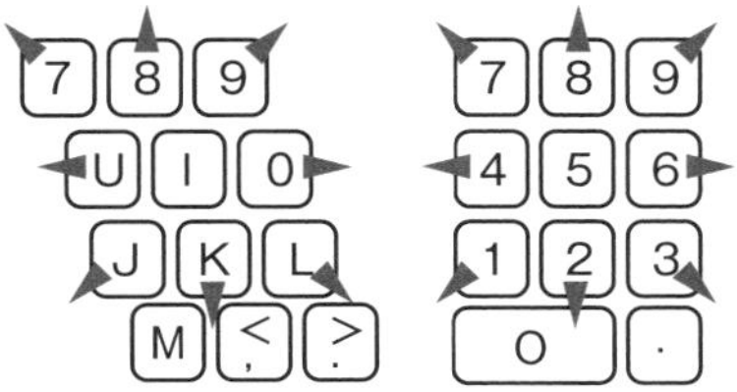

(a) テンキーなし　(b) テンキーあり

【Windows10】
- [Shift]＋[Alt]＋[Num Lock]
- 「設定」→「簡単操作」→「マウス」→「マウスをキーパッドで操作する」

【Windows11】
- [Shift]＋[Alt]＋[Num Lock]
- 「設定」→「アクセンシビリティ」→「マウス」→「マウス キー機能（オン）」

【Mac】
- [Option]＋[Command]＋[F5]

図3-28　マウスキーの例

●解析データ（レバー位置の解析）を計算してみる

グラフ横軸の刻み幅の確認として、グラフデータを手計算してみます。

初期データで水平位置cxは、θ = 180度で、cx = 139.231mm、vx = − 41.658mm/s、ax = 95.243mm/s^2です（^2は2乗という意）。この近傍は、加速度と速度が直線に近いので、等加速度直線運動として、θ = 181度のvxとcxを算出してみます。

解析データを計算してみる

初速vx_0、変化前の位置cx_0、加速度a、t度後の速度vx、位置cxとして

$$vx = vx_0 + at = -41.658 + 95.243 \times \overset{\text{1度}}{\boxed{1}} \times \overset{\text{刻み幅}}{\frac{4}{360}} = -40.600$$

$$cx = cx_0 + vx_0 t + \frac{1}{2} at^2 = 139.231 + (-41.658) \times \overset{\text{1度}}{\boxed{1}} \times \overset{\text{刻み幅}}{\frac{4}{360}} + \frac{95.243}{2} \times \left(\overset{\text{1度}}{\boxed{1}} \times \overset{\text{刻み幅}}{\frac{4}{360}} \right)^2$$

$$=138.774$$

シミュレータで確認してみましょう。まず、θ = 181度にカーソルを合わせてください。

θ = 181度のデータを見ますと、cx = 138.774mm、vx = − 40.600mm/s、ax = 95.212mm/s^2で、vx、cxとも先ほどの計算と一致しています。この作業は、シミュレータの動きを逆にたどり、tで積分していることになります。

●平行クランク従動節の変位・速度・加速度

シミュレータは、原動節クランクAのスピンボタン（枠の右横の増減ボタン（▲/▼））の入力最小値を20に設定しています。スピンボタンでは「1」にできないため、キー入力でA = 1、B = 3、C = 1、D = 3と入力して平行クランクを作ります（直接「原動節クランクA」の枠内に「1」と入力してください。以下同様に行います）。

これで図3-29 (a) cxグラフ、(b) chグラフが作成されます（〔レバー・クランク機構〕で起動した場合は「cx,ch,αの詳細グラフ」→「cx,ch解析グラフ呼出」)。従動節Cは、原動節Aと等しい回転運動をするため、図 (c) のように、cxグラフは動径Cの水平成分$cx = \boldsymbol{C} \cdot \cos\alpha$、chグラフは動径Cの垂直成分$ch = \boldsymbol{C} \cdot \sin\alpha$をそれぞれ微分して速度、2階微分して加速度グラフを作ります。

メイン画面で、アニメーションを実行します。動径C＝1としたのは単位円として観察するためです。両方のグラフとも、速度＝1.571×変位、加速度＝1.571×速度となっています。これは図（d）に示す元データと数値微分の刻み幅の関係です。

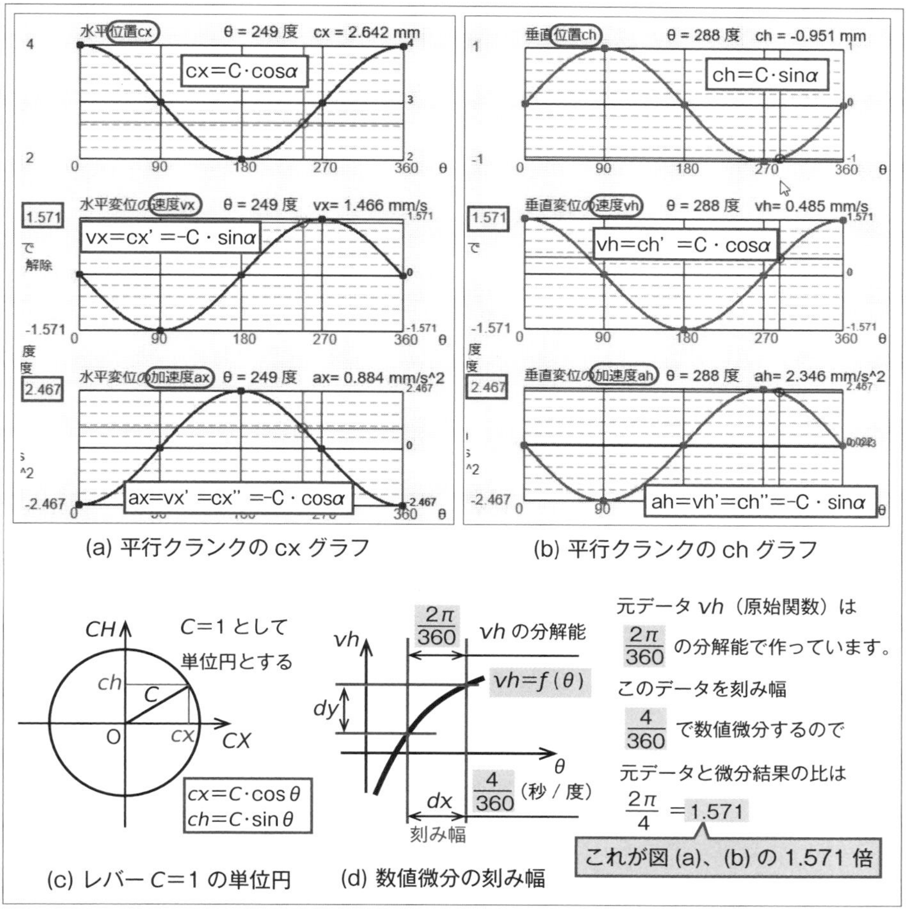

(a) 平行クランクの cx グラフ

(b) 平行クランクの ch グラフ

(c) レバー C=1 の単位円

(d) 数値微分の刻み幅

図3-29 平行クランク従動節の変位・速度・加速度

レバー傾角の解析（グラフ）

〔**第3章 リンク機構**〕〔レバー・クランク機構〕の〔**レバー傾角の解析**〕を選択します。説明はリンク条件の初期値で行います。

●従動節の傾角はrad単位

従動節は揺動（回転）運動ですから、角度の単位はradを使用します。円の中心角360度 $= 2\pi$ radの換算を行います。1秒間あたりの回転角を角速度《かくそくど》 ω [rad/s]、1秒間あたりの角速度変化を角加速度 ω' [rad/s^2] と呼びます。

●元データの $\theta = 0$ と $\theta = 360$ は連続点

これまで触れていませんが、すべてのグラフの元データは、原則として $\theta = 0$ と $\theta = 360$ で連続していなければなりません。

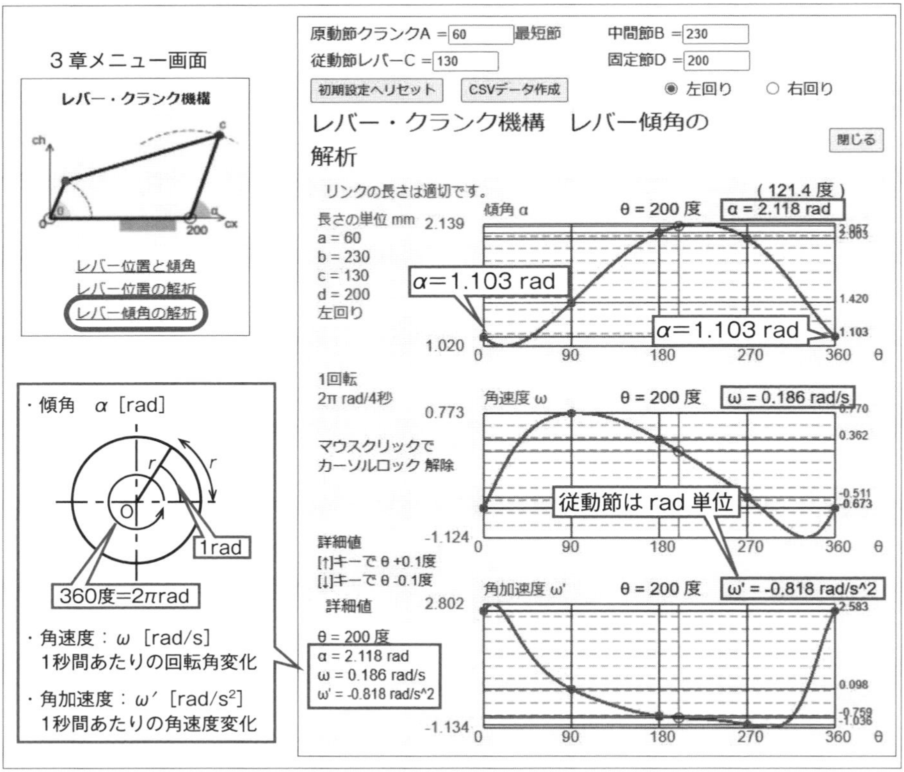

図3-30　レバー傾角の解析（グラフ）

●平行クランクの傾角を観察しよう

リンク長A = 60、B = 230、C = 60、D = 230の平行クランクとします。［平

行クランクon] が表示され、従動節は原動節と等しい運動をするので、図3-31 (a) 左回り、(b) 右回りのように比例定数1で $\alpha=\theta$ のグラフを出力します。次に [**平行クランクoff**] にすると、リンクは特異点で反転し、図 (c) のグラフが作成されます。図3-25の増減表を参考にグラフを読んでみましょう。

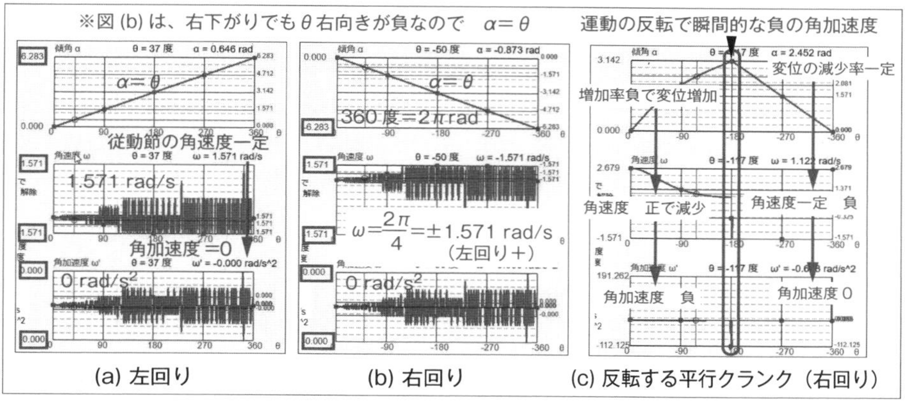

図3-31　平行クランクの傾角グラフ

●CSVデータを利用する（出力ファイル名：LCa.csv）

図3-31 (a)、(b) の速度と加速度のノイズは、それぞれの極小桁でデータが異なるためです。他の部分に影響が出るため、データを丸め処理していません。図3-32は図3-31 (b) のCSVデータを表計算ソフトで編集したものです。

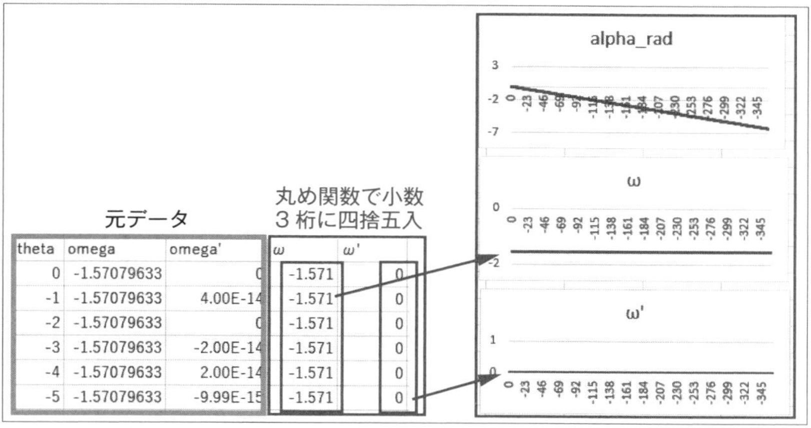

theta	omega	omega'	ω	ω'
0	-1.57079633	0	-1.571	0
-1	-1.57079633	4.00E-14	-1.571	0
-2	-1.57079633	0	-1.571	0
-3	-1.57079633	-2.00E-14	-1.571	0
-4	-1.57079633	2.00E-14	-1.571	0
-5	-1.57079633	-9.99E-15	-1.571	0

図3-32　CSVデータを表計算ソフトで編集する

リンク機構の運動

ここまでの本書の内容などからリンク機構の運動を考えます。

●周速度と角速度

回転体の速度とは、円運動の**周速度**《しゅうそくど》を表します。周速度vは、図3-33 (a) で、円周上の点pが時間t後に円弧距離s移動できるとき、$v = s / t$で表し、点pの接線上を回転の向きへ矢印で示します。距離sは、半径に比例するので、周速度は半径に比例します。図 (b) で、角速度ωを時間t、回転中心角θから$\omega = \theta / t$で表し、弧度法を使うと、円弧距離sは半径rと中心角θの積なので、周速度vと角速度ωは、$v = r\omega$となります。

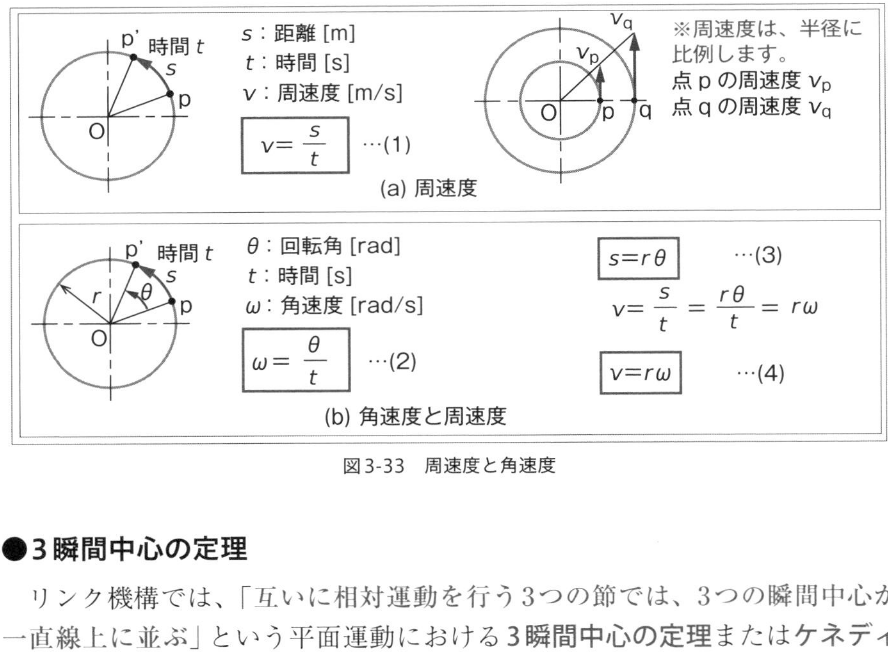

図3-33　周速度と角速度

●3瞬間中心の定理

リンク機構では、「互いに相対運動を行う3つの節では、3つの瞬間中心が一直線上に並ぶ」という平面運動における**3瞬間中心の定理**または**ケネディの定理**が成立します。図3-34のリンク機構で、a、b、c、dの4本の節を結ぶ4点の回り対偶O_{ab}、O_{bc}、O_{cd}、O_{ad}は瞬間中心（永久中心）です。一直線上に3つの瞬間中心があるので、それぞれの節を延長して求めた交点O_{ac}、O_{bd}が残りの瞬間中心となり、4節リンク機構には6つの瞬間中心が存在します。

ここで、「1-5 瞬間中心と速度」(p.35) から、レバー先端の速度v_2は、瞬間中心Obdとクランク先端の速度v_1の比例関係から求めることができます。

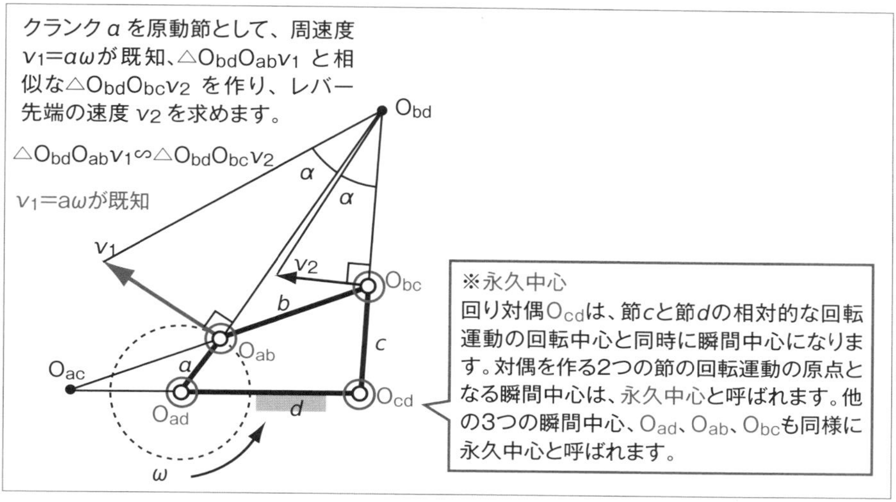
クランクaを原動節として、周速度
$v_1=a\omega$が既知、△$O_{bd}O_{ab}v_1$と相
似な△$O_{bd}O_{bc}v_2$を作り、レバー
先端の速度v_2を求めます。
△$O_{bd}O_{ab}v_1$∽△$O_{bd}O_{bc}v_2$
$v_1=a\omega$が既知
O_{bd}
α
α
v_1
v_2
O_{bc}
b
c
O_{ab}
O_{ac}
a
O_{ad}
d
O_{cd}
ω
※永久中心
回り対偶O_{cd}は、節cと節dの相対的な回転運動の回転中心と同時に瞬間中心になります。対偶を作る2つの節の回転運動の原点となる瞬間中心は、永久中心と呼ばれます。他の3つの瞬間中心、O_{ad}、O_{ab}、O_{bc}も同様に永久中心と呼ばれます。

図3-34　3瞬間中心の定理

●剛体の分速度

4節リンク機構で原動節を運動させると従動節は中間節を介して駆動されます。図3-35のレバー・クランク機構でクランクaを原動節、コンロッドbを中間節、レバーcを従動節とすると、クランクの周速度は既知となります。コンロッドの両端はクランクとレバーに回り対偶で連接されているので、「1-7 滑り落ちる棒の運動」の「剛体の分速度と瞬間中心」で見たように、クランクの周速度を分解したコンロッドの並進方向の速度成分からレバー先端の周速度を求めることができます。

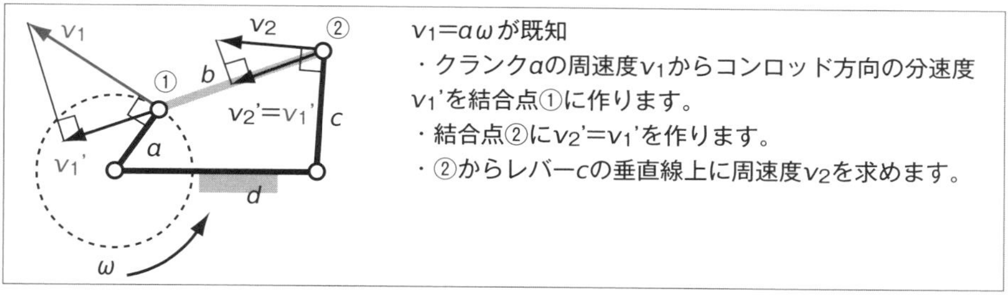
v_1
v_2
②
①
b
$v_2'=v_1'$
c
v_1'
a
d
ω
$v_1=a\omega$が既知
・クランクaの周速度v_1からコンロッド方向の分速度v_1'を結合点①に作ります。
・結合点②に$v_2'=v_1'$を作ります。
・②からレバーcの垂直線上に周速度v_2を求めます。

図3-35　剛体の分速度から従動節の運動を求める

●連節法

図3-36のレバー・クランク機構で、結合点O_{ab}の既知の速度v_1から点O_{bc}

の速度v_2を3瞬間中心の定理により求めようとすると、瞬間中心O_{bd}がはるかに遠い点になり、描き切ることができません。このようなときに使用できる**連節法**と呼ばれる作図法があります。

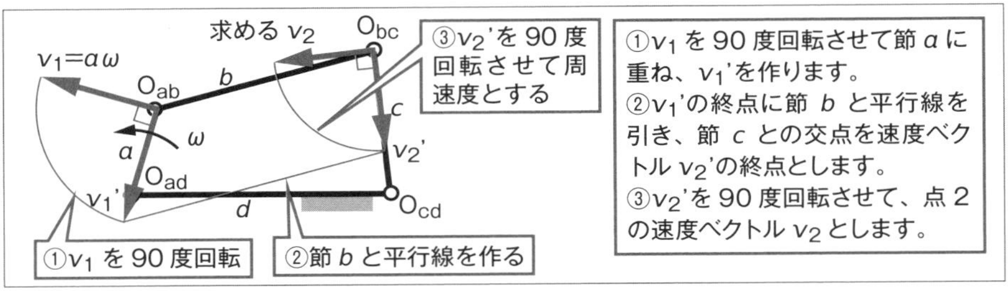

求める v_2
O_{bc}
$v_1=a\omega$
O_{ab}
b
c
ω
a
O_{ad}
v_2'
v_1'
d
O_{cd}
③v_2'を 90 度回転させて周速度とする
①v_1 を 90 度回転
②節 b と平行線を作る
①v_1 を 90 度回転させて節 a に重ね、v_1'を作ります。
②v_1'の終点に節 b と平行線を引き、節 c との交点を速度ベクトル v_2'の終点とします。
③v_2'を 90 度回転させて、点 2 の速度ベクトル v_2 とします。

図3-36　連節法で速度を求める

●レバー先端の速度を求める

「レバー傾角の解析」グラフ初期値で、左回り、$\theta = 150$度、$\omega = 0.588$rad/s。「レバー位置の解析」グラフから$\theta = 150$度、$vx = -72.420$mm/s、$vh = -24.501$mm/sが読み取れます（(「◉垂直位置ch表示」で、vhは「CSVデータ作成」をクリックし、theta = 150のvhを確認してください)。このデータから図3-37 (a) のように、三平方の定理で斜辺の長さとして速度vの大きさを求めることができます。また、図3-33 (b) から、角速度ωと節の長さCから

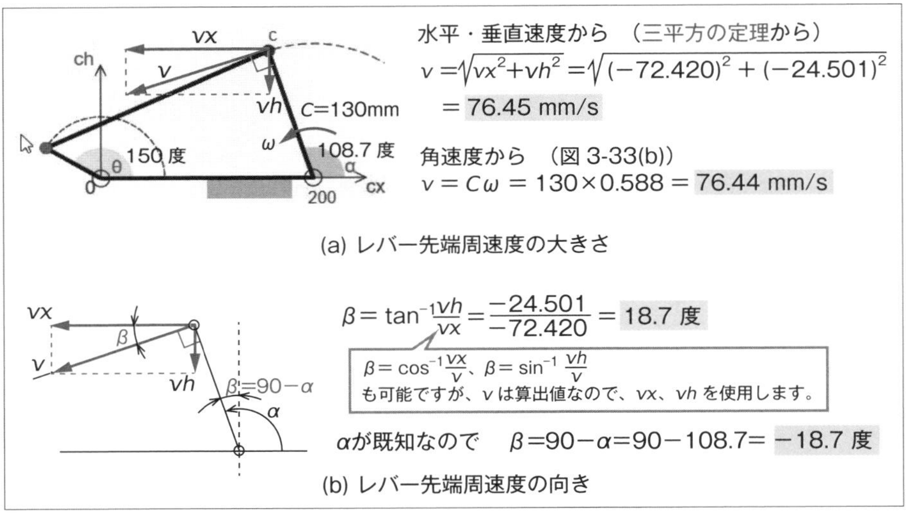

vx
c
ch
v
vh
C=130mm
ω
150 度
θ
108.7 度
α
0
200
cx
水平・垂直速度から　(三平方の定理から)
$v=\sqrt{vx^2+vh^2}=\sqrt{(-72.420)^2+(-24.501)^2}$
$=76.45$ mm/s
角速度から　(図 3-33(b))
$v=C\omega=130\times0.588=76.44$ mm/s
vx
β
v
vh
β=90−α
α
$\beta=\tan^{-1}\frac{vh}{vx}=\frac{-24.501}{-72.420}=18.7$ 度
$\beta=\cos^{-1}\frac{vx}{v}$、$\beta=\sin^{-1}\frac{vh}{v}$
も可能ですが、v は算出値なので、vx、vh を使用します。
αが既知なので　$\beta=90-\alpha=90-108.7=-18.7$ 度

(a) レバー先端周速度の大きさ

(b) レバー先端周速度の向き

図3-37　レバー先端の速度を求める

$v = C\omega$としても算出できます。速度vの向きは一般的に、図（b）のように、水平傾角βとして、vxとvhの逆三角関数から求めますが、シミュレータからレバーの傾角αが既知なので、$\beta = 90 - \alpha$とすることができます。

●CSVデータを利用する

前記の計算で使用したvx、vh、ωの値はシミュレータの表示値です。図3-32で紹介したように、各グラフは、加工していないCSVデータを出力します。

前記の計算は、表計算ですべての値を求めることに適しています。図3-38に全データを1枚のシートにまとめて処理した例の一部分を示します。なお、図3-38の左側がCSVファイルから抽出した例で、右側がCSVファイルのデータを使用して計算した結果の例です。

CSV ファイルの元データ

$v = \sqrt{vx^2 + vh^2}$

theta	vx	vh	alpha_deg	omega	v=√vx^2+vh^2	v=C*ω	β=90-α
148	-74.2934	-24.0455	107.9364	0.60068	78.08776121	78.08834095	-17.93642
149	-73.3614	-24.2831	108.3169	0.594434	77.27592081	77.27648266	-18.31685
150	-72.4201	-24.5005	108.6933	0.588098	76.45225033	76.4527944	-18.69328
151	-71.4698	-24.6978	109.0656	0.581673	75.6169092	75.61743563	-19.06564
152	-70.511	-24.8748	109.4339	0.575158	74.77005966	74.7705686	-19.43389

図3-38　表計算ソフトで処理した例

CSVデータの一覧

本節〔**レバー・クランク機構**〕のグラフ画面で作成するCSVファイルは以下のとおりです（[**CSVデータ作成**]で出力されるファイル名とデータ内容の一覧表です）。

ご使用のシステム環境に合わせてファイルの管理をしてください。

グラフ画面名称	出力ファイル名	データ内容
レバー位置と傾角	LC0.csv	θ,cx,ch,α
レバー位置の解析	LCh.csv	θ,cx,vx,ax / θ,ch,vh,ah
レバー傾角の解析	LCa.csv	θ,α_rad,α_deg,ω,ω'

3-3 両クランク機構

4節リンク機構の最短節を固定し、最短節と対偶を作る一方の節を回転する原動節とすると、最短節に対向する節が中間節、残る節が従動節となり、2つの節が回転する両クランク機構ができます。

両クランク機構の運動

図3-39のように、節aを原動節クランク、入力回転角θ。節cを従動節クランク、出力回転角αとしてαをθの関数として表します。両クランクの傾きにより、関数の取り方が異なるため、いろいろなアルゴリズムが考えられると思います。冗長かもしれませんが、簡便な記述で誤解を招かないようにシミュレータのソースファイルを数式表現しています。Y軸下向きを正とするので、青字y座標値の取り扱いに注意してください。

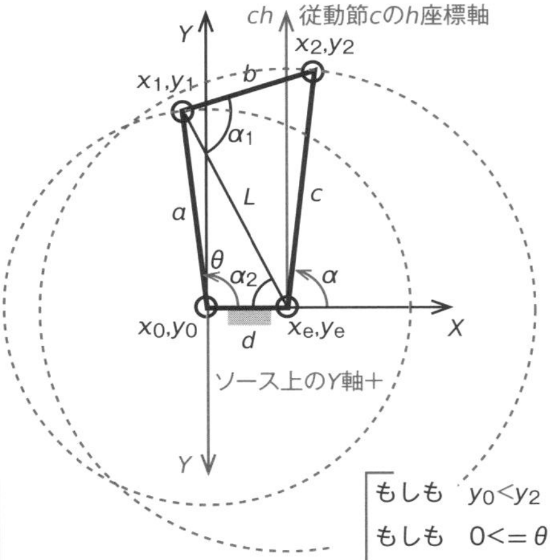

ソース上の角度の単位は「度」

$$x_1 = a \cdot \cos\theta \quad y_1 = -a \cdot \sin\theta$$

$$L = \sqrt{(x_e - x_1)^2 + (y_e - y_1)^2}$$

$x_1 = x_e$でLが垂直。Lが左右になるとα_1、α_2の大小が反転します。シミュレータ起動後確認してください。

$$\alpha_1 = \cos^{-1}\frac{L^2 + b^2 - c^2}{2L \cdot b}$$

$$\alpha_2 = \tan^{-1}\frac{y_e - y_1}{x_e - x_1}$$

$x_1 < x_e$のとき$i = 1$、そうでないとき$i = -1$

$$x_2 = x_1 + i \cdot b \cdot \cos(\alpha_1 - \alpha_2)$$

$$y_2 = y_1 - i \cdot b \cdot \sin(\alpha_1 - \alpha_2)$$

$$\alpha_b = \cos^{-1}\frac{a^2 + (c+d)^2 - b^2}{2a(c+d)}$$

$$\alpha = \pi - \cos^{-1}\frac{x_e - x_2}{c}$$

αが1回転するための場合分け条件

もしも　$y_0 < y_2$　ならば　$\alpha = \pi - \alpha$

もしも　$0 <= \theta$ かつ $\theta <= \alpha_b$ かつ左回り　ならば　$\alpha = \alpha - \pi$

もしも　$-\pi <= \theta$ かつ $\theta <= \alpha_b - \pi$ かつ右回り　ならば　$\alpha = \alpha - \pi$

もしも　右回りならば　$\alpha = \alpha - \pi$

左回り：ソース上では、inverse==false

右回り：inverse==true

図3-39　両クランク機構の運動

シミュレータで確認しよう

menu →〔第3章 リンク機構〕→〔両クランク機構〕を選択してください。図3-40のシミュレータのメイン画面が起動します。

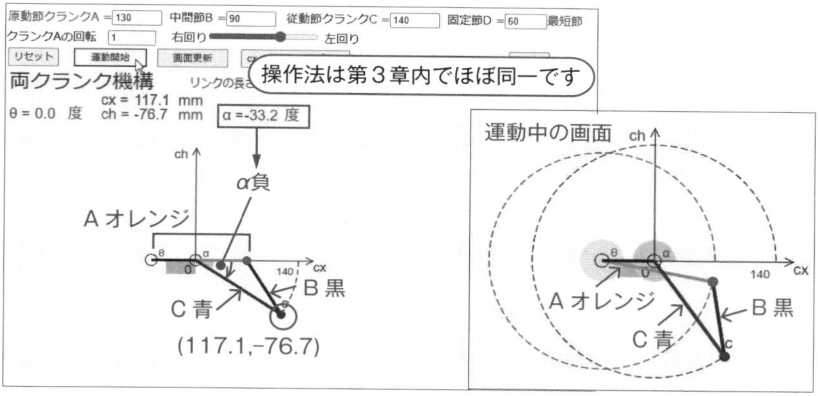

図3-40　両クランク機構シミュレータの初期画面

従動節クランク回転角αの取り扱い

初期設定値で［**運動開始**］を実行して、図3-41に示す次の点を確認してください。プログラム上、従動節の初期傾角を負に取っているので、傾角がマイナスから始まります。［**右回り**］のグラフでは－360以下の値が出てきます。従動節クランクの回転角は、最大値と最小値の幅が±360になります。また、レバー・クランク機構のグラフで説明していませんが、右回りのθは右向きをマイナスとしています。

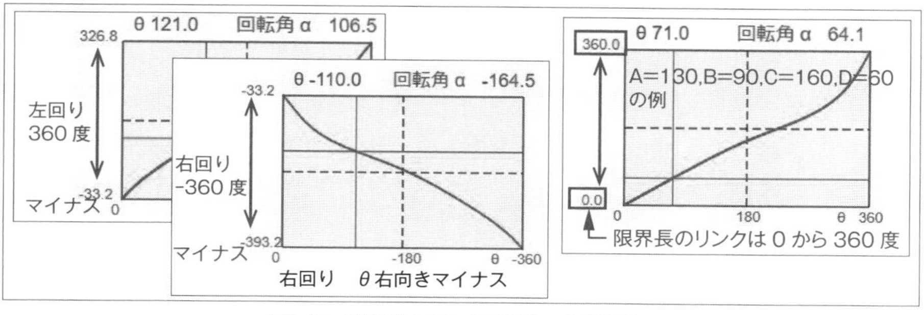

図3-41　従動節クランク回転角αの取り扱い

限界長さのリンク機構の動き

グラスホフの定理を満たすリンク長は、グラフの始点と終点が滑《なめ》らかにつながります。限界長さのリンク長ではグラフの両端で急激に変化します。図3-42のリンク長はその一例です。

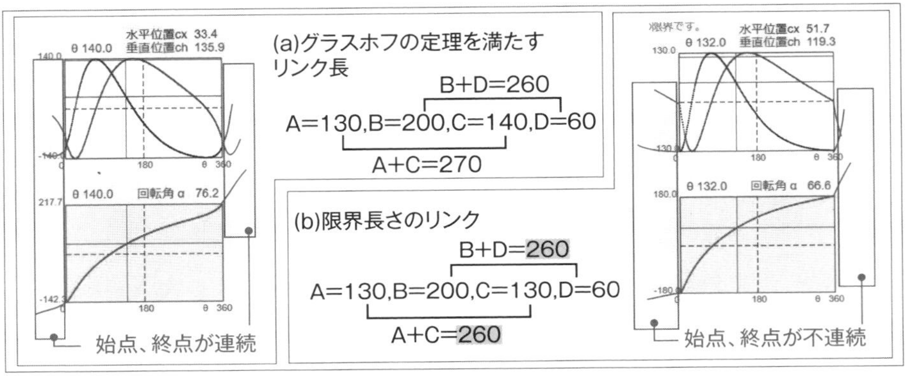

図3-42　限界長さのリンク機構の動き

シミュレータで確認しよう

リンク長A = 130、B = 90、C = 130、D = 90の平行クランク機構を例とします。アニメーションを確認したのちにグラフを観察してください。

クランク位置と傾角（グラフ）

両クランク機構のプログラムもレバー・クランク機構と同様に図3-43のように、平行クランクの条件にのみ特異点の処理をしています。ただし、この処理は外していません。前節で述べたとおり、平行クランク機構は両クランク機構に分類されます。平行クランク機構は、限界長のリンク機構ですが、図3-42のグラフの始点と終点の不連続はありません。原動節と同じ連続した回転運動を行うのでsinカーブを描きます。大きなスケールでグルグルと回転する遊園地の「空飛ぶ絨毯《じゅうたん》」が、平行クランクそのものです。

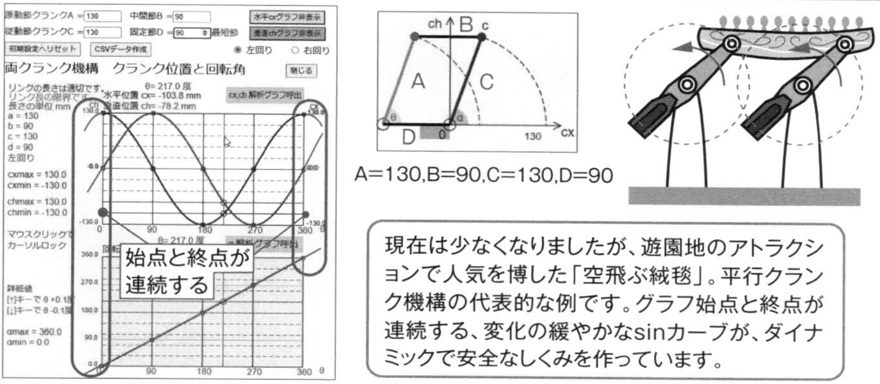
両クランク機構　クランク位置と回転角
始点と終点が
連続する
A=130,B=90,C=130,D=90
現在は少なくなりましたが、遊園地のアトラクションで人気を博した「空飛ぶ絨毯」。平行クランク機構の代表的な例です。グラフ始点と終点が連続する、変化の緩やかなsinカーブが、ダイナミックで安全なしくみを作っています。

図3-43　クランク位置と傾角（グラフ）

■「クランク位置の解析」と「クランク回転角の解析」（グラフ）

平行クランクなので、図3-43に示すレバー・クランク機構で観察した図3-29の位置グラフと図3-31の傾角グラフと同様のグラフが生成されます。

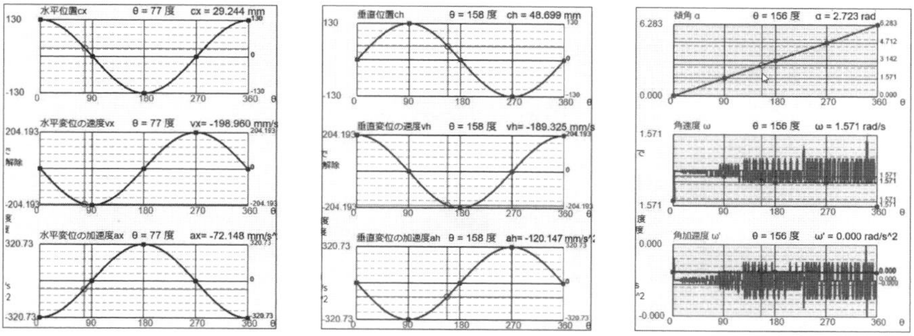

(a) cx=cos*α*,vx,ax（cx,ch 解析グラフ呼出）（水平位置 cx 表示）

(b) ch=sin*α*,vh,ah（cx,ch 解析グラフ呼出）（垂直位置 ch 表示）

(c) *α*、*ω*、*ω*'（*α*解析グラフ呼出）

図3-44　平行クランクの位置と傾角の解析グラフ

CSVデータの一覧

〔**両クランク機構**〕のグラフページでは、次のCSVファイルを出力します（［**CSVデータ作成**］で出力されるファイル名とデータ内容の一覧表です）。

グラフ画面名称	出力ファイル名	データ内容
クランク位置と回転角	DC0.csv	θ,cx,ch,α
クランク位置の解析	DCh.csv	θ,cx,vx,ax / θ,ch,vh,ah
クランク回転角の解析	DCa.csv	θ,α_rad,α_deg,ω,ω'

応用例を確認しよう（「流体機械への応用」）

menu →〔**第3章 リンク機構**〕→〔**流体機械への応用**〕を選択し、［**開始**］ボタンをクリックしてください。図3-45（a）のアニメーション初期画面が起動します。図（b）はアニメーションで使用した節の長さ$a = 85$、$b = 60$、$c = 110$、$d = 25$を先ほどのシミュレータ〔**両クランク機構**〕に設定した例です。

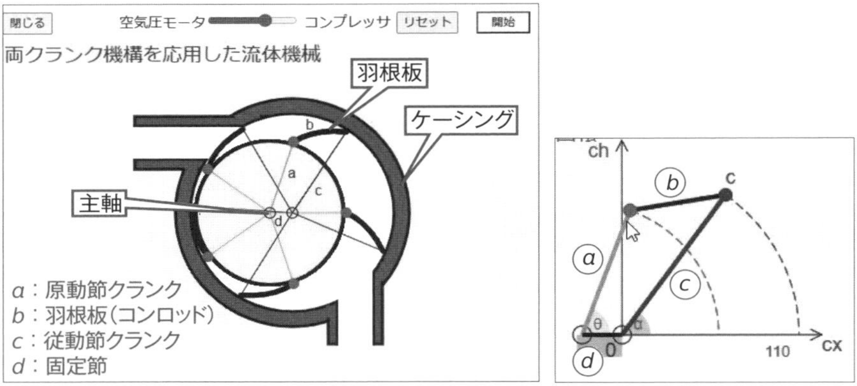

(a)「流体機械への応用」アニメーション

(b) リンク長
a=85,b=60,c=110,d=25

図3-45 「流体機械への応用」アニメーション

流体機械のあらまし

液体や気体など流動性をもつ流体は、いろいろなエネルギをもっています。それらのエネルギのうち圧力、位置、速度のエネルギを変換する機械が**流体**

機械です。流体機械は、流体にエネルギを与える機械（ポンプ、送風機など）、流体からエネルギを受け取る機械（水車、流体モータなど）に大別されます。

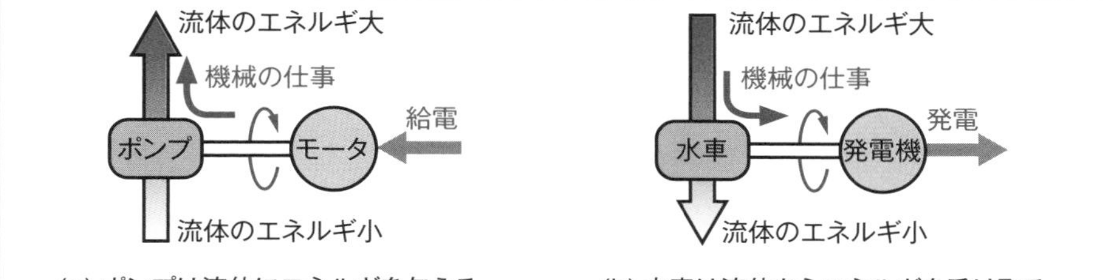

(a) ポンプは流体にエネルギを与える　(b) 水車は流体からエネルギを受け取る

図3-46　流体機械のあらまし

作動流体は空気と設定

アニメーションは、流体の容積変化に伴う圧力変化を利用した流体機械の例です。作動流体は圧縮性流体である空気を想定し、空気に高い圧力を与えるコンプレッサと圧縮空気で回転するドリルなどの空気圧モータを考えます。［**空気圧モータ**］と［**コンプレッサ**］の切り替えスライダの速さは、それぞれ2段です（空気圧モータとコンプレッサの間にあるスライダのバーを左右に移動させて切り替えます）。

●コンプレッサ

主軸をモータで回転させ、低圧の空気をケーシングと羽根板でつくる圧縮室に取り込み、圧縮して高圧の空気として吐き出します。主軸の回転という機械的運動を空気の圧力エネルギに変換します。

●空気圧モータ

圧縮された高圧の空気を膨張室へ取り込み、空気の膨張する力を利用して出力軸を回転させます。空気は低圧となって吐き出されます。空気の圧力エネルギを出力軸の回転という機械的運動に変換します。

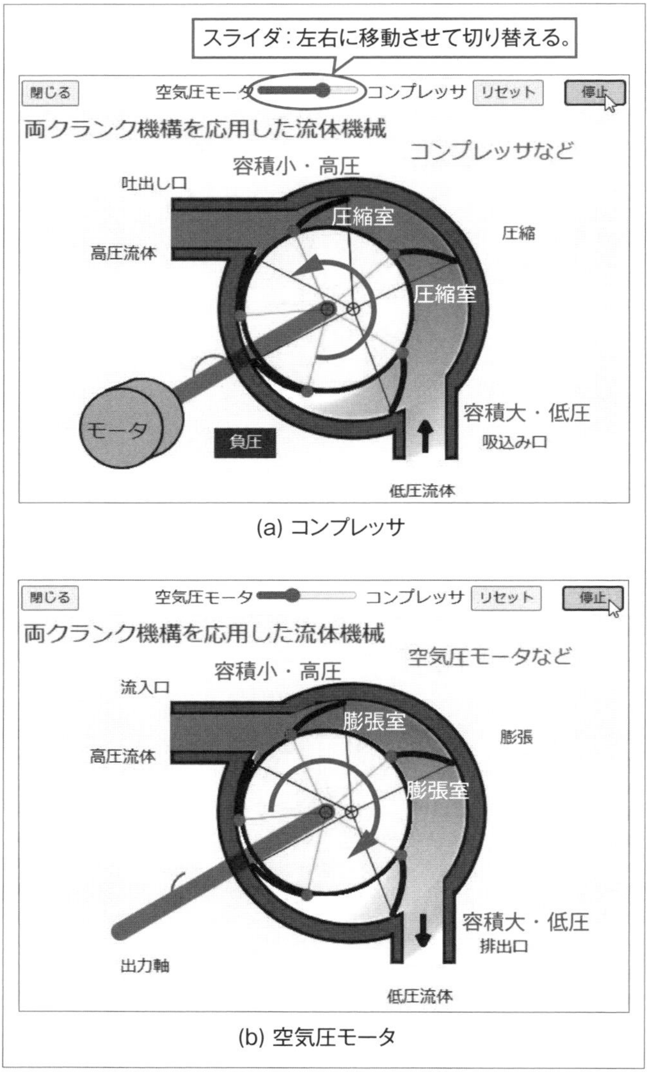

(a) コンプレッサ

(b) 空気圧モータ

図3-47　流体機械のアニメーション

3-4 両レバー機構

4節リンク機構で、最短節に対向する節を固定節として、最短節を回転原動節とすると、最短節の両端で対偶をつくる2つの節が揺動する両レバー機構ができます。

シミュレータで確認しよう

両レバー機構の運動は、前述の2例と異なるので、初めにシミュレータのアニメーションを観察しましょう。

menu →〔**第3章 リンク機構**〕→〔**両レバー機構**〕を選択し、[**運動開始**]を実行します。図3-48の画面が表示されます。クランクが移動するので、手動トレース操作部を画面上の定位置に独立させました。

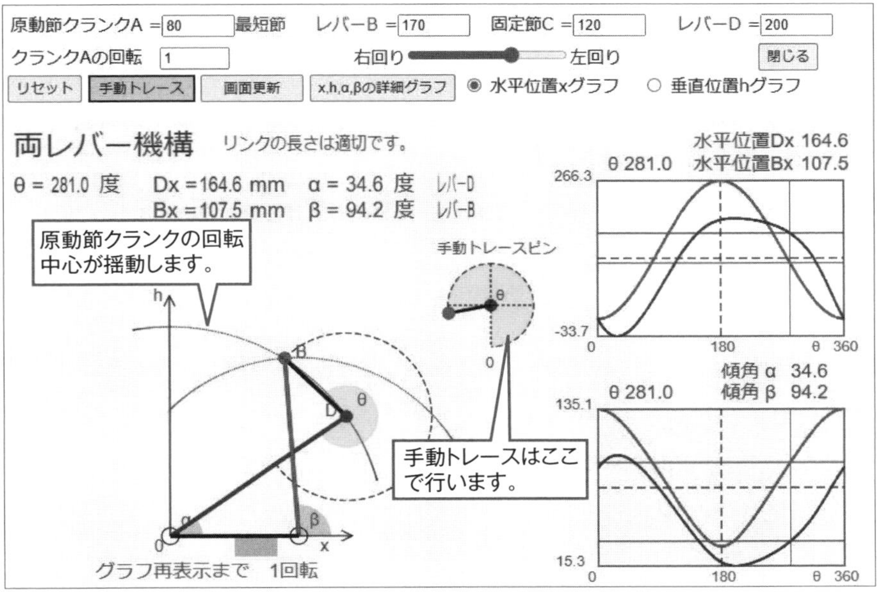

図3-48　両レバー機構シミュレータの運動画面

両レバー機構の運動

シミュレータのアニメーションから分かるように、**両レバー機構**の原動節となるクランクの回転中心は、一定位置にとどまらず揺動運動を行います。運動を観察する処理上、クランクの回転角は、回転中心と対偶を組むレバーとクランクが重なった位置を回転角 θ の始点としました。図3-49に示すように初めにクランク回転中心と対偶をなすリンクを固定節とする図（a）のレバー・クランク機構で両レバーの揺動角 α と β を求めます。次に図（b）の両レバー機構に移行して、結合点の座標値を求めます。説明中の Y 軸の符号は、ソースコードに合わせて、下向きを＋としています。

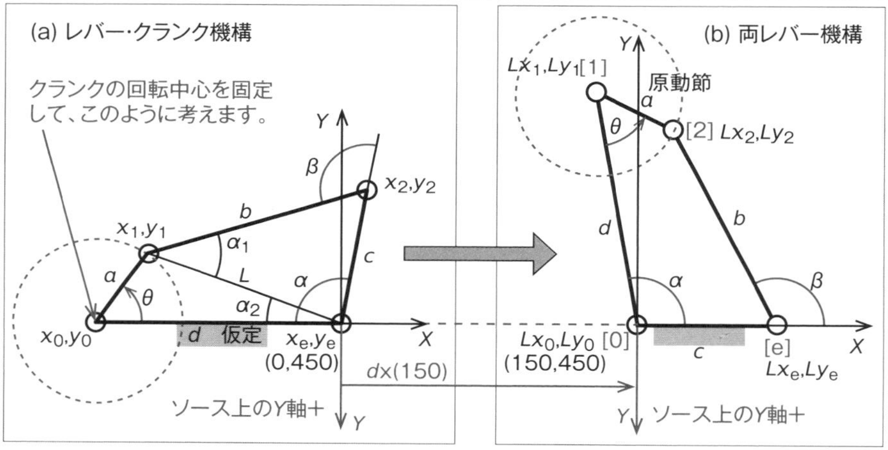

○初めに(a)レバー·クランク機構で考えます。

$x_e=0,\ y_e=450$ と設定しています。

$x_0=x_e-d,\ y_0=y_e$

$x_1=x_0+a\cdot\cos\theta$

$y_1=y_0-a\cdot\sin\theta$

$L=\sqrt{(x_e-x_1)^2+(y_e-y_1)^2}$

$\alpha_1=\cos^{-1}\dfrac{L^2+b^2-c^2}{2L\cdot b}$　$\alpha_2=\tan^{-1}\dfrac{y_e-y_1}{x_e-x_1}$

$x_2=x_1+b\cdot\cos(\alpha_1-\alpha_2)$

$y_2=y_1-b\cdot\sin(\alpha_1-\alpha_2)$

$\alpha=\cos^{-1}\dfrac{x_e-x_2}{c}$　$\beta=\pi-\cos^{-1}\dfrac{b^2+c^2-L^2}{2b\cdot c}$

○次に(b)両レバー機構に移行します。

$dx=150$ // 両レバー機構の Lx_0 を設定

$Lx_0=x_e+dx,\ Ly_0=y_e$ … [0] 決定

$Lx_e=Lx_0+c,\ Ly_e=y_e$ … [e] 決定

$Lx_1=Lx_0-d\cdot\cos(\pi-\alpha)$, $Ly_1=Ly_0-d\cdot\sin(\pi-\alpha)$ … [1] 決定

$Lx_2=Lx_e+b\cdot\cos\beta$, $Ly_2=Ly_e-b\cdot\sin\beta$ … [2] 決定

以上の手順で、機構の結合点４点と揺動角α、β をクランク回転角θの関数として決定しました。

図3-49　両レバー機構の運動

4節回転リンク機構の瞬間中心の求め方

　ここまで、4節回転リンク機構の節の交替でできる3種類のリンク機構を見てきました。4節回転リンク機構には、4つの節から2つの節の組み合わせを取る、${}_4C_2 = 6$個の瞬間中心ができます。6個の瞬間中心は、図3-34 (p.97)のように**3瞬間中心の定理**から求めることができます。しかし、リンク位置が特別な場合、図3-50に示す手順を必要とすることがあります。また、平行クランク機構の場合には、2つの瞬間中心が無限大点にあると考えます。

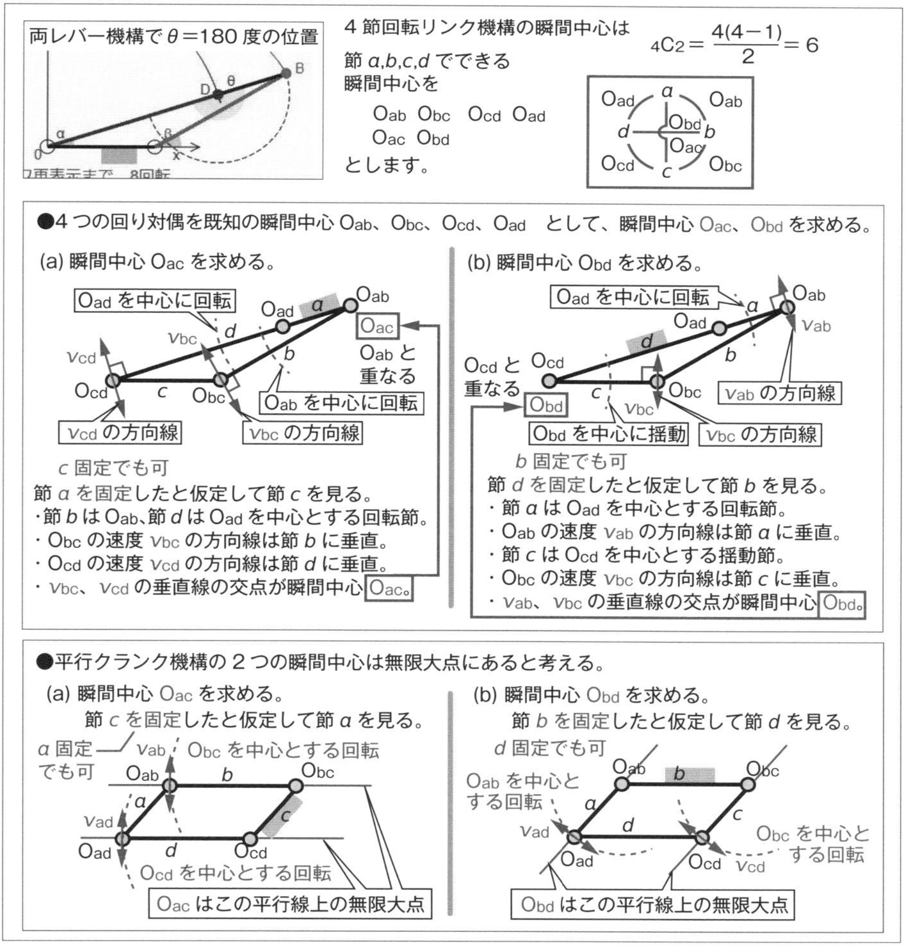

両レバー機構でθ＝180度の位置
B
D
θ
α
β
0
x
4節回転リンク機構の瞬間中心は
節 a,b,c,d でできる
瞬間中心を
O_{ab} O_{bc} O_{cd} O_{ad}
O_{ac} O_{bd}
とします。
${}_4C_2 = \frac{4(4-1)}{2} = 6$
O_{ad} a O_{ab}
d O_{bd} b
O_{ac}
O_{cd} c O_{bc}
●4つの回り対偶を既知の瞬間中心 O_{ab}、O_{bc}、O_{cd}、O_{ad} として、瞬間中心 O_{ac}、O_{bd} を求める。
(a) 瞬間中心 O_{ac} を求める。
O_{ad} を中心に回転
O_{ad} a O_{ab}
O_{ac}
v_{bc} d
b
O_{ab} と重なる
v_{cd}
O_{cd} c O_{bc}
O_{ab} を中心に回転
v_{cd} の方向線
v_{bc} の方向線
c 固定でも可
節 a を固定したと仮定して節 c を見る。
・節 b は O_{ab}、節 d は O_{ad} を中心とする回転節。
・O_{bc} の速度 v_{bc} の方向線は節 b に垂直。
・O_{cd} の速度 v_{cd} の方向線は節 d に垂直。
・v_{bc}、v_{cd} の垂直線の交点が瞬間中心 O_{ac}。
(b) 瞬間中心 O_{bd} を求める。
O_{ad} を中心に回転
a O_{ab}
O_{ad} v_{ab}
d
b
O_{cd} と重なる
O_{cd}
O_{bd} c v_{bc} O_{bc}
v_{ab} の方向線
O_{bd} を中心に揺動
v_{bc} の方向線
b 固定でも可
節 d を固定したと仮定して節 b を見る。
・節 a は O_{ad} を中心とする回転節。
・O_{ab} の速度 v_{ab} の方向線は節 a に垂直。
・節 c は O_{cd} を中心とする揺動節。
・O_{bc} の速度 v_{bc} の方向線は節 c に垂直。
・v_{ab}、v_{bc} の垂直線の交点が瞬間中心 O_{bd}。
●平行クランク機構の2つの瞬間中心は無限大点にあると考える。
(a) 瞬間中心 O_{ac} を求める。
節 c を固定したと仮定して節 a を見る。
a 固定でも可
v_{ab}
O_{bc} を中心とする回転
O_{ab} b O_{bc}
a c
v_{ad}
O_{ad} d O_{cd}
O_{cd} を中心とする回転
O_{ac} はこの平行線上の無限大点
(b) 瞬間中心 O_{bd} を求める。
節 b を固定したと仮定して節 d を見る。
d 固定でも可
O_{ab} b O_{bc}
O_{ab} を中心とする回転
a c
v_{ad} d
O_{bc} を中心とする回転
O_{ad} O_{cd} v_{cd}
O_{bd} はこの平行線上の無限大点

図3-50　4節回転リンク機構の瞬間中心の求め方

2つの従動節

レバー・クランク機構、両クランク機構で中間節とした節も利用目的によって出力節（従動節）ともなり得るので、従動節が2つあるとも考えられます。両レバー機構では原動節と固定節をつなぐ2つの節が従動節になります。

シミュレータで確認しよう

〔両レバー機構〕の画面で、**[x, h, α, βの詳細グラフ]**をクリックします。

2つのレバー節Bと節Dそれぞれに、揺動角、水平位置、垂直位置について右回り／左回りを描画し、CSVファイルを出力します。

図3-51の右上は［x解析グラフ呼出］をクリックし表示した一部、右下は［αβ解析グラフ呼出］の［◉レバーB βグラフ表示］の表示の一部の例です。

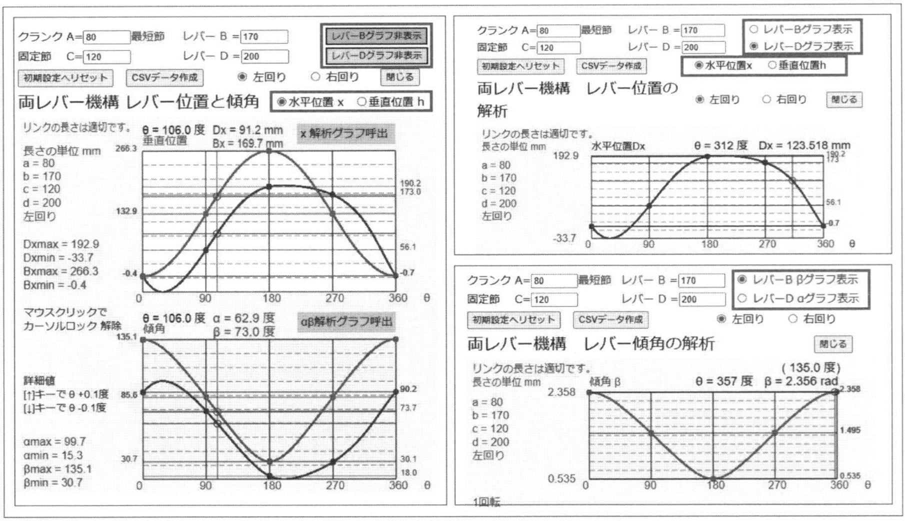

図3-51　両レバー機構のグラフ画面

CSVデータの一覧

〔**両レバー機構**〕のグラフページでは、次のCSVファイルを出力します（[**CSVデータ作成**]で出力されるファイル名とデータ内容の一覧表です）。

グラフ画面名称	出力ファイル名	データ内容
レバー位置と傾角	DL0.csv	θ,Dx,α,Bx,β / θ,Dh,α,Bh,β
レバー位置の解析	DLh.csv	θ,Dx,Dxv,Dxa / θ,Dh,Dhv,Dha θ,Bx,Bxv,Bxa / θ,Bh,Bhv,Bha
レバー傾角の解析	DLa.csv	θ,α_rad,α_deg,ωa,ωa' θ,β_rad,β_deg,ωb,ωb'

応用例を確認しよう（扇風機の首振り）

menu →〔**第3章 リンク機構**〕→〔**扇風機の首振り**〕を選択し、[**羽根回転**]、[**首振開始**]をクリックしてください。図3-52のアニメーション画面が起動します。図(b)はアニメーションで使用した節の長さ$a = 20$、$b = 70$、$c = 40$、$d = 70$を〔**両レバー機構**〕シミュレータに設定した例です。

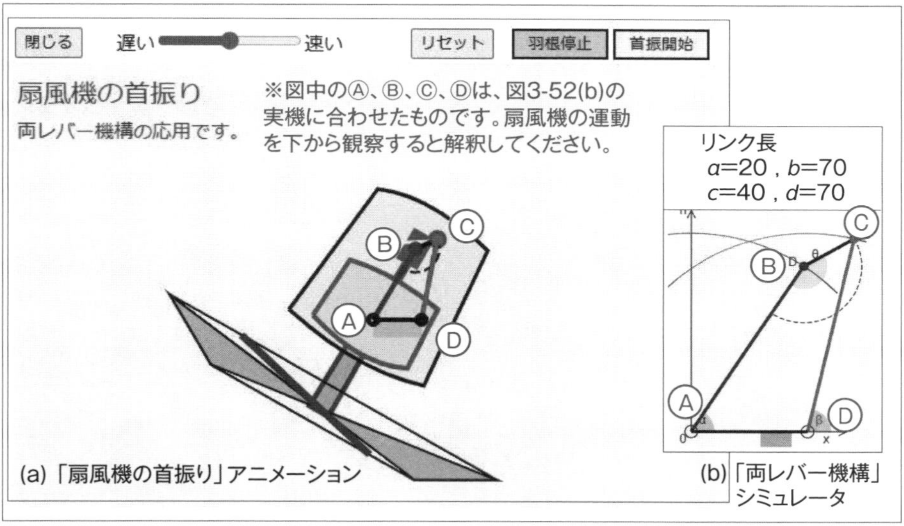

図3-52 「扇風機の首振り」のアニメーション

扇風機の首振り機構

扇風機の首振り機構は、機種によって多少異なりますが、図3-53のモータ回転軸後端に設けたウォーム、それにかみ合うウォームホイール、かみ合いクラッチ、歯車対がモータケース後部のギヤケースに収められ、ギヤケース下にある平歯車で駆動される両レバー機構から構成されます。

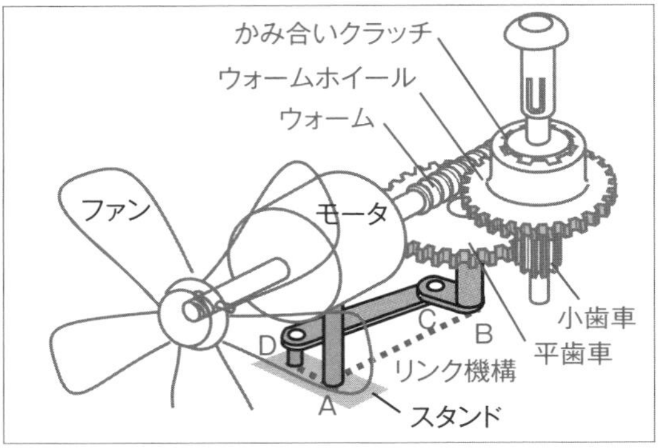

図3-53　扇風機首振り機構の概略

首振り機構の歯車列

画像の実機は、図3-54 (a) の4つのギヤを図 (b) のようにケース内に組み合わせた歯車列でモータの回転を減速して、平歯車の出力軸からリンク装置のクランクB点へ回転を与えます。

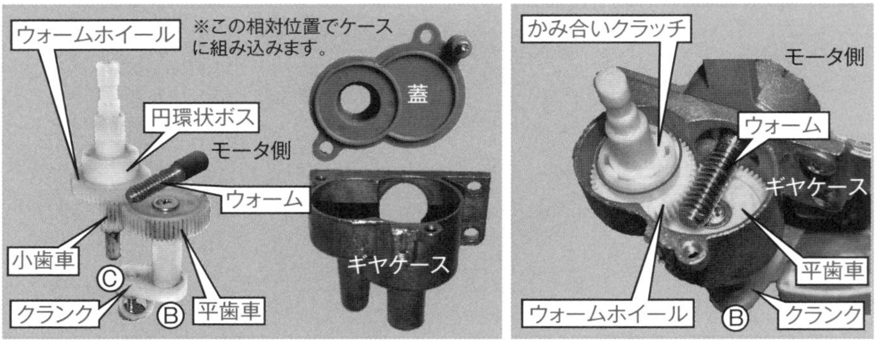

(a) 歯車列部品　　(b) ギヤケース内のかみ合い

図3-54　扇風機首振り機構の歯車列

かみ合いクラッチ

首振りの開始・停止は、大部分の機種が、図3-55に示すボールによるかみ合いクラッチを採用しています。円環状ボスのウォームホイールの中心に通した、ボールを取り付けた小歯車軸を上下させて、円環内側の溝と小歯車軸のボールのかみ合わせで、ウォームホイールの回転を小歯車に伝達・遮断します。

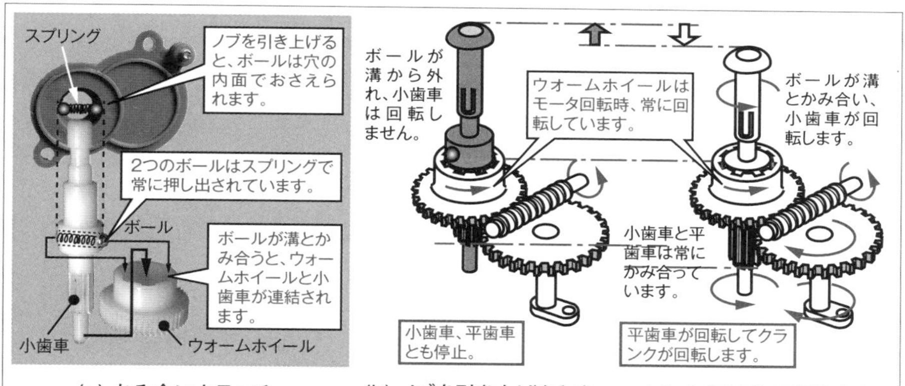

スプリング
ノブを引き上げると、ボールは穴の内面でおさえられます。
2つのボールはスプリングで常に押し出されています。
ボール
ボールが溝とかみ合うと、ウォームホイールと小歯車が連結されます。
小歯車
ウォームホイール
ボールが溝から外れ、小歯車は回転しません。
ウオームホイールはモータ回転時、常に回転しています。
ボールが溝とかみ合い、小歯車が回転します。
小歯車と平歯車は常にかみ合っています。
小歯車、平歯車とも停止。
平歯車が回転してクランクが回転します。

(a) かみ合いクラッチ　(b) ノブを引き上げたとき　(c) ノブを押し下げたとき

図3-55　扇風機首振り機構のかみ合いクラッチ

両レバー機構

扇風機首振り機構の最終の機構が図3-56の両レバー機構です。平歯車回転軸Bがクランク BCに回転を与えます。点AとDはスタンドに固定されているので、固定節ADとなります。点Aはモータケースの支点でもあり、点Bはギヤケース上の定点なので、モータケースがレバーABとなります。クランクBCの回転によりレバーABとレバーCDが揺動する両レバー機構となり、レバーABに相当するモータケースが支点Aを中心として首を振ります。

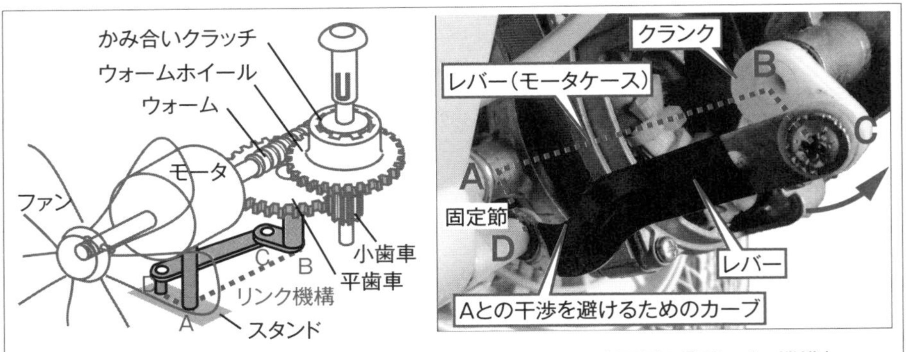

(a) 扇風機首振り機構の概略　(b) モータ下部の「両レバー機構」

図3-56　扇風機首振り機構の両レバー機構

締め付け過ぎ防止の左ねじ

扇風機を前方から見て、右回転するファンをモータ軸に固定するキャップには、ゆるみ止めのために左ねじが使われています。リンク機構を下から見た図3-56（b）で、クランクBCはB点を中心とした左回りです。レバーのC点を基準とするとクランクBCはC点を中心とした左回りです。実機では左ねじのタッピングネジでC点をレバー側から締めてピン結合を作っています。ここを右ねじとすると、クランクの回転につれてねじが締まり、リンクの運動を妨《さまた》げることを避けるための、締め付け過ぎ防止の左ねじかと思います。

図3-57　締め付け過ぎ防止の左ねじ

自動車ステアリング装置のリンク機構

自動車のステアリング装置に、図3-58に示すリンク機構が使われています。駐車場内や一時停止後などの極めて低速で右旋回する場合を例とします。低速の場合、タイヤの旋回中心は後車軸の延長線上にあるとします。

図（a）をアッカーマン・ジャントー理論といいます。車体を固定節とする台形の両リンク機構で、タイロッドが左へ動くと、外側のタイヤ傾角 β < 内側のタイヤ傾角 α と左右異なった角度で傾きます。その結果タイヤは同心円上を円滑にころがり接触できるようになります。

これを (b) のように平行クランクにすると、左右のタイヤが同じ角度傾き、タイヤの経路は左右の間隔を狭めようとするため、すべり接触を行い円滑な旋回ができません。図 (a) では、旋回によってタイロッドが傾くので、他の機構と組み合わせて傾きを補正します。図 (c) は第2章、「図2-26 自動車前輪のステアリングとサスペンション」に対応させて、現在主流のピニオン・ラックステアリング装置と組み合わせた概略図で、ステアリングホイールの回転をステアリングギヤで並進運動に変えて、タイロッドを動かします。

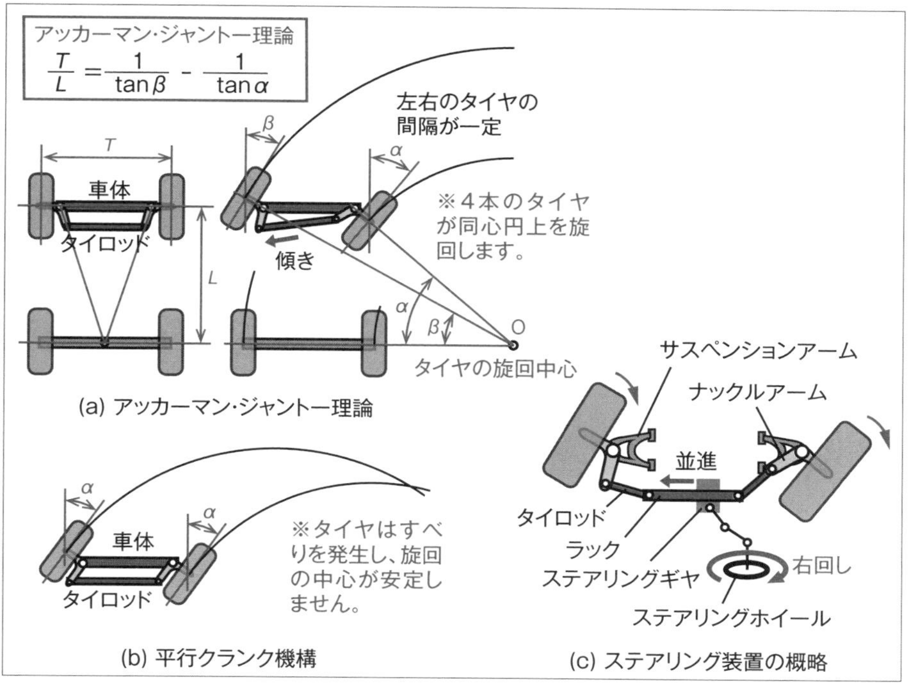

図3-58　自動車ステアリング装置のリンク機構

3-5
往復スライダ・クランク機構

4節回転リンク機構の4つの回り対偶の一つをすべり対偶としてスライダと呼びます。スライダが回り対偶を併せもつと、スライダ・クランク機構ができます。

往復スライダ・クランク機構の運動

レバー・クランク機構のレバーを無限に短くして、コンロッドの一端を回り対偶とすべり対偶をもった**スライダ**とすると回転と直動の変換を行う**往復スライダ・クランク機構**になります。図3-59で、固定節d、コンロッドb、クランクaを一定角速度で回転させたとき、クランクの回転角θとしてスライダcの結合点位置$x2$、$y2$とコンロッド水平傾角αを求めます。シミュレータでは、スライダの右端（上死点：図3-62で説明）を水平座標の原点として、θに対する変位cxを表示しています。

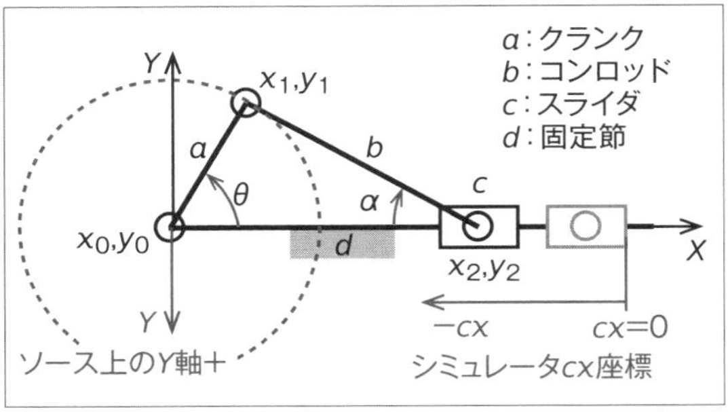

結合点の座標

$x_1=x_0+a\cdot\cos\theta$　$dy=a\cdot\sin\theta$

$y_1=y_0-dy$

$x_2=x_1+\sqrt{b^2-dy^2}$

$y_2=y_0$

コンロッド水平傾角

$\alpha=\sin^{-1}\dfrac{dy}{b}$

$=\sin^{-1}\left(\dfrac{a}{b}\sin\theta\right)$

図3-59　往復スライダ・クランク機構の運動

スライダの瞬間中心と速度

瞬間中心は回転中の物体の速度ベクトルの垂直線上にあります。回転半径を無限に大きくすると円は直線に近づき、回転運動は並進運動に近づきます。併進運動する**スライダの瞬間中心**は、「速度ベクトルの方向線と任意の位置で直交する直線上の無限大点にある」と考えます。第1章〔**回転移動**〕のシミュレータで移動距離と姿勢変化を微小にして、疑似的に並進運動の瞬間中心を求めたシミュレート結果が図3-60 (a) です。図 (b) は、スライダの瞬間中心を速度ベクトルの方向線の直交線上に取り、クランク先端の周速度V_{ab}として、3瞬間中心の定理でスライダの速度V_{bc}を求めたものです。瞬間中心$O_{cd}-\infty$がスライダから離れた点にあります。これが図 (c) に示す「速度ベクトルの方向線と任意の位置で直交する直線上の無限大点にある」を利用した例です。

図 (c) は、コンロッド上の分速度からスライダ速度を求めた例です。

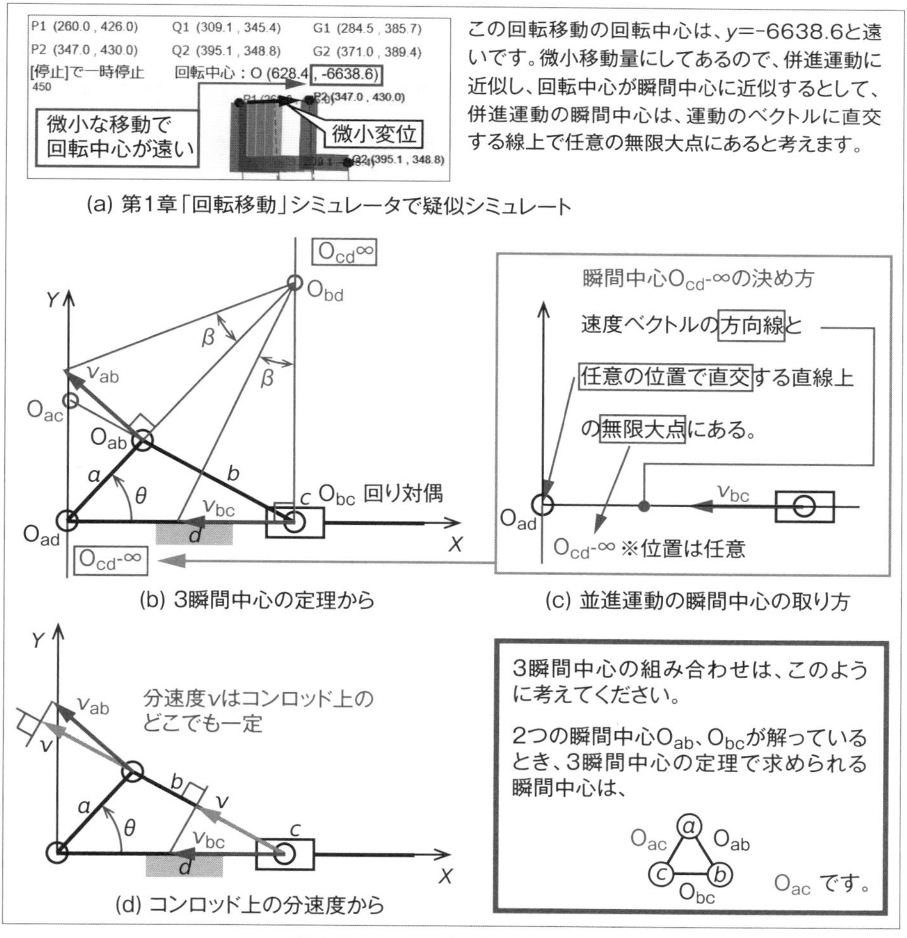

(a) 第1章「回転移動」シミュレータで疑似シミュレート

(b) 3瞬間中心の定理から

(c) 並進運動の瞬間中心の取り方

(d) コンロッド上の分速度から

図3-60　スライダの瞬間中心と速度

シミュレータで確認しよう

menu →〔**第3章 リンク機構**〕→〔**往復スライダ・クランク機構**〕を選択し、[**運動開始**] を実行します。図3-61の画面が表示されます。リンク長の設定は原動節と中間節の2本です。

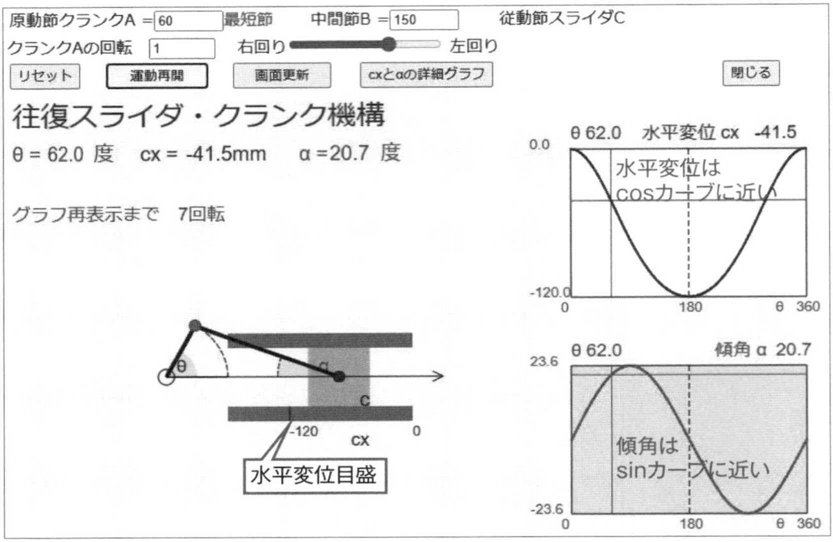

図3-61　往復スライダ・クランク機構シミュレータの運動画面

グラフ画面 CSV データの一覧

〔**往復スライダ・クランク機構シミュレータ**〕のグラフ画面のファイルです（[**CSV データ作成**] で出力されるファイル名とデータ内容の一覧表です）。

グラフ画面名称	出力ファイル名	データ内容
スライダ位置と傾角	RS0.csv	θ,cx,α
スライダ位置の解析	RSx.csv	θ,cx,v,a
中間節傾角の解析	RSa.csv	θ,α_rad,α_deg,ω,ω'

往復スライダ・クランク機構の特異点

手動トレースで図3-62 (a) $\theta = 0$度に合わせ、マウスをスライダに作用する力と考えて水平移動させると各節は止まったままです。マウスキーを使うと操作が楽です。図 (b) θ = 180度でも同様です。これは、図3-15の死点にあたり、(a) を**上死点**《じょうしてん》、(b) を**下死点**《かしてん》と呼びます。次に (b) の状態からマウスをわずかに上下に移動させると、クランク右回転でスライダは右へ移動し、クランク左回転でもスライダは右へ移動します。この動きをスライダを原動節として考えると、スライダが右へ移動すると従動節クランクは右回り・左回りどちらへでも運動することになります。これは、図3-14 (p.82) の思案点にあたります。

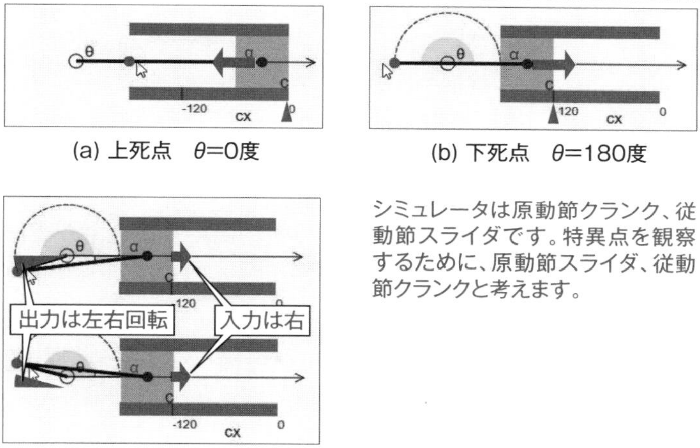

(a) 上死点　θ=0度

(b) 下死点　θ=180度

(c) 思案点

シミュレータは原動節クランク、従動節スライダです。特異点を観察するために、原動節スライダ、従動節クランクと考えます。

図3-62　往復スライダ・クランク機構の特異点

クランクとコンロッドの長さ

往復スライダ・クランク機構は、図3-63 (a) のように、クランク長$a \leqq$コンロッド長bでなければなりません。スライダの往復ストロークsは、図 (b) のようにクランク長aの2倍、$s = 2a$になります。a/bが1に近いほど、図 (c) のようにスライダが停止状態に近い状態になり、a/bが小さいほど、図 (d) のように変位がcosカーブ、傾角がsinカーブの単振動に近づきます。

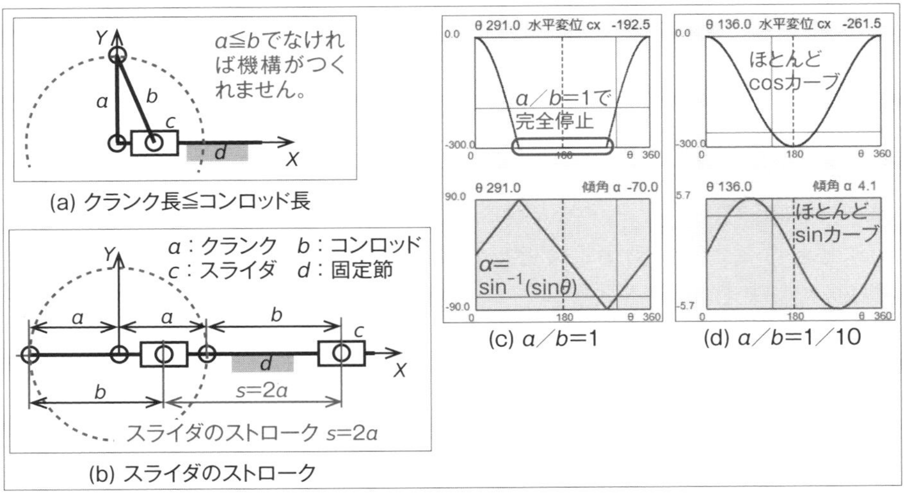

(a) クランク長≦コンロッド長

(b) スライダのストローク

(c) $a/b=1$　(d) $a/b=1/10$

図3-63　クランクとコンロッドの長さ

シミュレータで確認しよう

menu →〔**第3章 リンク機構**〕→〔**往復スライダ・クランク機構**〕のメイン画面、または〔**往復スライダ・クランク機構**〕の〔**スライダ位置と傾角**〕を起動してください。

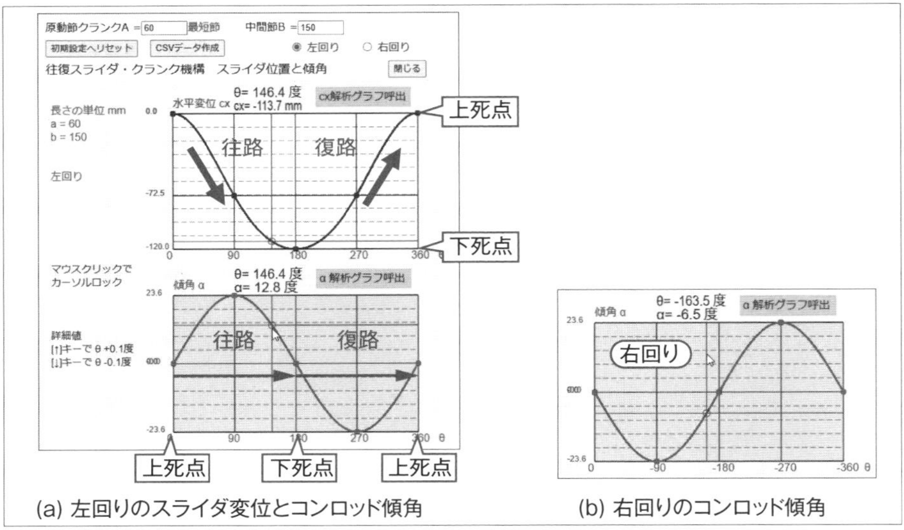

(a) 左回りのスライダ変位とコンロッド傾角　(b) 右回りのコンロッド傾角

図3-64　スライダ位置と傾角（グラフ）

スライダ位置と傾角（グラフ）

図3-64（a）のグラフは、初期設定値のスライダ位置とコンロッド傾角です。クランク角0度＜θ＜180度、スライダが上死点から下死点へ向かう向きを往路とすれば、クランク回転中心がスライダのすべり中心線上にあるスライダ・クランク機構では、往復の運動差はありません。図（b）はクランク右回りのコンロッド傾角で、左回りとの位相差が180度、グラフは水平軸を中心に反転します。

スライダ位置の解析（グラフ）

図3-65（a）、（c）は、シミュレータの出力結果です。（b）は、図3-59のスライダ変位x_2から求めた速度、加速度を表計算ソフトで処理したグラフです。

※変位 $x_2 = x_0 + a\cdot\cos\theta + \sqrt{b^2-(a\cdot\sin\theta)^2}$

※速度 $v = -a\cdot\sin\theta - \dfrac{a^2\cdot\sin\theta\cos\theta}{\sqrt{b^2-(a\cdot\sin\theta)^2}}$

クランク長aとの混乱を避けるためαとします

※加速度 $\alpha = -a\cdot\cos\theta - \dfrac{a^4\cdot\sin^2\theta\cdot\cos^2\theta}{\sqrt{(b^2-(a\cdot\sin\theta)^2)^3}} + \dfrac{a^2(\sin^2\theta-\cos^2\theta)}{\sqrt{b^2-(a\cdot\sin\theta)^2}}$

※各式とも$a<<b$のとき単振動に近づきます。

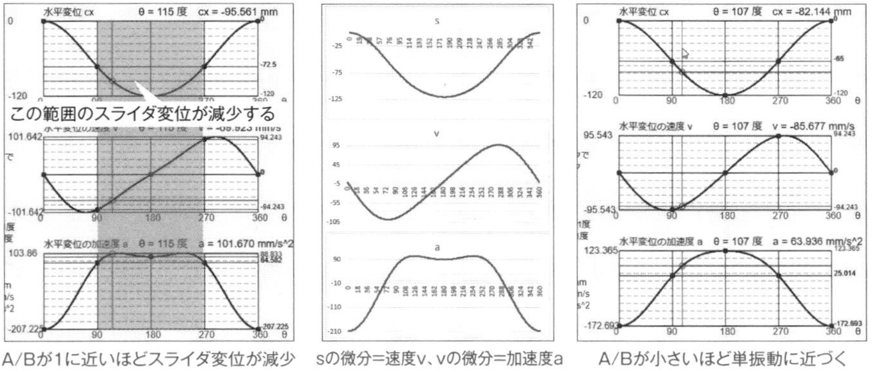

(a) 初期値　A=60,B=150　(b) A=60,B=150　計算値　(c) A=60,B=360

図3-65　スライダ位置の解析（グラフ）

図（b）はCSVデータをExcelで表作成したものです。

なお、Excelでの表の作成方法は本書では解説していません。関連書籍またはインターネットでお調べください。

「中間節傾角の解析」グラフ

図3-66（a）、（b）は、シミュレータの出力結果です、図（c）は、図3-59のα算出式から求めた角速度、角加速度の表計算ソフトで処理したグラフです。

$\alpha=\sin^{-1}\dfrac{a}{b}\sin\theta$　で　$\dfrac{a}{b}=k$　とおく（k：クランク長とコンロッド長の比）

傾角$\alpha=\sin^{-1}(k\cdot\sin\theta)$　　角速度$\omega=\dfrac{d\alpha}{d\theta}=\dfrac{k\cdot\cos\theta}{\sqrt{1-k^2\sin^2\theta}}$　　角加速度$\omega'=\dfrac{d\omega}{d\theta}=\dfrac{k\cdot(k^2-1)\cdot\sin\theta}{\sqrt{(1-k^2\sin^2\theta)^3}}$

k＝1のとき　$\alpha=\sin^{-1}(\sin\theta)$ …①　　$\omega=\dfrac{\cos\theta}{|\cos\theta|}$ …②　　$\omega'=\dfrac{0}{\cos^3\theta}$ …③

kが小さいとき　$\alpha=\sin^{-1}(k\cdot\sin\theta)$ …④　　$\omega=k\cdot\cos\theta$ …⑤　　$\omega'=-k\cdot\sin\theta$ …⑥

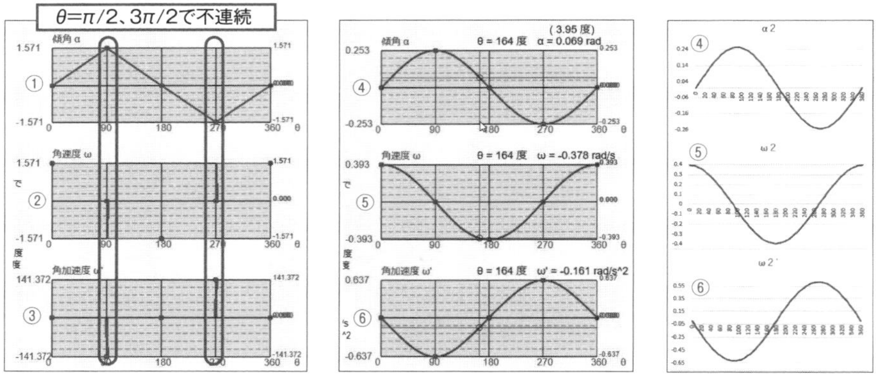

(a) k=1 (A=60, B=60)　　(b) k=1／4 (A=60, B=240)　　(c) k=1／4 計算値

図3-66　中間節傾角の解析（グラフ）

応用例を確認しよう（ピストンとクランク）

menu →〔**第3章 リンク機構**〕→〔**ピストンとクランク**〕を選択し、[**開始**] ボタンをクリックしてください。図3-67（a）のアニメーション画面が起動します。往復スライダ・クランク機構は入力と出力の交換が可能なので、図（b）クランクを原動節としたコンプレッサ、図（c）ピストン（スライダ）を原動節としたエンジンなどの装置ができます。

固定節にシリンダ、スライダにピストンを使用した往復スライダ・クランク機構は、シリンダ容積の変化を利用して機械的な仕事を行います。コンプレッサの例では、シリンダ内外の圧力差で弁を開閉し、エンジンの例では、機構によって弁の開閉を行います。

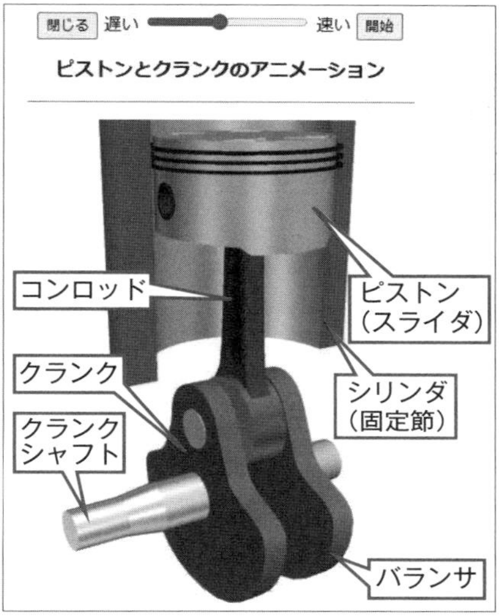

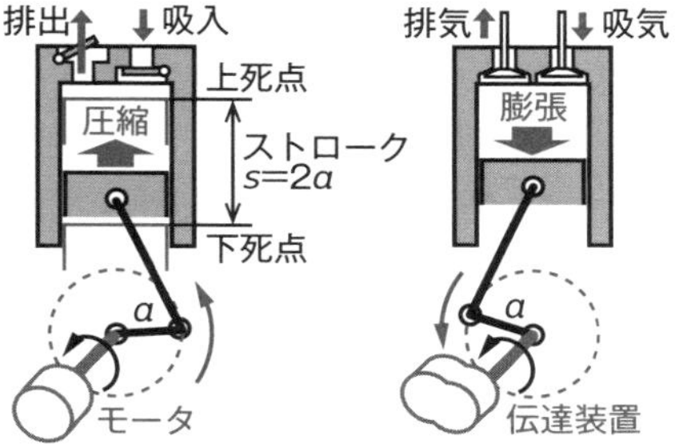

(a)「ピストンとクランク」アニメーション　(b) コンプレッサなど　(c) エンジンなど

図3-67　往復スライダ・クランク機構の応用

実際の装置の死点と思案点

現在のエンジンなどで、リンク機構の死点と思案点は、ほとんど問題とはなりません。図3-67 (a) のバランサは、クランクに回転の慣性を与え、死点でのトルク減少を防ぎます。

図3-68 (a) のように複数のリンク機構からなる多気筒エンジンは、どれかのクランクが死点にあっても他のクランクがトルクを発生します。エンジンは始動時にモータなどの外力で回転方向が決められ、4ストロークエンジンでは弁の開閉と燃焼の順番から逆回転はせず、思案点は問題となりません。図 (b) は、停車中の蒸気機関車の左側動輪の概略で、ピストンが下死点、コンロッドとクランクが一直線にあるとします。停車中なので動輪に回転の慣性がなく、クランクに回転トルクが発生せず、動輪は動かないことになります。しかし、機関車の動輪は図 (c) のように、クランクが左右90度の位相差で同軸一体となっています。

図 (c) のように、クランク左右に90度の位相差を設けると、図 (b) で左側動輪が死点にあるとき、右側動輪は図 (d) のようにトルクを発生できる位置にあります。

ここで、右側動輪の方向制御弁（弁装置）でピストンを後退させる側に給気すると、往復スライダ・クランク機構が第2動輪を回転させ、同時に平行クランク機構で第1動輪、第3動輪が回転し、同軸一体の左側動輪も回転し、機関車は前進します。始動時に右側方向制御弁の給気と排気を逆にすると、全ての動輪が逆回転し、機関車が後退します。これは思案点の利用例です。

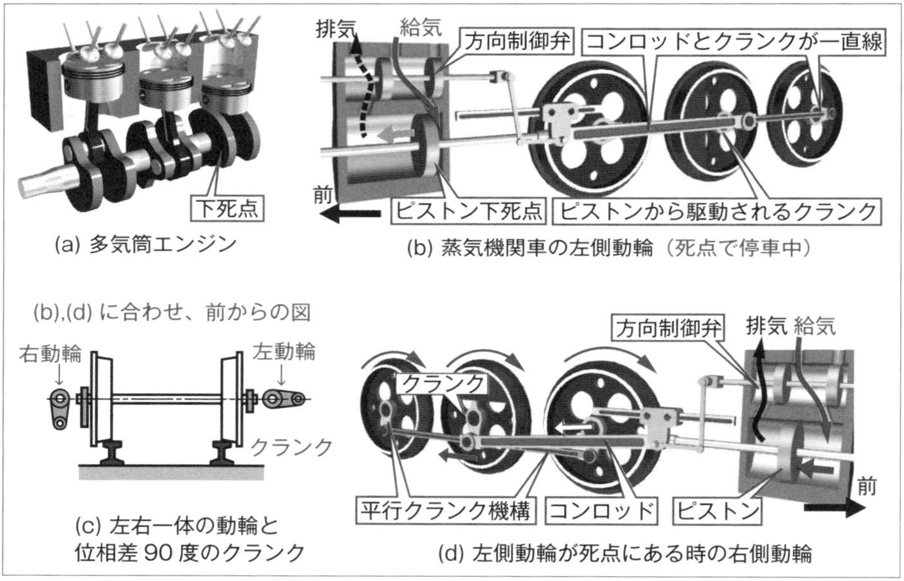

図3-68　4ストロークエンジンと蒸気機関車の死点と思案点

2ストロークエンジンの逆回転

現在では公道用の2ストロークエンジン搭載車両は製造されていません。2ストロークエンジンは、構造上逆回転します。筆者の好きな往年の名車に、後退ギヤがなく、エンジン停止後にセルモータでエンジンを逆回転させてからバックするという、単気筒2ストロークエンジンの小排気量3輪車がありました。

3-6 揺動スライダ・クランク機構

スライダ・クランク機構でリンク長の定まった2つのリンクのうち、長いリンクを固定節とすると、スライダが揺動運動する揺動スライダ・クランク機構ができます。

揺動スライダ・クランク機構の運動

揺動《ようどう》スライダ・クランク機構にできる三角形で、スライダとすべり対偶をなす節の長さは一定ではないので、他の2つの節のうち長い節を固定節とする機構は、図3-69 (a) クランクとスライダが回り対偶、(b) 固定節とスライダが回り対偶、の2つがあります。この節では図 (a) について考えます。回転リンク機構の多くが、節の往復時間が異なる運動を行います。揺動スライダ・クランク機構は、一定角速度で運動する原動節に対して、従動節となるレバーの往復時間の差が顕著なことを特徴とします。

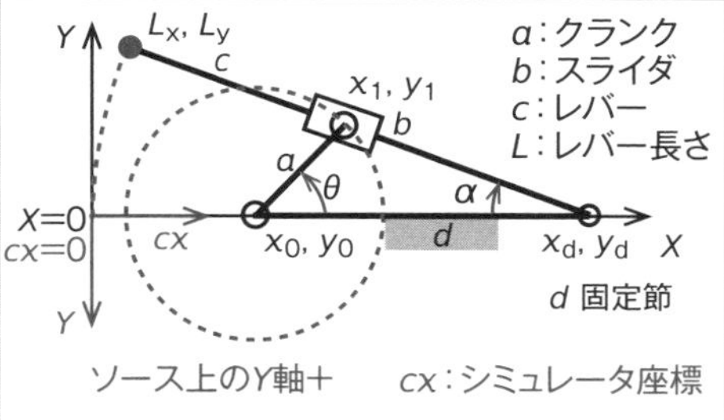

(a) クランクとスライダが回り対偶

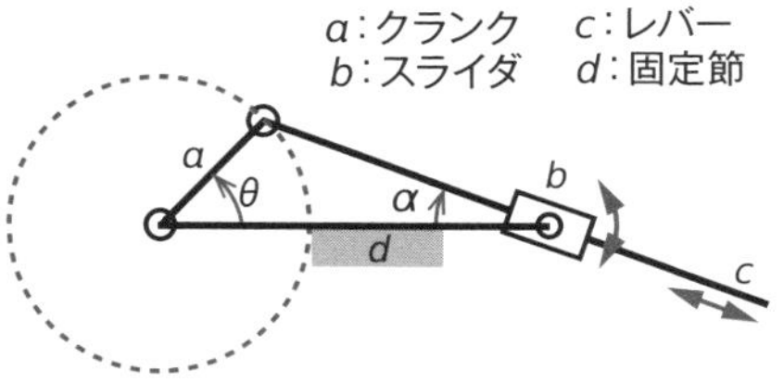

(b) 固定節とスライダが回り対偶

スライダピン座標

$p1x = a \cdot \cos\theta$　$p1y = a \cdot \sin\theta$

$x_1 = x_0 + p1x$　$y_1 = y_0 - p1y$

レバー揺動中心座標　$x_d = x_0 + d$　$y_d = y_0$

レバー長さ　$L = d + 1.5a$

レバー水平傾角　$\alpha = \tan^{-1} \dfrac{p1y}{x_d - x_1}$

レバー先端の座標

$L_x = x_d - L \cdot \cos\alpha$　$L_y = y_d - L \cdot \sin\alpha$

レバー先端の変位

$cx = L - L \cdot \cos\alpha$　$ch = -(L_y - y_0)$

図3-69　揺動スライダ・クランク機構の運動

図3-69の補足

図3-69中のpは、機構の運動を考える座標と描画用の座標を変換するために使用しています。

px、pyでx_0、y_0を原点としたスライダピン座標を求め、X-Y座標上のx、y値を求めます。

シミュレータで確認しよう

menu →〔**第3章 リンク機構**〕→〔**揺動スライダ・クランク機構**〕を選択し、［**運動開始**］で図3-70の画面が表示されます。

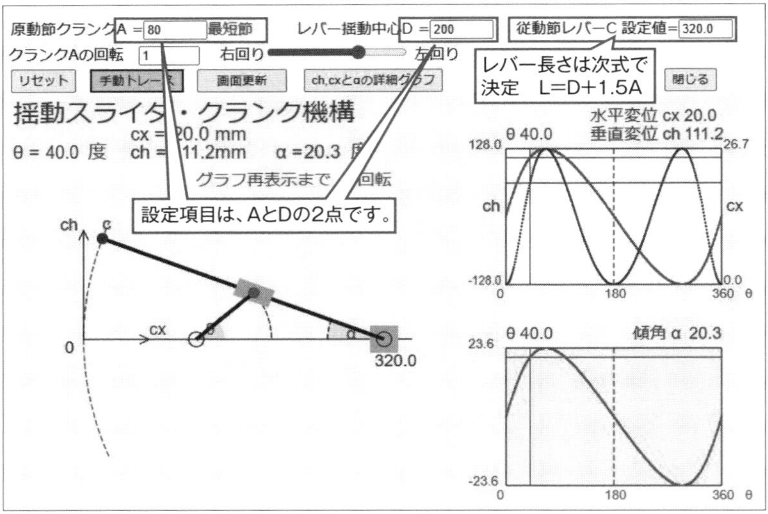

図3-70　揺動スライダ・クランク機構シミュレータの運動画面

往復運動時間の観察

節の長さA = 80、D = 120として、レバー先端cの上端から下端への運動を往路とすると、復路との時間が明らかに異なることが観察できます。図3-71 (a) 上端で$\alpha = 41.8$、$\theta = 46.3$、(b) 下端で$\alpha = -41.8$、$\theta = 313.7$が読み取れます。往路は$\theta = 267.4$度、復路は$\theta = 92.6$度で約3倍の差が観察できます。

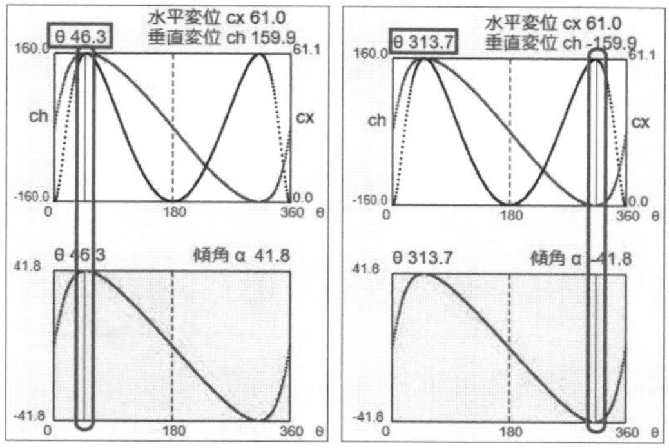

(a) レバーc点上端　(b) レバーc点下端

往路$\theta=313.7-46.3=267.4$

復路$\theta=(360-313.7)+46.3=92.6$

※分解能から$\alpha=\pm 41.8$でもθが異なります。

図3-71　往復運動時間の観察

シミュレータで確認しよう

menu →〔**第3章 リンク機構**〕→〔**揺動スライダ・クランク機構**〕のメイン画面、または〔**揺動スライダ・クランク機構**〕の〔**レバー位置と傾角**〕をクリックしてください。

レバー位置と傾角（グラフ）

図3-72 (a) は、垂直変位ch最大時に$\theta = 65.0$度、$\alpha = 23.6$度を表示しています。この値は、グラフの分解能と表示桁数による幅をもちます。図 (b) で、レバーがクランクAと垂直になるとき、chは最大、最小となります。図から算出したθと図 (a) から得たθを比べると2%程度の差があります。

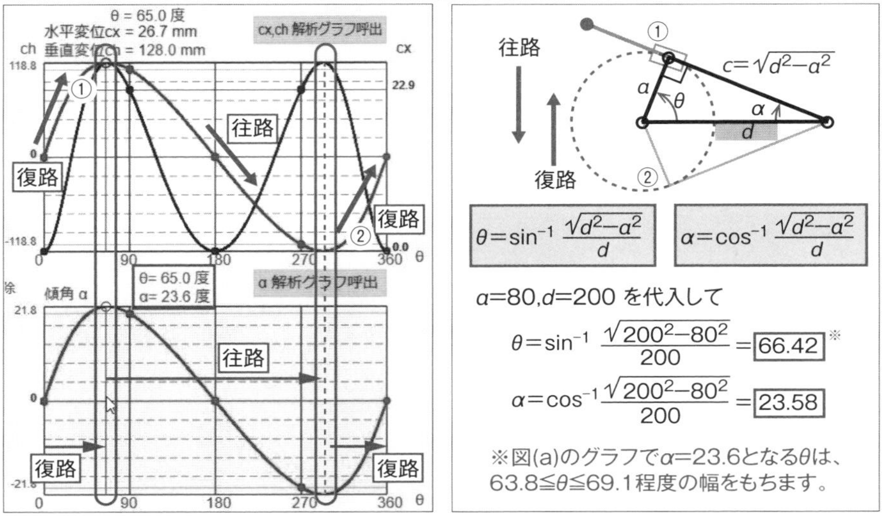

(a)「レバー位置と傾角」　グラフ　　(b) ch最大値のθ、α算出値

図3-72　レバー位置と傾角（グラフ）

CSVデータの一覧

〔**揺動スライダ・クランク機構**〕では、次のCSVファイルを出力します（〔**CSVデータ作成**〕で出力されるファイル名とデータ内容の一覧表です）。

グラフ画面名称	出力ファイル名	データ内容
レバー位置と傾角	YS0.csv	θ,cx,ch,α
レバー位置の解析	YSx.csv	θ,cx,vx,ax / θ,ch,vh,ah
レバー傾角の解析	YSa.csv	θ,α_rad,α_deg,ω,ω'

機構の早戻り運動

図3-72（b）で求めたθ = 66.42は、レバー復路クランク回転角半角です。これと補角をなすθ' = 180 − 66.42 = 113.58は、レバー往路クランク回転角半角です。揺動スライダ・クランク機構のクランク回転角は、必ず「復路＜往路」で、クランクが等角速度のとき、「復路の時間＜往路の時間」となり、復路は短い時間で戻り工程を運動します。これを**早戻り運動**と呼びます。

「レバー位置の解析」と「レバー傾角の解析」グラフ

図3-73にそれぞれ個別に生成されるグラフの第1グラフだけを集めました。レバー変位は、レバー傾角の関数として求めているので、傾角グラフを基準として、前ページ図3-69で求めた式を使って比較します。

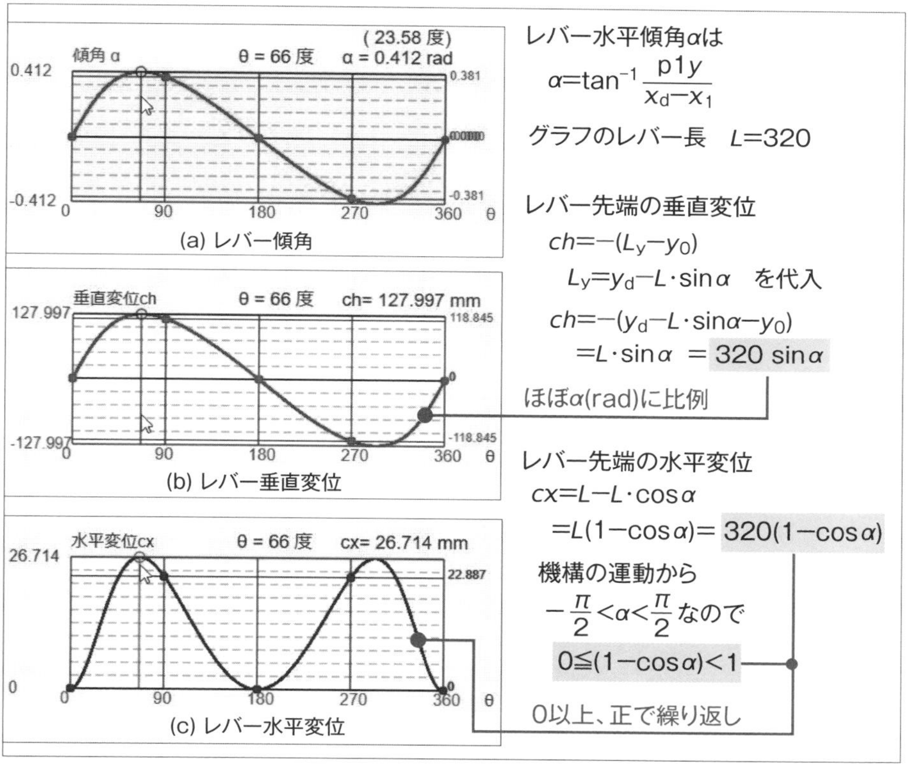

図3-73 「レバー位置の解析」と「レバー傾角の解析」グラフ

（pはx_0、y_0を原点としたスライダピンの座標）

応用例を確認しよう（形削り盤）

menu →〔第3章 リンク機構〕→〔形削《かたけず》り盤《ばん》〕を選択してください。[開始] で図3-74（b）の揺動スライダ・クランク機構がアニメーションを実行します。

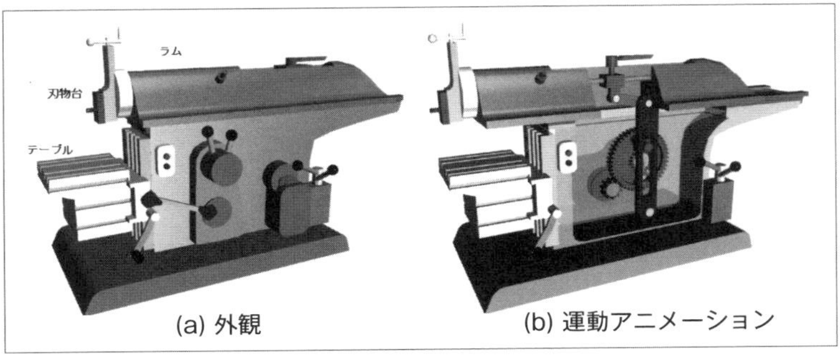

図3-74　揺動スライダ・クランク機構の応用（形削り盤）

形削り盤と揺動スライダ・クランク機構

形削り盤は金属の刃物を金属材料に食い込ませ、比較的遅い速度で材料表面を直線的に往復切削《せっさく》する工作機械です。切削による抵抗が大きいので、機械に高い剛性と、モータの回転運動を切削工具の併進運動に変換する機構が必要です。図3-75に示すように、揺動スライダ・クランク機構は、形削り盤に最も適した機構です。構造が簡潔で、加工の往路は低速、戻りの復路は高速という早戻り運動が**早戻《はやもど》り機構《きこう》**として利用されています。

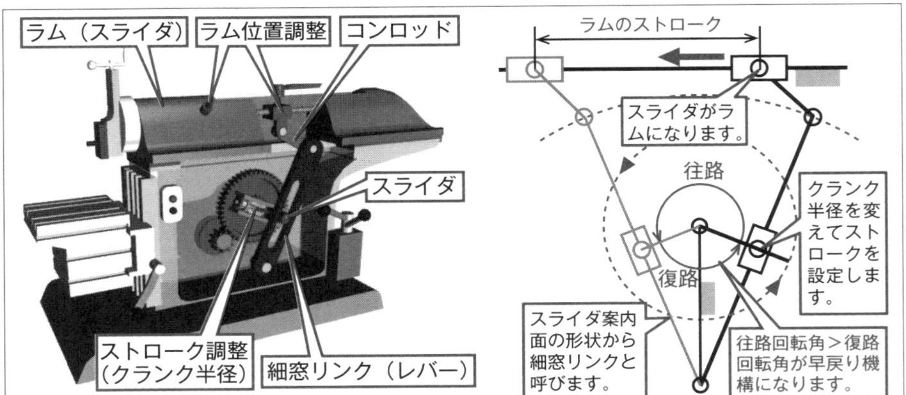

図3-75　形削り盤と揺動スライダ・クランク機構

早戻り機構の運動

図3-76に早戻り機構の速度を図解しました。揺動節に設けたスライダ案内面の形状から**細窓リンク**と呼ばれるレバー先端の速度を瞬間中心で求め、ラムのスライダ速度を分速度から求めています。

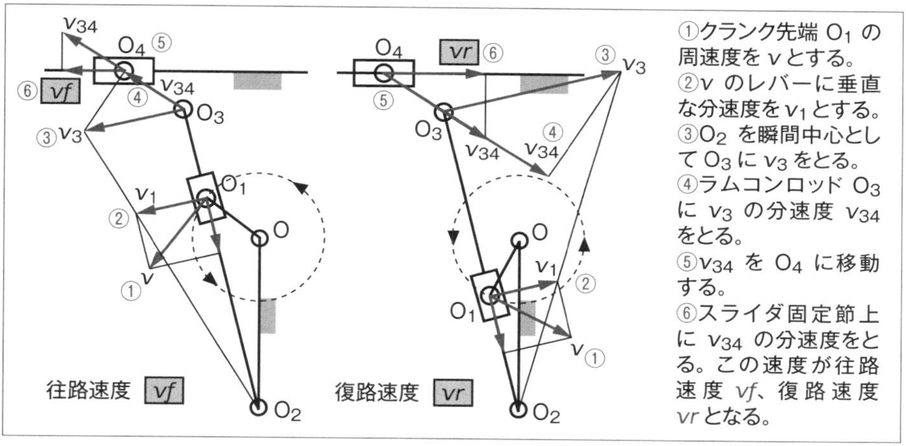

v_{34}
O_4 ⑤
⑥ vf
④ v_{34}
O_3
③ v_3
v_1
②
O_1
O
① v
往路速度 vf
O_2
O_4
vr ⑥
⑤
③ v_3
O_3
v_{34}
④ v_{34}
O
v_1
②
O_1
v ①
復路速度 vr
O_2
①クランク先端 O_1 の周速度を v とする。
②v のレバーに垂直な分速度を v_1 とする。
③O_2 を瞬間中心として O_3 に v_3 をとる。
④ラムコンロッド O_3 に v_3 の分速度 v_{34} をとる。
⑤v_{34} を O_4 に移動する。
⑥スライダ固定節上に v_{34} の分速度をとる。この速度が往路速度 vf、復路速度 vr となる。

図3-76　早戻り機構の運動

腰折れバイト

形削り盤の切削では、バイト（切削加工で使用する工具）を曲げようとする大きな抵抗力が発生します。これによる振動や、バイトの刃先が材料に食い込んでしまうことを避けるのに、シャンク（取り付け部）を曲げた**腰《こし》折《お》れバイト**が使われます。

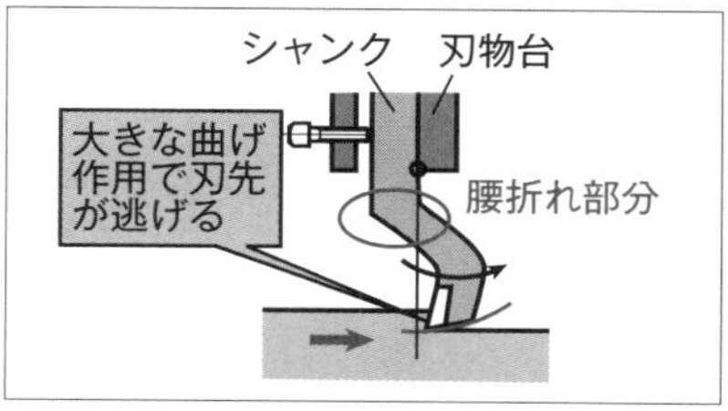

シャンク
刃物台
大きな曲げ作用で刃先が逃げる
腰折れ部分

図3-77　腰折れバイト

3-7

回転スライダ・クランク機構

スライダ・クランク機構でリンク長の定まった2つのリンクのうち、短いリンクを固定節とすると、スライダが回転運動する回転スライダ・クランク機構ができます。

回転スライダ・クランク機構の運動

スライダ・クランク機構でスライダとすべり対偶をなす節を除いた2つの節のうち短い節を固定節とする**回転スライダ機構**には、図3-78 (a) クランクとスライダが回り対偶、(b) 固定節とスライダが回り対偶の2つがあり、従動節は回転節になります。この節では図 (a) について考えます。前節の揺動スライダ・クランク機構と同様に、原動節が一定角速度で運動するとき、従動節となるクランクは、往復時間の差の大きな早戻り運動を行います。

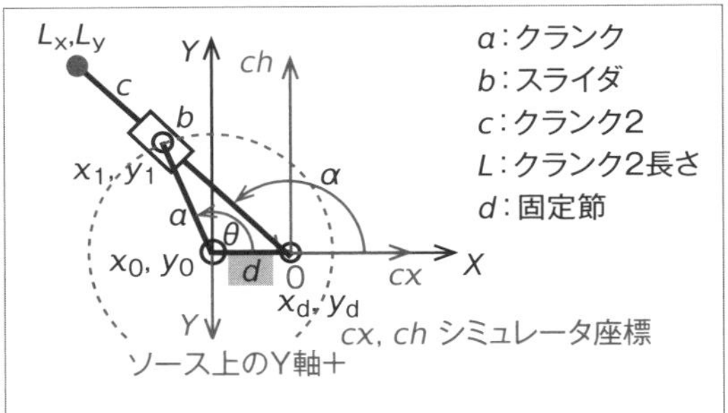

(a) クランクとスライダが回り対偶

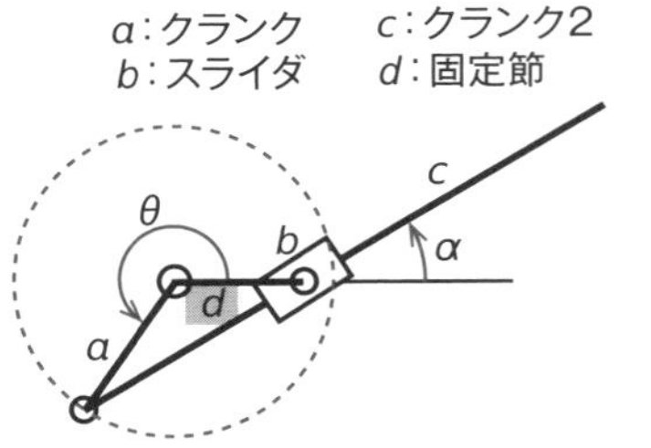

(b) 固定節とスライダが回り対偶

スライダピン座標

$p1x = a \cdot \cos\theta$　$x_1 = x_0 + p1x$

$p1y = a \cdot \sin\theta$　$y_1 = y_0 - p1y$

クランク2中心座標　$x_d = x_0 + d$　$y_d = y_0$

クランク2長さ　$L = d + 1.5a$

クランク2回転角　$\alpha = \tan^{-1} \dfrac{p1y}{x_d - x_1}$

クランク2先端ピンの座標

$x_1 > x_d$　のとき　$j = -1$　そうでなければ　$j = 1$

$L_x = x_d - j \cdot L \cdot \cos\alpha$

$L_y = y_d - j \cdot L \cdot \sin\alpha$

αの符号との補正

水平位置 $cx = L_x - x_d$

垂直位置 $ch = -(L_y - y_0)$

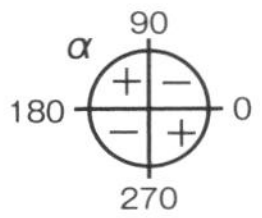

図3-78　回転スライダ・クランク機構の運動

（pはx_0、y_0を原点としたスライダピンの座標）

シミュレータで確認しよう

menu →〔第3章 リンク機構〕→〔回転スライダ・クランク機構〕を選択し、[運動開始] で図3-79の画面が表示されます。揺動スライダ・クランク機構の従動節が回転節となることを確認できます。

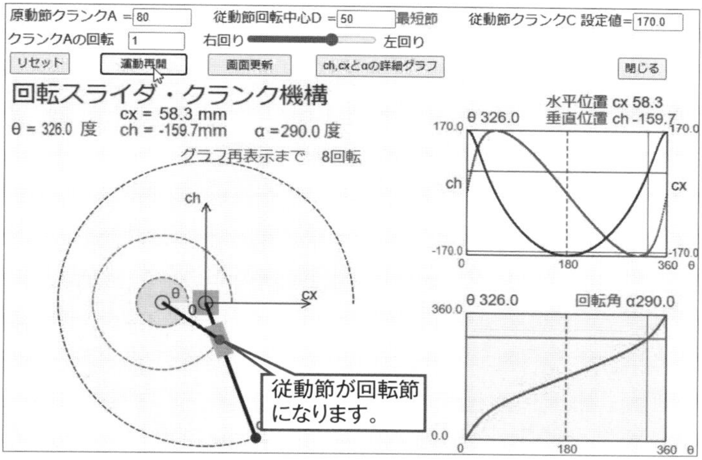

図3-79 回転スライダ・クランク機構のシミュレータ画面

往復運動時間の観察

図3-80で chHから chLへの運動を往路とすれば、節の長さの初期値のグラフで $\alpha = 90$ のとき $\theta = 51.3$ が読み取れました。$\alpha = 270.0$ が取れなかったので、前述の値を使って、「往路半回転角／復路半回転角 = (180 − 51.3)／51.3 = 2.5」が観察できます。

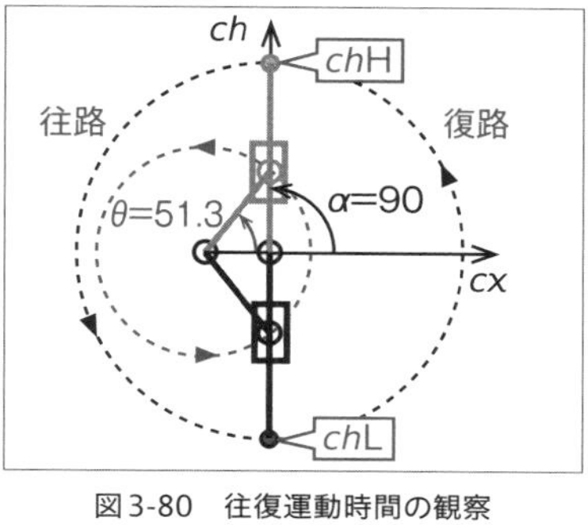

図3-80 往復運動時間の観察

シミュレータで確認しよう

menu →〔第3章 リンク機構〕→〔回転スライダ・クランク機構〕のメイン画面、または〔回転スライダ・クランク機構〕の〔クランク位置と回転角〕をクリックしてください。

「クランク位置と回転角」グラフ

図3-81 (a) は、$\alpha = 270$近辺でマウスを止めて、↓↑キーで、$\alpha = 270.0$、$\theta = 308.7$を得た結果です。垂直位置chの最大値は、図 (b) に示す$\alpha = 90$、最小値は$\alpha = 270$ですから、クランク長さaと固定節長さdから算出できます。

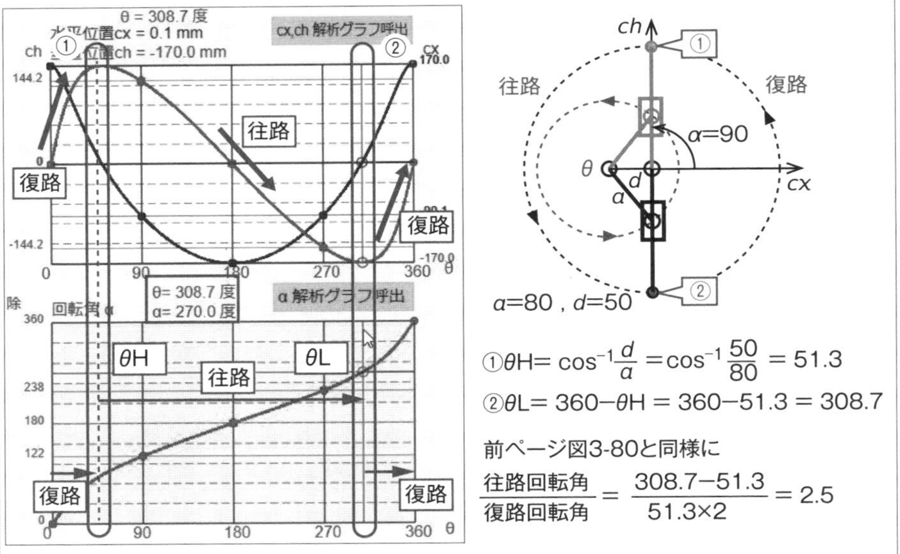

(a)「クランク位置と回転角」 グラフ　　(b) ch最大･最小時のθ算出値

図3-81 「クランク位置と回転角」グラフ

CSVデータの一覧

〔**回転スライダ・クランク機構**〕では、次のCSVファイルを出力します（[**CSVデータ作成**]で出力されるファイル名とデータ内容の一覧表です）。

グラフ画面名称	出力ファイル名	データ内容
クランク位置と回転角	KS0.csv	θ,cx,ch,α
クランク位置の解析	KSx.csv	θ,cx,vx,ax / θ,ch,vh,ah
クランク回転角の解析	KSa.csv	θ,α_rad,α_deg,ω,ω'

「クランク回転角の解析」と「クランク位置の解析」グラフ

図3-82（a）従動節クランク回転角グラフで、$52 < \alpha < 308$近傍を見ると、回転角、角速度、角加速度ともほぼ直線に近くなっています。図（b）の垂直位置グラフは、前述の図3-78で求めたようにchは、クランク長さ$L \times \sin\alpha$で決定されるので、回転角と同様の変化を示します。第1グラフのchは、αの増加に従い位置が減少するので、グラフの傾きが逆になります。切削を行う工作機械では、材料と刃物工具の相対的な速度である**切削速度**が重要な加工条件となり、一般の工作では、切削速度は一定であることが望まれます。

図（a）、（b）で往路の速度、角速度が水平に近い範囲が、加工に適しています。そして、復路の早戻り運動は、往復切削工具の**戻り工程**に適しています。

図（c）の水平方向の運動を進み対偶の直角方向として拘束すると、回転スライダ・クランク機構は、往復並進運動を行う切削機械の機構に応用できます。

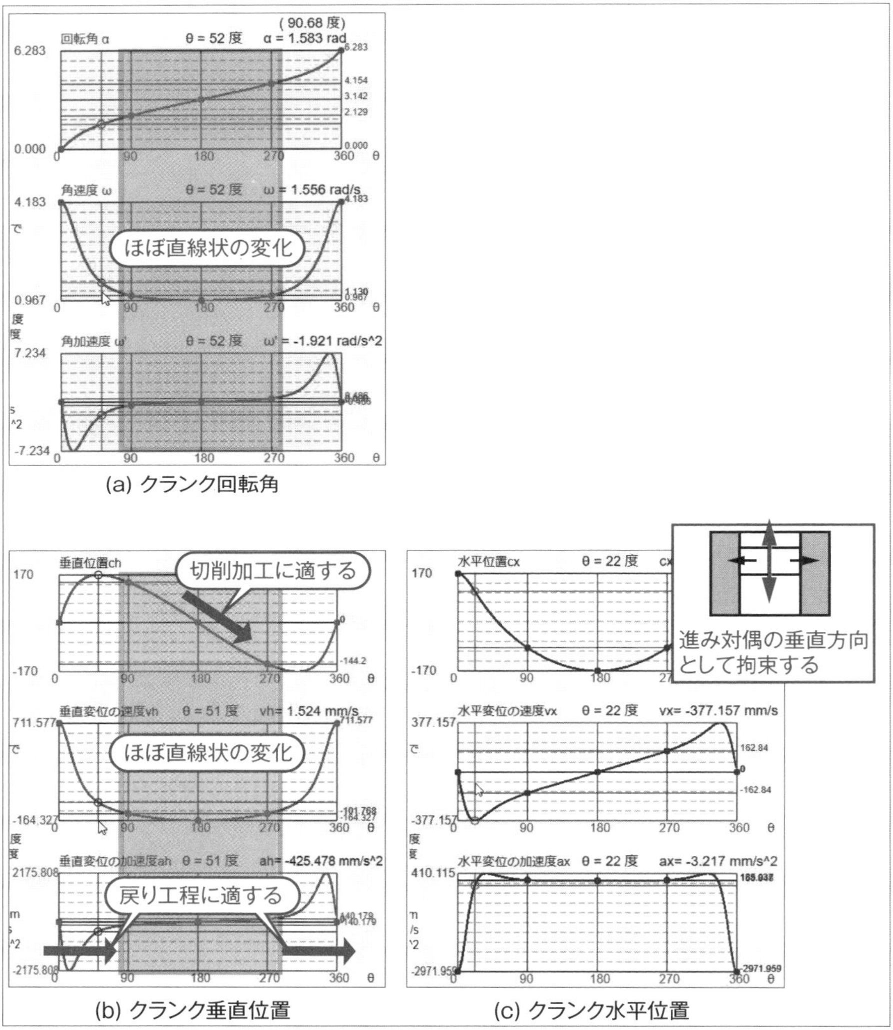

図3-82 「クランク回転角の解析」と「クランク位置の解析」グラフ

応用例を確認しよう（立削り盤）

menu →〔第3章 リンク機構〕→〔立削《たてけず》り盤《ばん》〕を選択してください。図3-83 (a) のアニメーション画面が表示されます。[開始] で、図 (b) の機構部分のアニメーションを実行します。

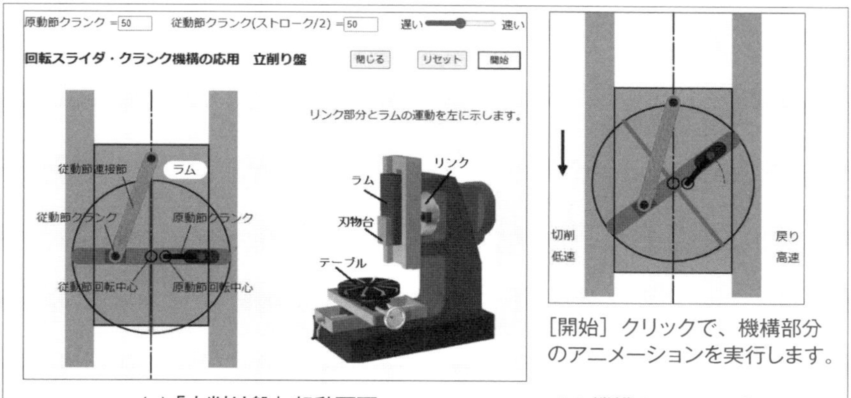

(a)「立削り盤」起動画面　(b) 機構のアニメーション

図3-83　回転スライダ・クランク機構の応用（立削り盤）

立削り盤の概略

立削り盤は、形削り盤の水平に往復並進運動を行うラムを垂直に設置したものです。ラムに固定した刃物台に、加工部分の断面と同じ形状をもった刃物を取り付けて、図3-84に示すように、上下する刃先で加工部分を除去します。歯車やキー溝などの加工を行います。往路は一定の切削速度、復路は早戻り運動を繰り返します。

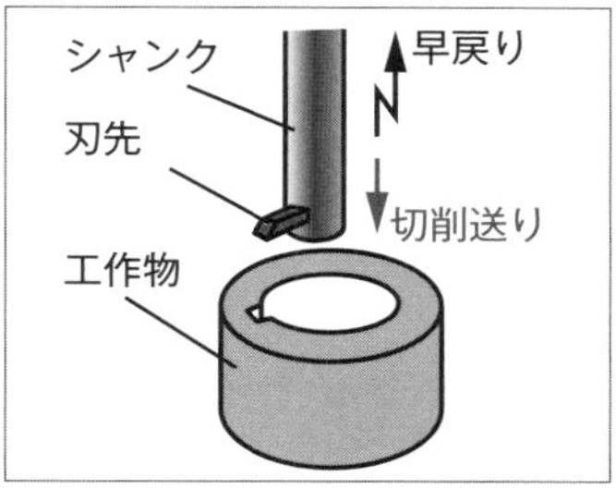

図3-84　キー溝切削の例

ウィットウォースの早戻り機構と節の速度

図3-85 (a) は、図3-83 (b) に対応させた機構で、回転スライダ・クランク機構と往復スライダ・クランク機構を組み合わせた**ウィットウォースの早戻**

り機構と呼ばれます。図3-85の青字・青線部分が回転スライダ・クランク機構です。図3-85の黒字・黒線部分が往復スライダ・クランク機構です。図 (b)、(c) に機構の往復運動時の速度を瞬間中心と分速度から求めました。

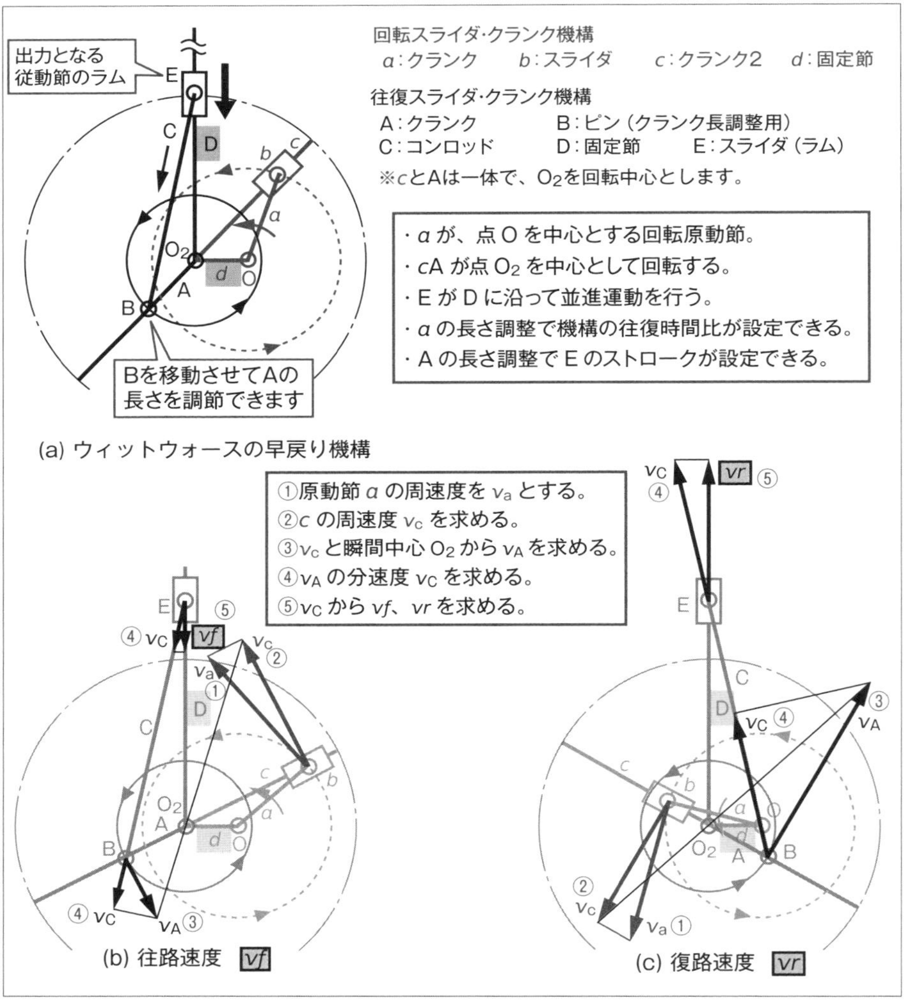

出力となる
従動節のラム
E
C
D
b
c
a
O2
A
d
O
B
Bを移動させてAの
長さを調節できます
回転スライダ·クランク機構
a:クランク　b:スライダ　c:クランク2　d:固定節
往復スライダ·クランク機構
A:クランク　B:ピン (クランク長調整用)
C:コンロッド　D:固定節　E:スライダ (ラム)
※cとAは一体で、O2を回転中心とします。
・a が、点 O を中心とする回転原動節。
・cA が点 O2 を中心として回転する。
・E が D に沿って並進運動を行う。
・a の長さ調整で機構の往復時間比が設定できる。
・A の長さ調整で E のストロークが設定できる。
(a) ウィットウォースの早戻り機構
①原動節 a の周速度を va とする。
②c の周速度 vc を求める。
③vc と瞬間中心 O2 から vA を求める。
④vA の分速度 vC を求める。
⑤vC から vf、vr を求める。
④ vC
vf ⑤
vc ②
va ①
vA ③
(b) 往路速度 vf
vC ④
vr ⑤
vA ③
vC ④
vc ②
va ①
(c) 復路速度 vr

図3-85　ウィットウォースの早戻り機構と節の速度

第4章

カム機構

　カムは、おもに原動節の輪郭形状変化や変位を従動節に与えて、動力と運動を伝達・変換することのできる機械要素です。機械の機構だけでなく、私たちの日常の道具や玩具などにも組み込まれています。

　付録（p.296）に「第4章の予備解説」を掲載してあります。

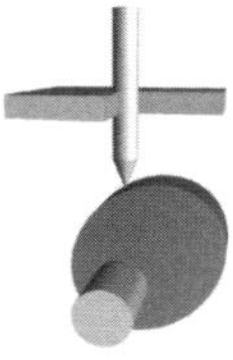

板カム 1

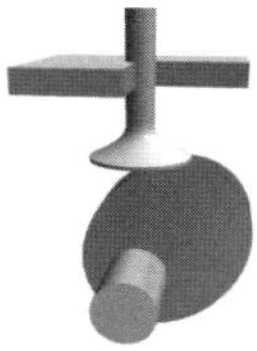

板カム 2

正面カム

直動カム

さかさカム

ワイパーカム

斜板カム

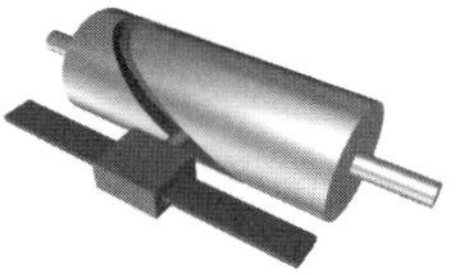

円筒カム

球面カム

弁開閉

確動カム

弁強制開閉

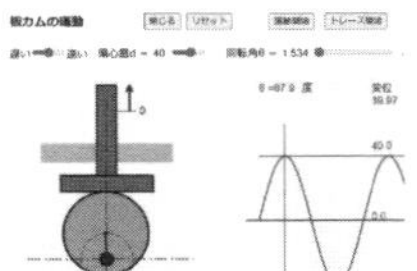

板カムの運動

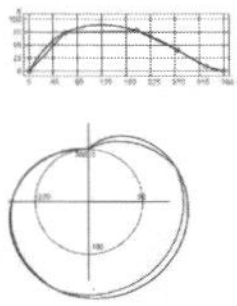

カム解析

4-1 カム機構のあらまし

カム機構は、ねじと同じように少ない部品で動力と運動を伝達・変換することができます。規格品や標準品の少ないことから、多くの応用ができることを特徴とします。

カム機構の分類

図4-1に示す**カム機構**は、原動節《げんどうせつ》、従動節《じゅうどうせつ》、固定節と従動節先端部の**接触子**で構成されます。カム機構では原動節を**カム**または**原節**、従動節を**従節**と呼び、原節と接触子の接触点の軌跡が平面曲線となる図(a)を**平面カム**、接触点の軌跡が3次元空間に作られる図(b)を**立体カム**と呼びます。(a)、(b)とも従節は、自重やばねなどで原節に押し付けられ、原節は従節を一方向に駆動するだけです。図(c)は、従節の窓が原節をはさみつけているため、従節の運動は原節に拘束されます。このようなカム機構を**確動カム**と呼びます。

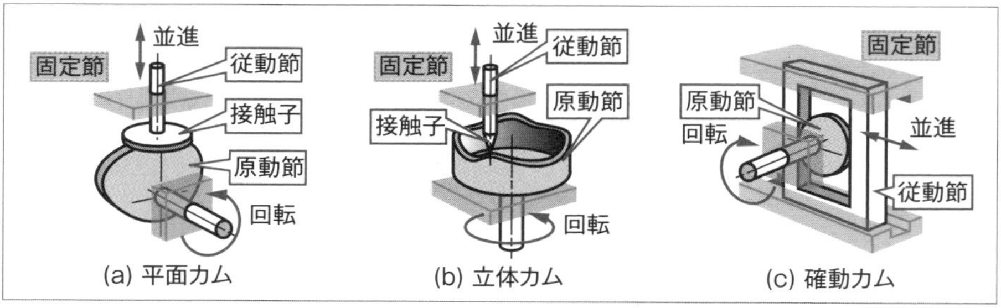

図4-1　カム機構の分類

カム機構従節の運動

図4-2(a)で、回転中心を偏心させた円板と従節を組み合わせるとカム機構ができます。従節の最大変位を**リフト**と呼びます。一般的なカム機構の多くは、図(b)のように原節と従節の交換はできません。カム機構の特徴として、図(c)のように、**動径**《どうけい》(回転中心からの距離r)を一定にすると、リン

ク機構ではできなかった従節の完全停止状態を作ることができます。

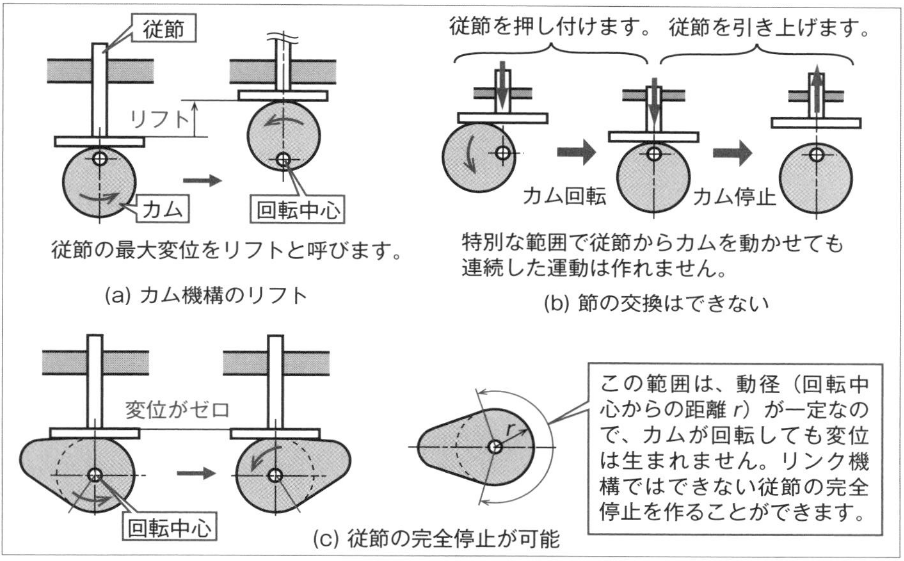
従節
リフト
カム
回転中心
従節の最大変位をリフトと呼びます。
従節を押し付けます。
従節を引き上げます。
カム回転
カム停止
特別な範囲で従節からカムを動かせても
連続した運動は作れません。
変位がゼロ
回転中心
r
この範囲は、動径（回転中心からの距離 r）が一定なので、カムが回転しても変位は生まれません。リンク機構ではできない従節の完全停止を作ることができます。

(a) カム機構のリフト

(b) 節の交換はできない

(c) 従節の完全停止が可能

図4-2　カム機構従節の運動

カムの例

図4-3 (a) は、小型オートバイの4ストロークエンジンの弁を開閉する平面カムの**板カム**とカムを回転させるための**スプロケット**（鎖《くさり》歯《は》車《ぐるま》）を同軸とした**カムシャフト**です。図 (b) は、変速ギヤを切り替えるカム装置で、円筒側面に掘った溝で、**シフトフォーク**という歯車を移動させる爪部品をスライドさせる**円筒カム**と呼ばれる立体カムです。

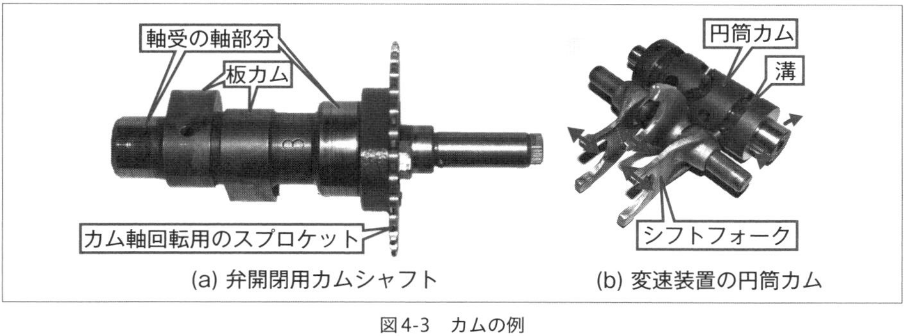
軸受の軸部分
板カム
カム軸回転用のスプロケット
円筒カム
溝
シフトフォーク

(a) 弁開閉用カムシャフト

(b) 変速装置の円筒カム

図4-3　カムの例

アニメーションで紹介するカム機構の一覧

●平面カム

(a) 板カム
平板側面の輪郭を利用して従節を駆動する最も一般的なカム。

(b) 正面カム
回転円板正面に切った溝に従節のローラなどを入れて駆動するカム。

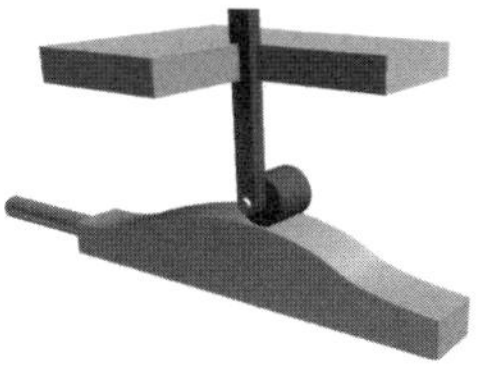

(c) 直動カム
並進往復運動する原節の輪郭を利用するカム。

(d) さかさカム
従節に切った溝が変位を決定するため、さかさカムと呼ぶ。

(e) ワイパーカム
揺動運動する原節が従節を駆動するカム。

これらの他に、確動カムと応用例など 3 種類のアニメーションがあります。

操作方法は、全アニメーションで同一です。

●立体カム

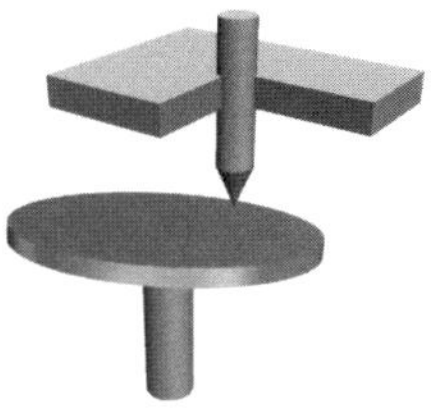

(f) 斜板カム
回転軸に傾けて取り付けた円板の鉛直変位を利用したもの。

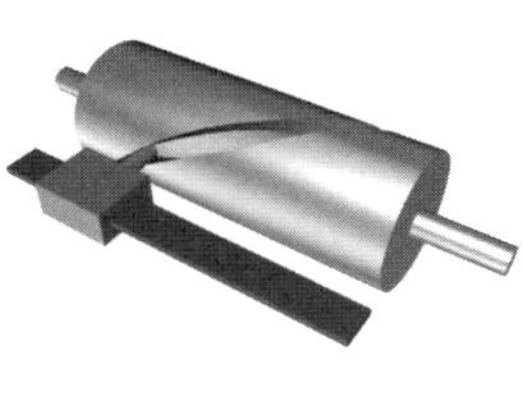

(g) 円筒カム
円筒表面に切った溝を利用して従節に並進運動を与えるカム。

(h) 球面カム
球体表面の溝に従節のピンなどを入れたカム。従節は揺動運動を行う。

図4-4　アニメーションで紹介するカム機構の一覧

4-2 平面カム

以下で使用するカム機構のアニメーションは、menu →〔第4章 カム機構〕から選択してください。

板カム1（針状接触子）

カム機構の接触子

menu →〔第4章 カム機構〕→〔板カム1〕を選択し、[**開始**] ボタンをクリックしてください。

板カムは、平板で作られた最も一般的なカムです。図4-5は、カムの回転中心線上で従節と一体の**針状接触子**が点接触を行うので、カムの輪郭形状で決まる動径から従節の変位を決定できます。針状接触子は、カムの運動を考える場合には便利ですが、実際の機構では先端が摩耗《まもう》することを避け、次に紹介する平面やローラなどの接触子が用いられます。実務的には、接触子の対偶部を**フォロア**と呼び、広く使用されているローラは、**ローラフォロア**と呼ばれ、多くの汎用品が供給されています。

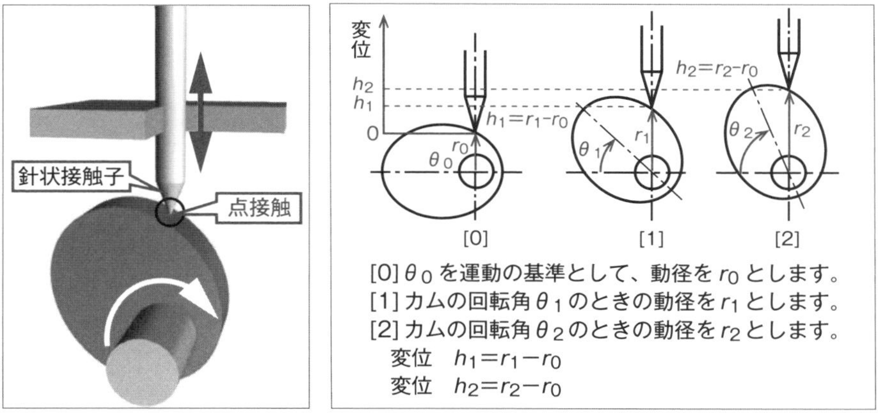

(a) 板カム 1 のアニメーション　(b) カム回転中心線上で点接触する板カムの変位

図4-5　板カム1のアニメーション

板カム2（平板接触子）

すべり接触の従節

menu →〔第4章 カム機構〕→〔板カム2〕を選択し、[開始] ボタンをクリックしてください。

図4-6は、**平板接触子**を持った従節と板カムの例です。接触子とカムの曲面は線接触し、接触位置は移動します。

図4-7は、4ストローク小型エンジンの弁開閉用カム機構の例です（図4-3の弁開閉用カムシャフト）。図4-7（a）は、図4-3のカムシャフトの吸気と排気用カムで、従節となる図（b）の**ロッカアーム**の平板接触子とのすべり接触面に摩耗が見られます。ロッカは、レバー（てこ）のことで、エンジン上部で図（c）のように組み合わされ、**ロッカアームシャフト**を中心とした揺動運動で弁を開閉します。図（d）は、バルブにかぶせた**バルブリフタ**の表面とカムが接触してバルブを直接駆動します。図（c）、（d）のように、弁を駆動するカムシャフトをシリンダ頭上の**シリンダヘッド**内に配置した機構を**OHC**（OverHead Camshaft）と呼びます。図（c）は、吸気・排気用の2つのカムを1本のカムシャフトに作っているので、**SOHC**（Single OHC）と呼び、図（d）は、吸気と排気カムを独立させた2本のカムシャフトで行うので、**DOHC**（Double OHC）と呼びます。

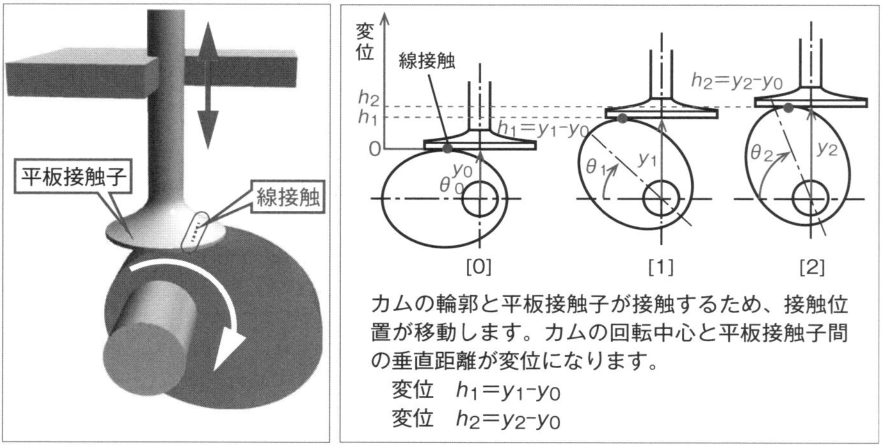

(a) 板カム2のアニメーション　(b) 線接触の位置が移動する

図4-6　板カム2のアニメーション

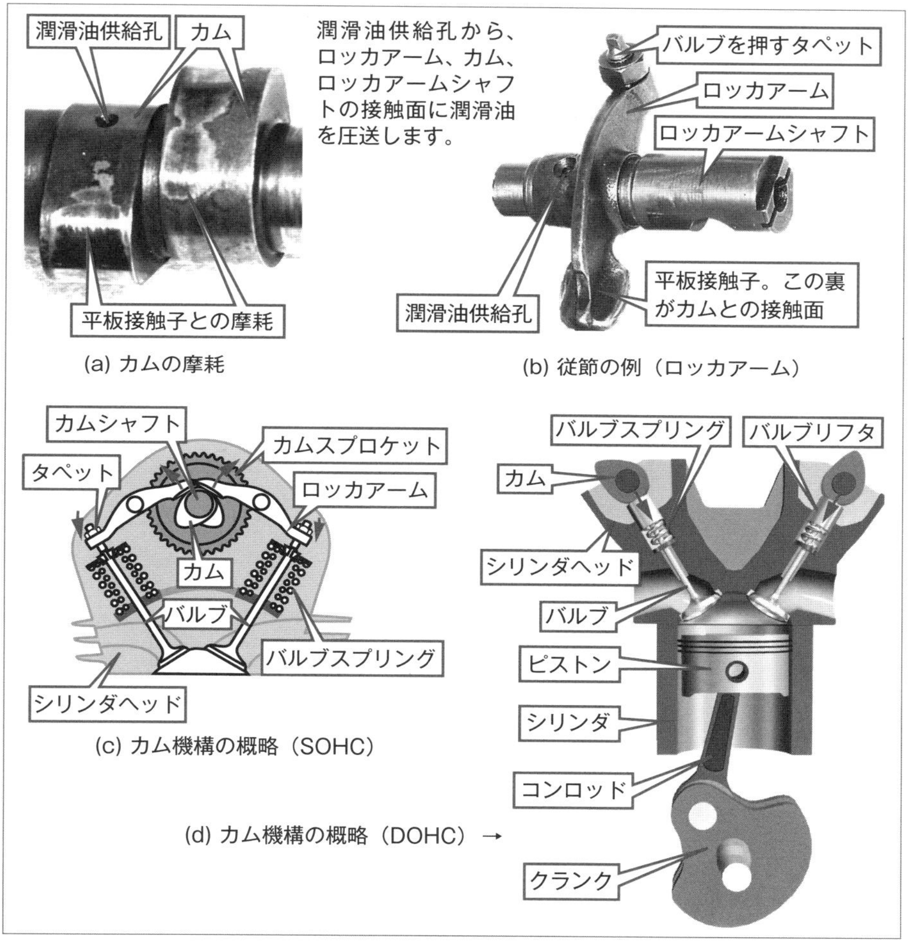

図4-7　すべり接触の従節

ころがり接触の従節

大排気量エンジンでは、従来からロッカアームにベアリングやローラフォロアが使用されています。近年、小型エンジンのロッカアームにも、図4-8のようにベアリングなどのころがり接触を採用する機構が増えてきました。

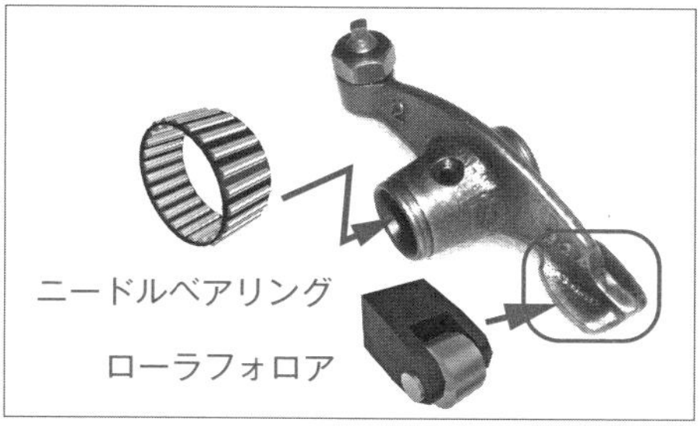

図4-8　ころがり接触の従節

弁開閉のアニメーション

DOHCのアニメーションと従節の概略

menu →〔**第4章 カム機構**〕→〔**弁開閉**〕を選択し、[**開始**] ボタンをクリックしてください。図4-9のアニメーション画面が起動します。

図4-9は、図4-7 (d) のDOHCの右側カム部分のアニメーションと、機構要素の概略です。カムがバルブリフタを押し下げると、タペットシム、タペットスプリングリテーナを介してスプリングを圧縮し、バルブを押し開きます。バルブリフタはタペットとも呼ばれ、タペットシムは、バルブリフタとカムの隙間《すきま》調整に使います。

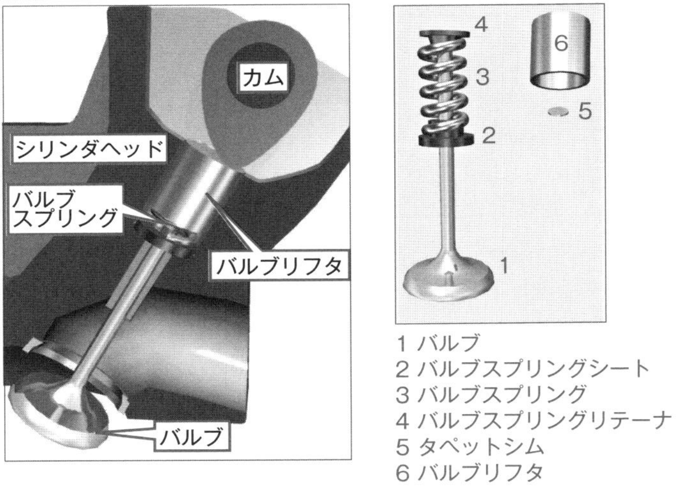

(a) アニメーション画面　(b) 従節の概略

図4-9　弁開閉のアニメーションと従節の概略

小型DOHCエンジンの外観

図4-10は、外観の見やすいオートバイエンジンの例です。図4-10 (a) は、量産エンジンで世界最小の排気量49ccの空冷DOHCエンジンです。現在は生産されていません。図 (b) は、現在主流の水冷DOHCエンジンです。

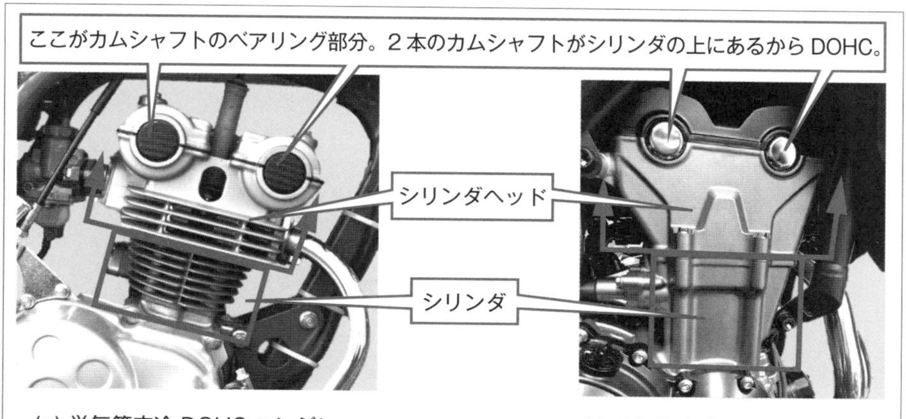

(a) 単気筒空冷DOHCエンジン　(b) 2気筒水冷DOHCエンジン

図4-10　DOHCエンジンの外観

確動カムのアニメーション

menu →〔第4章 カム機構〕→〔確動カム〕を選択し、[開始] ボタンをクリックしてください。

図4-11 (a) は、図4-1 (c) のアニメーションです。これを発展させて従節をピストンにしてシリンダ内に収めると、2つの密閉室ができ、ピストンの両方向で吸込《すいこ》み・吐出《はきだ》しを交互に行う図 (b) の流体機械が考えられます。

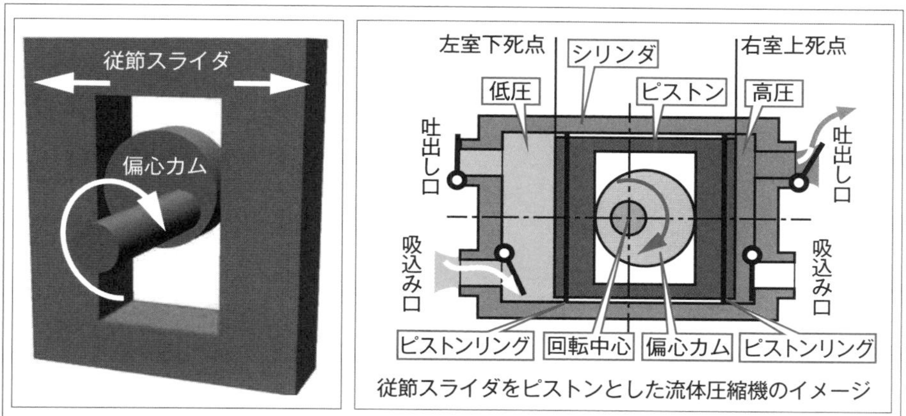

(a) アニメーション画面　(b) 流体圧縮機への応用の概念図

図4-11　確動カムのアニメーション

板カムの運動（アニメーション、シミュレーション）

menu →〔第4章 カム機構〕→〔板カムの運動〕を選択、［運動開始］ボタンをクリックし、アニメーションを実行します。

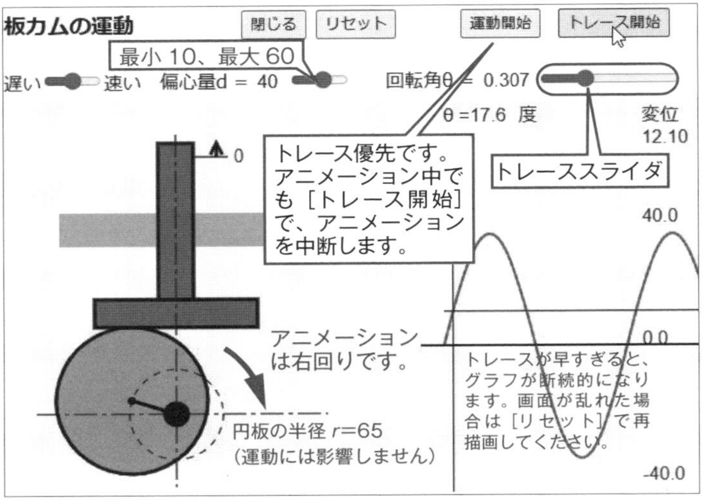

図4-12　板カムの運動のアニメーション（シミュレーション）

従節の変位

円板の中心との偏心量dの点を回転中心として回転させた円板側面に、平板接触子を接触させた板カムのシミュレーションです。偏心量10から60の間で設定できます。手動トレース優先です。図4-13のように、従節の変位hは、円板の半径（r）には関係せず、偏心量dを半径とした回転運動の垂直変位で、$h = d \cdot \sin\theta$ のsinカーブになります。

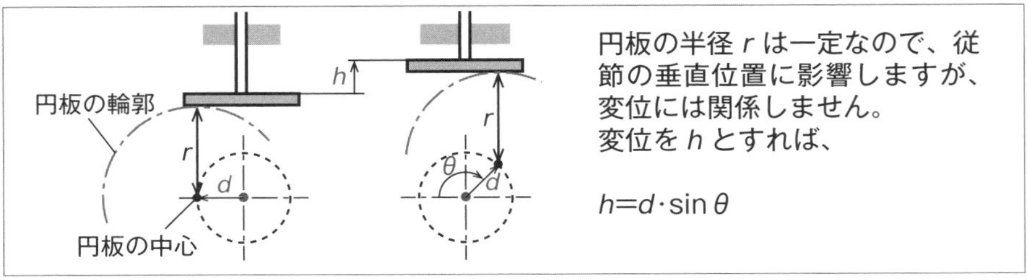

図4-13　従節の変位はsinカーブ

弁強制開閉のアニメーション

弁強制開閉機構

menu →〔**第4章 カム機構**〕→〔**弁強制開閉**〕を選択し、[**開始**] ボタンをクリックしてください。

図4-14は、イタリアのオートバイメーカDUCTI《ドュカティ》社が採用している**デスモドロミック**と呼ばれる確動カム機構の概略アニメーションです。

弁を押し戻すバルブスプリングを使わずに、弁を押すカムと戻すカム、常に2つのカムで駆動しています。

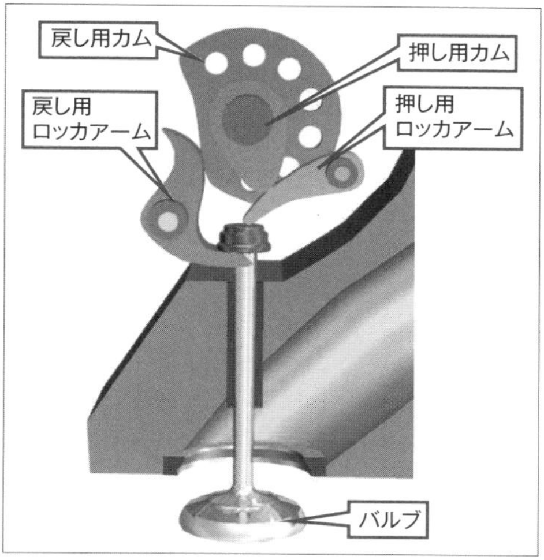

図4-14　デスモドロミックのアニメーション

デスモドロミック

Desmodromicは、確動カム機構の呼称です。現在、市販量産エンジンでは、DUCTI社のみが製造していますが、他の車種のエンジンのチューンナップメーカからデスモドロミック機構ユニットが供給されています。図4-15は、空冷SOHCデスモドロミックエンジンの外観です。

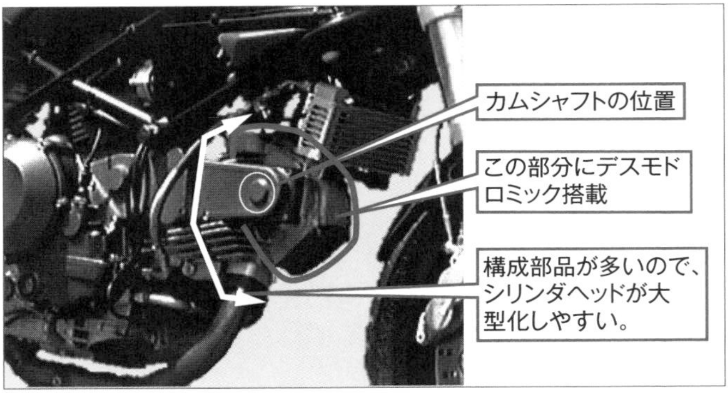

図4-15　デスモドロミックエンジンの外観

正面カムのアニメーション

正面カムとは

menu →〔**第4章 カム機構**〕→〔**正面カム**〕を選択し、[**開始**] ボタンをクリックしてください。

図4-16は、回転円板の正面に切った溝にローラフォロアを入れて変位を与えるので、**正面カム**と呼びます。溝を利用しているため**溝カム**とも呼ばれます。従節の運動は、溝によって拘束されているので、**確動カム**に分類されます。

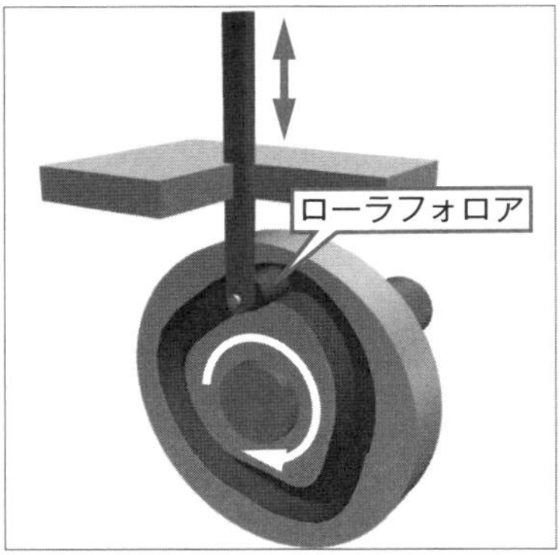

図4-16　正面カムのアニメーション

カム式パーツフィーダ

図4-17は、生産現場で小物部品を搬送する**パーツフィーダ**という装置の概念図です。パーツを載せたテーブルを遅い速度で微小量前進させ、すぐに速い速度で戻す微小振動を繰り返すと、テーブル上のパーツが前進方向に送られます。振動源には、カム以外に電磁石なども使用されます。

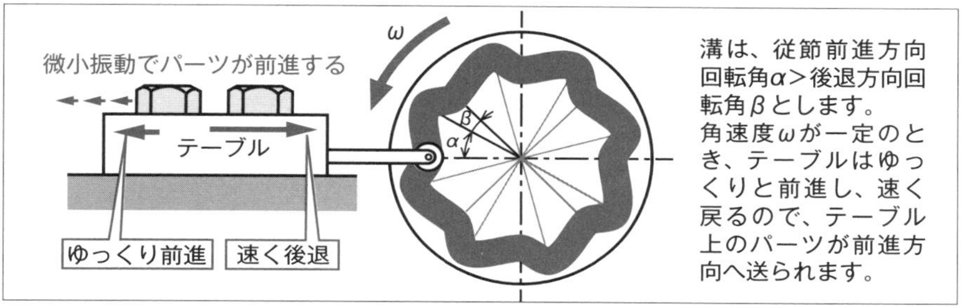

ω
微小振動でパーツが前進する
テーブル
ゆっくり前進
速く後退
β
α
溝は、従節前進方向回転角α>後退方向回転角βとします。
角速度ωが一定のとき、テーブルはゆっくりと前進し、速く戻るので、テーブル上のパーツが前進方向へ送られます。

図4-17　カム式パーツフィーダの概念図

直動カムのアニメーション

カム接触点の軌跡

menu →〔**第4章 カム機構**〕→〔**直動カム**〕を選択し、[**開始**] ボタンをクリックしてください。

図4-18は、並進往復運動する節の表面形状をカムとして利用した**直動カム**です。カム輪郭は立体的ですが、図4-1 (a) の「原節と従節の接触点の軌跡が平面曲線となる」ので、平面カムに分類されます。

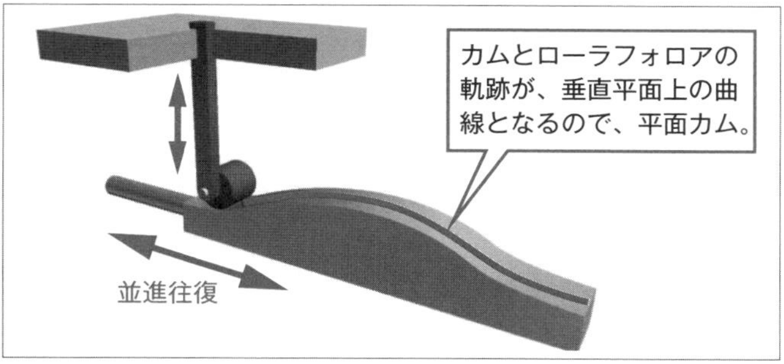

カムとローラフォロアの軌跡が、垂直平面上の曲線となるので、平面カム。
並進往復

図4-18　直動カムのアニメーション

工作機械・テーブルのドグ

図4-19のように、並進往復運動するテーブルに取り付けて、リミットスイッチなどで、テーブルの移動範囲や停止位置を設定する部品を**ドグ**と呼びます。リミットスイッチ検出部に変位を与えるので、直動カムとも言えます。

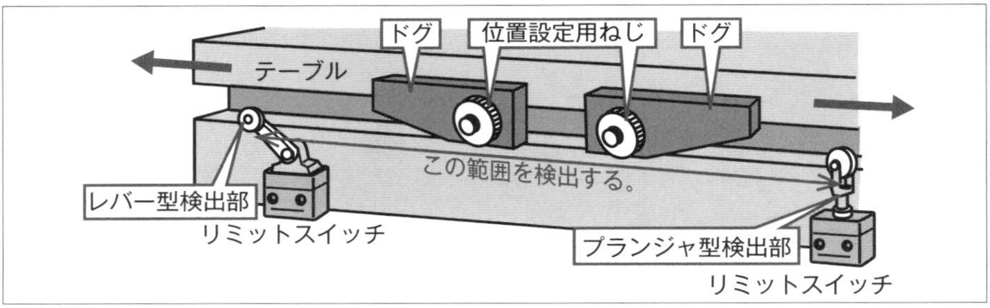

図4-19　リミットスイッチとドグ

さかさカムのアニメーション

さかさカムとは

menu →〔**第4章 カム機構**〕→〔**さかさカム**〕を選択し、[**開始**] ボタンをクリックしてください。

図4-20は、クランクを原節として、従節の板状接触子に切った溝にクランク先端のピンを組み合わせたものです。一般にカム機構は、原節が従節の運動を決定するのに対し、図の機構は従節接触子の溝の曲線が従節の運動を決めるので、**さかさカム**と呼ばれます。従節の運動は、溝によって拘束《こうそく》されるので、確動カムに分類されます。

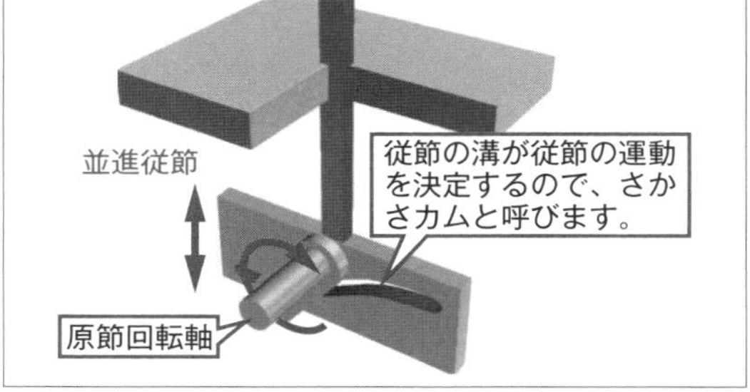

図4-20　さかさカムのアニメーション

従節の変位

図4-21にさかさカムの変位の概略を示します。線の重複を避けて、④から⑦までの溝の描画は省略しています。溝の輪郭は任意です。

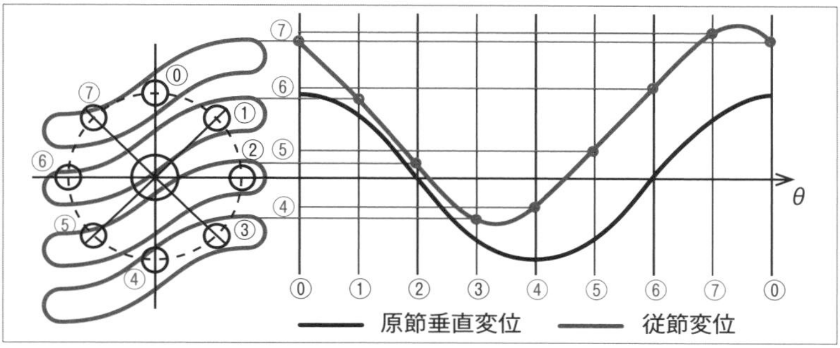

図4-21　さかさカムの変位の概略図

（図4-21はシミュレーションの機能にはついていません）

ワイパーカムのアニメーション

ワイパーカムとは

menu →〔**第4章 カム機構**〕→〔**ワイパーカム**〕を選択し、[**開始**] ボタンをクリックしてください。

機械用語で、wipe、wiperを調べても「揺動」を引き出すことができませんが、wipe元来の「ぬぐう」という動作が、人間の腕の揺動動作を表しているのだと思います。そのような解釈で、揺動運動する原節が従節を駆動するカムを**ワイパーカム**と呼ぶものと考えます。

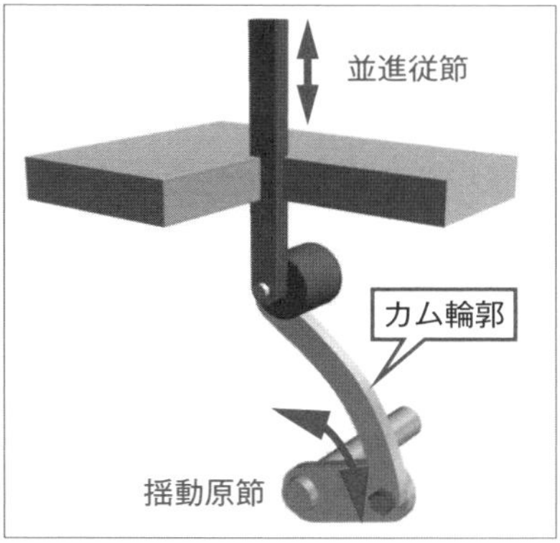

図4-22　ワイパーカムのアニメーション

■ 機械式ドラムブレーキ

図4-23は、現在でも小排気量バイクに使われている**機械式ドラムブレーキ**です。ワイヤで引かれたブレーキアーム（レバー）とカムが揺動し、ブレーキシューを押し出し、摩擦材がブレーキドラム内面を押し付けて制動力を発生します。ブレーキ操作解除で、戻しばねがブレーキシューを引き戻し、ドラムと摩擦材の間に隙間を作ります。

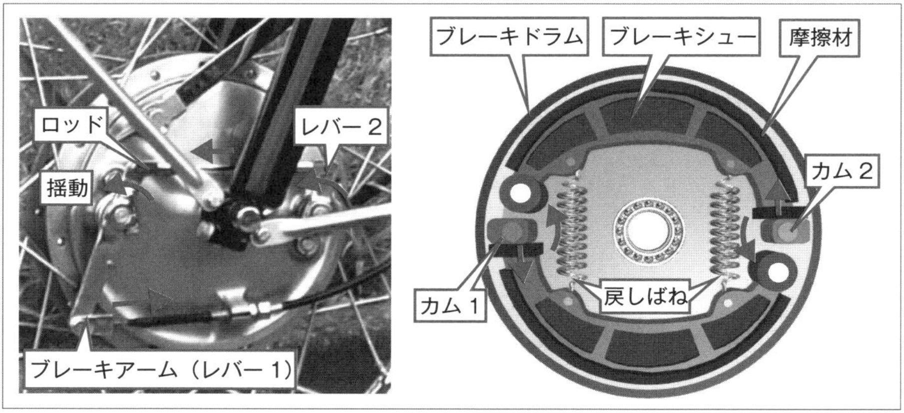

図4-23　機械式ドラムブレーキ

4-3 立体カム

立体カム機構は前節の平面カム機構と比べて、小さなスペースに収めることができます。本節では、基本的なアニメーションと応用例を紹介します。

斜板カムのアニメーション

斜板カムの変位

menu →〔第4章 カム機構〕→〔斜板《しゃばん》カム〕を選択し、[開始] ボタンをクリックしてください。

図4-24に斜板カムの水平傾角ϕ、回転中心と接触点の偏心量d、原節の回転角θとして、針状従節の変位hを示します。カム表面にできる接触点軌跡を入力軸に対する垂直面に投影すれば、半径dの円ですが、カム表面では、だ円になります。

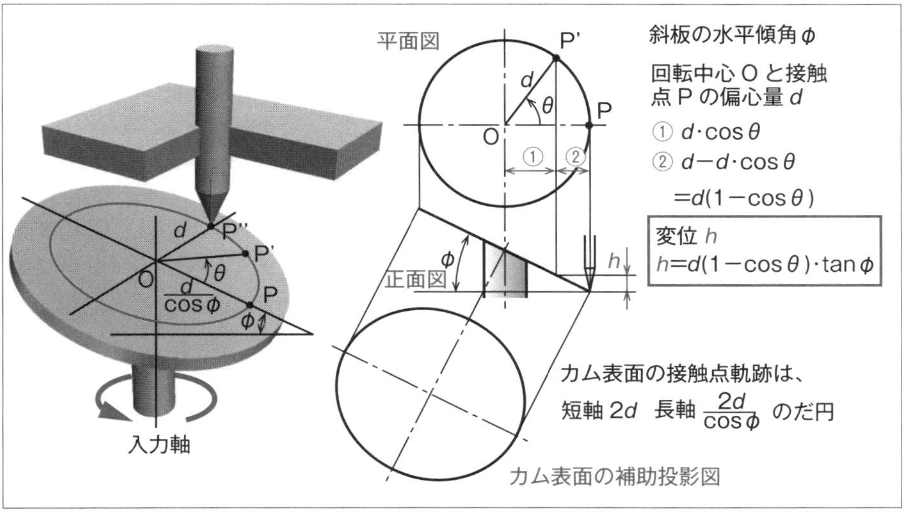

4-24 斜板カムのアニメーションと変位

アキシャルピストンポンプ

図4-25（a）は、固定斜板と回転するシリンダブロック内のピストンを組み合わせた、**固定斜板式アキシャルピストンポンプ**です。ピストンは、斜板上を滑るボールジョイントで斜板と組み合わされています。斜板を貫通する入力軸がシリンダブロックを回転させると、ピストンはシリンダ内で並進往復運動を行ない、シリンダ容積が変化します。シリンダ容積が増加するときには、バルブプレートの吸込みポートから流体を吸込み、シリンダ容積が減少するときには吐出しポートから流体を吐出します。吸込みと吐出しに可動式の弁を持ちません。斜板の傾角を変えると、流体の吐出し量が変化します。構造は**流体モータ**にも使用できます。

図（b）は、回転斜板と固定シリンダブロックによる**回転斜板式アキシャルピストンポンプ**です。シリンダに流入・流出する流体を制御するために、順方向の流体を通し、逆方向を阻止する**方向制御弁**を持ちます。

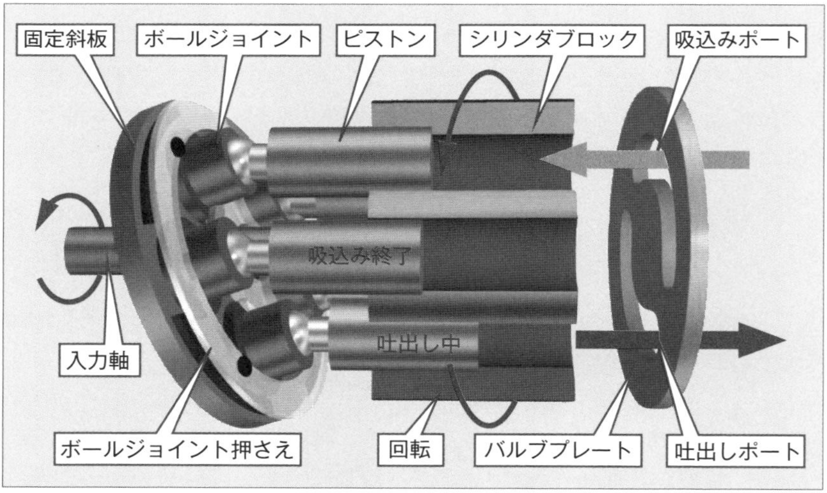

図4-25（a）　固定式アキシャルピストンポンプ

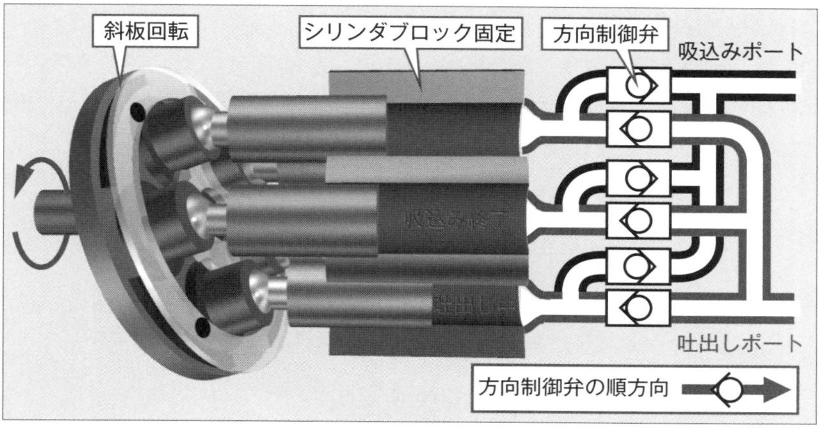

図4-25 (b)　回転式アキシャルピストンポンプ

(図4-25のポンプのアニメーションはありません)

円筒カムのアニメーション

円筒カムの特徴

menu →**〔第4章 カム機構〕**→**〔円筒カム〕**を選択し、**[開始]** ボタンをクリックしてください。

図4-26に示す**円筒カム機構**は、従節がカムの回転中心軸と平行な線上を並進往復する確動カムです。図4-4の一覧に示した他のカムで、同様の運動を行うものはありません。

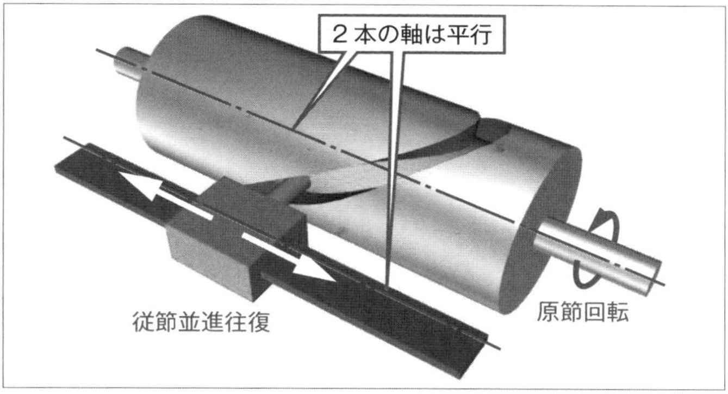

図4-26　円筒カムのアニメーション

円筒カムの使用例

円筒カムの使用例として、図4-3 (b) に示した変速装置の歯車を移動させる例は、多くの機構で採用されています。図4-27は、円環状円筒カムの内側に従節を組んだ、カメラのピントやズームなどで、レンズを移動させる身近な例です。

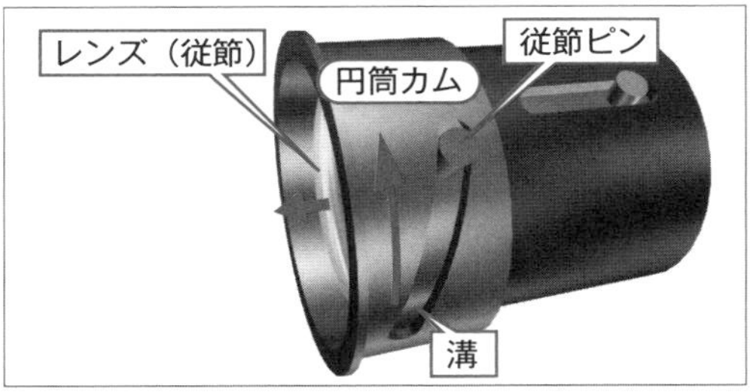

レンズ（従節）
円筒カム
従節ピン
溝

図4-27　円筒カムでカメラレンズを移動させる

（図4-27のアニメーションはありません）

球面カムのアニメーション

球面カムの特徴

menu →〔**第4章 カム機構**〕→〔**球面カム**〕を選択し、［**開始**］ボタンをクリックしてください。

図4-28の**球面カム**は、原節回転軸と直交する軸を従節の揺動中心とする確動カムです。前ページの円筒カムと同様に、他のカム機構にない独特な動きを作ります。従節を揺動させる機構はリンク機構で構成できますが、当該の運動は、平面リンク機構だけで作ることはできません。

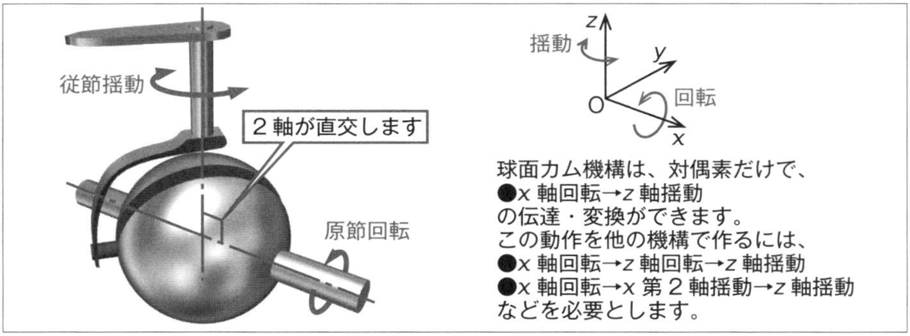

従節揺動
2軸が直交します
原節回転
z
揺動
y
O
回転
x
球面カム機構は、対偶素だけで、
●x 軸回転→z 軸揺動
の伝達・変換ができます。
この動作を他の機構で作るには、
●x 軸回転→z 軸回転→z 軸揺動
●x 軸回転→x 第2軸揺動→z 軸揺動
などを必要とします。

図4-28　球面カムのアニメーション

従節の揺動角

図4-29 (a) で、カムの溝を球の中心を含む水平傾角αの平面とすると、従節の揺動角$2\beta = 180 - 2\alpha$となります。この式から、αが小で揺動角が大ですが、図 (b) のように、αが小さ過ぎるとピンの水平分力Fxが小さくなり、従節を揺動させることができなくなります。

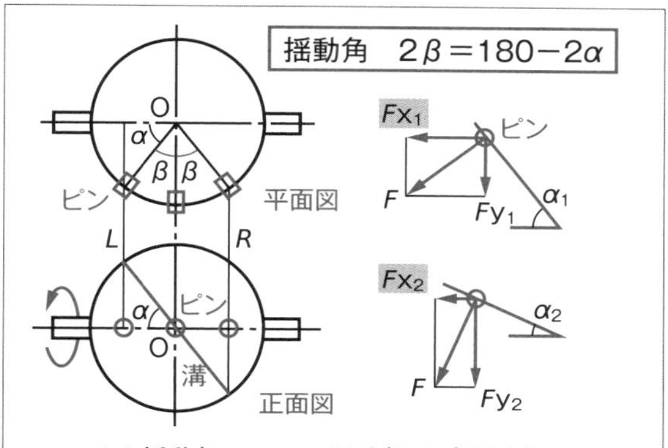

(a) 揺動角　(b) ピンの水平分力

図4-29　従節の揺動角

4-4 カム線図

カムの回転角と従節の変位を表した線図を変位線図と呼び、変位線図を決定するとカムの輪郭を求めることができます。変位線図から得られる速度線図、加速度線図を総称してカム線図と呼びます。

変位線図と板カムの輪郭

図4-30（a）に、横軸に板カムの回転角θ、縦軸に従節の変位hを表した**変位線図**を示します。変位線図にできた曲線を**基礎曲線**または**変位曲線**と呼びます。カムの回転中心から輪郭までの最小半径の円を**基礎円**と呼び、基礎円上に回転角ごとの変位を取って作った軌跡が、図（b）板カムの輪郭になります。図のように、変位が一定で変化する基礎曲線から得られるカムはその形状から**ハートカム**と呼ばれます。

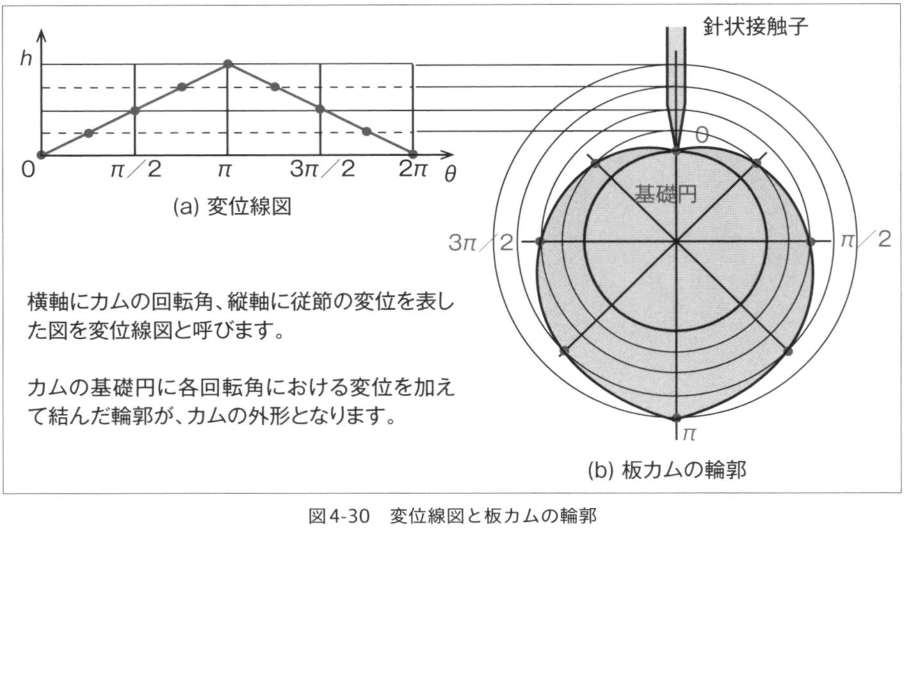

h
0
π／2
π
3π／2
2π
θ
(a) 変位線図
横軸にカムの回転角、縦軸に従節の変位を表した図を変位線図と呼びます。
カムの基礎円に各回転角における変位を加えて結んだ輪郭が、カムの外形となります。
針状接触子
0
基礎円
3π／2
π／2
π
(b) 板カムの輪郭

図4-30　変位線図と板カムの輪郭

速度線図と加速度線図

カム機構従節の運動は、変位が増加する**上昇**、運動中の一時停止である**停留**、開始位置への**戻り**を基本とします。第3章のリンク機構と同様に、図4-31のように変位線図から速度線図、加速度線図を作り運動を観察します。

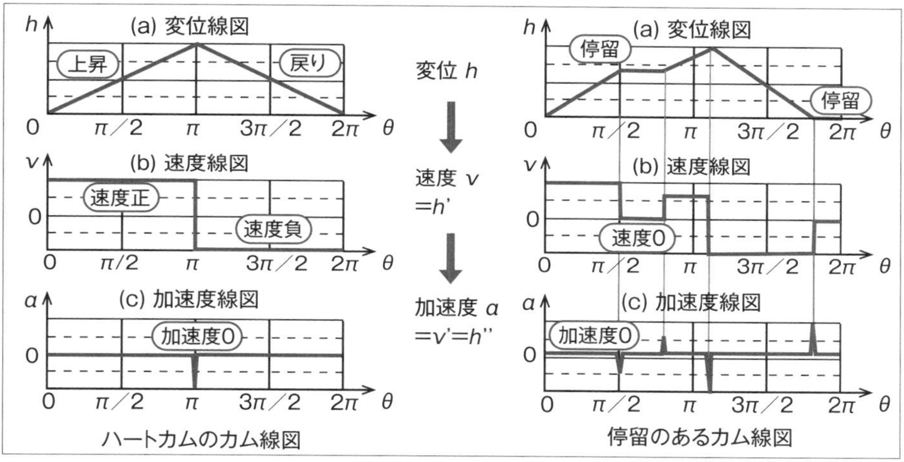

図4-31　カム線図

緩和曲線

図4-31の2つのカム線図（ハートカムのカム線図、停留のあるカム線図）ともに、図4-31（c）の加速度線図をみると瞬間的な加速度変化が発生し、従節に衝撃を与えています。衝撃を小さくするには、基礎曲線の傾きの変化を小さくして滑らかな曲線で結びます。この曲線を**緩和曲線**と呼び、放物線、正弦曲線、円弧などがあります。

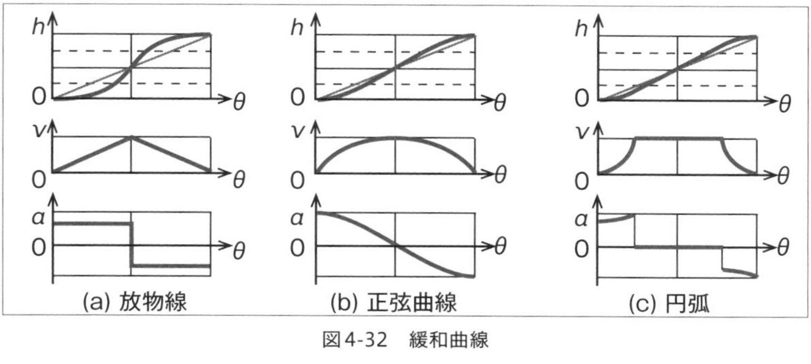

図4-32　緩和曲線

4-5 板カムの輪郭作成

シミュレータを使って、従節の基礎曲線を設定し、板カムの輪郭を作成します。

ハートカムを作る

menu →〔**第4章 カム機構**〕→〔**カム解析**〕を選択してください。図4-33の画面が表示されます。

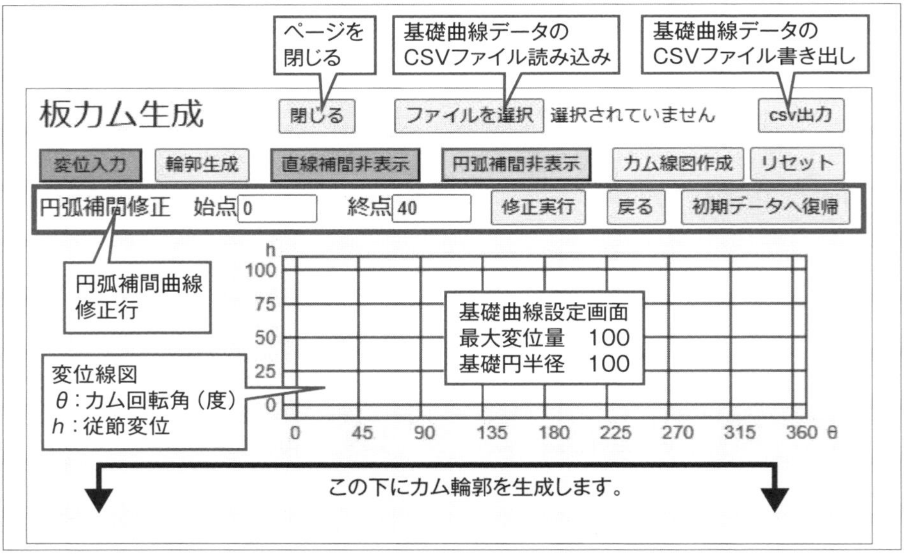

図4-33　板カム生成シミュレータ起動画面

基礎曲線を設定してハートカムを作る

図4-34の手順でカム輪郭を生成します。「図3-28：マウスキーの例」を参照してマウスキーと併用すると、入力しやすいかもしれません。修正は［**リセット**］で初期状態へ戻り、再度入力してください。

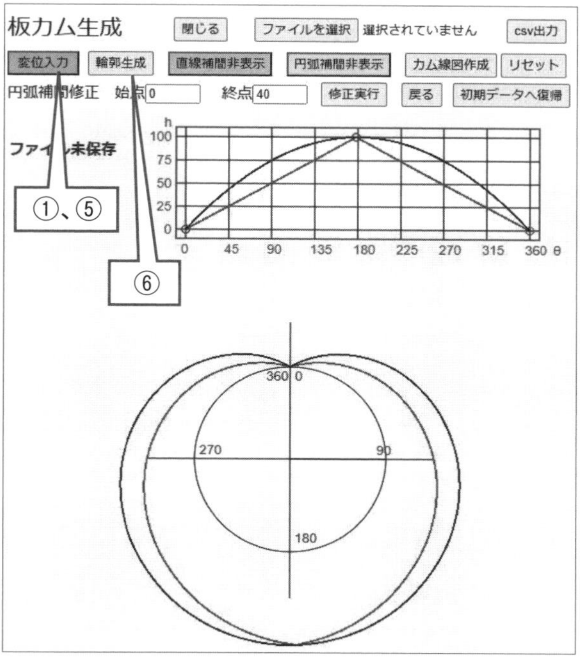

●操作手順

①[変位入力]
②始点(0,0)
③リフト(180,100)
④終点(360,0)
⑤[入力終了]
⑥[輪郭生成]

②、③、④の入力は、下図を参考にしてください。

特に②、④は始点と終点の一致が必要となります。

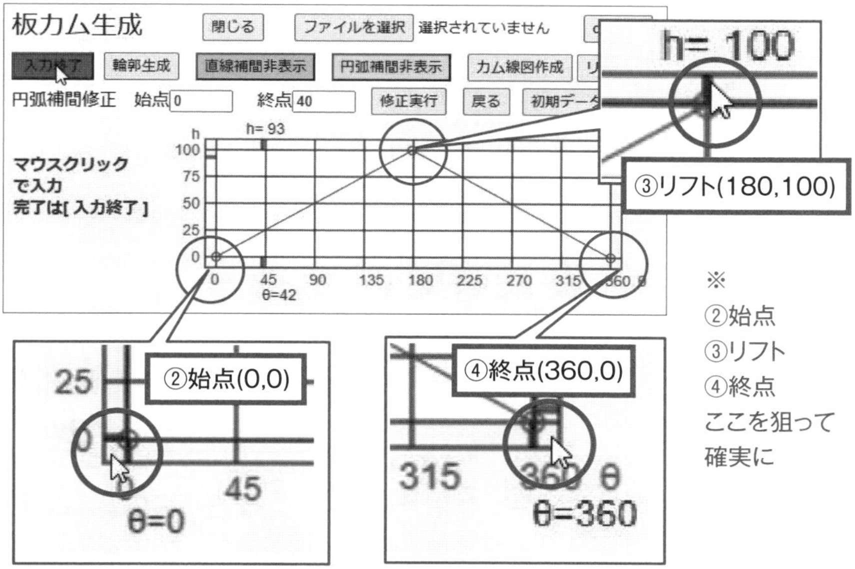

図4-34　ハートカムを作る

基礎曲線のデータ保存と読み込み

入力ポイントの多い基礎曲線を改めて作成するのは大変です。基礎曲線生成後にデータを保存しておきましょう。図4-34で作ったデータの保存と読み込み操作を図4-35に示します。操作例はWindows + Google Chromeです（ブラウザによって、読み込みボタンとメッセージの表示が異なる場合があります)。ファイルのダウンロードと読み込みは、実行環境に合わせ、適したファイル名で管理してください。

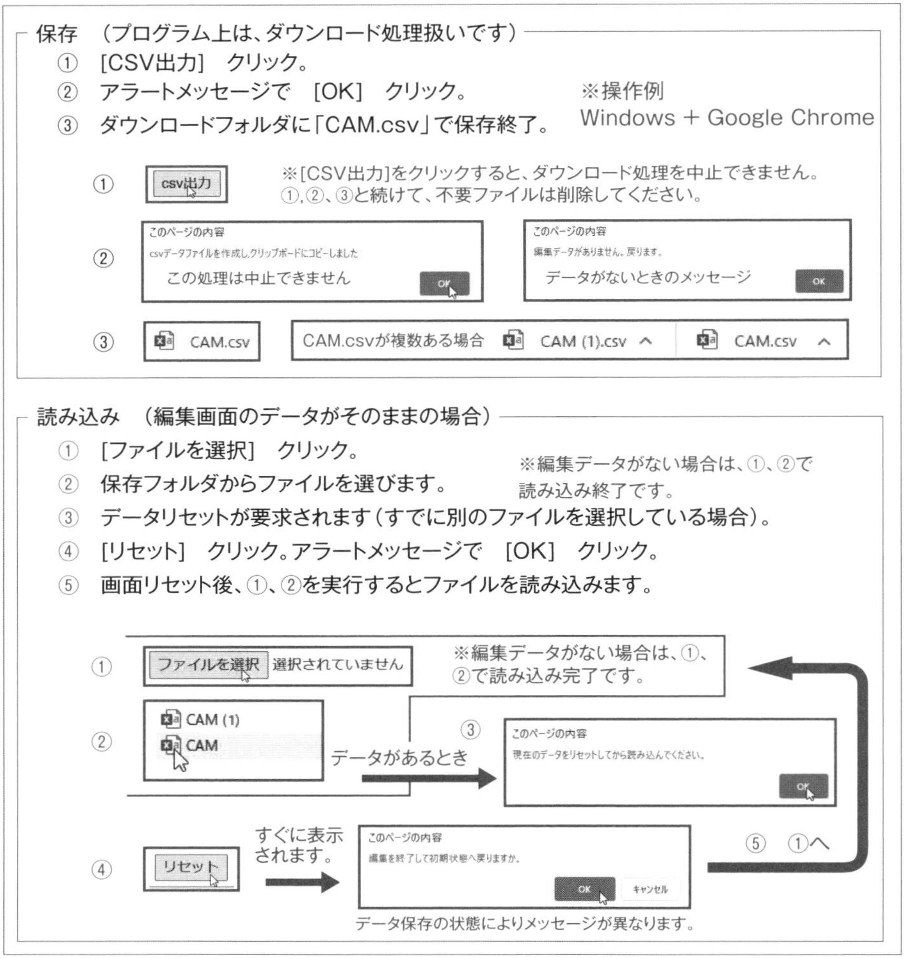

保存　（プログラム上は、ダウンロード処理扱いです）
① [CSV出力]　クリック。
② アラートメッセージで　[OK]　クリック。
③ ダウンロードフォルダに「CAM.csv」で保存終了。
※操作例
Windows + Google Chrome
①
csv出力
※[CSV出力]をクリックすると、ダウンロード処理を中止できません。
①,②、③と続けて、不要ファイルは削除してください。
②
このページの内容
csvデータファイルを作成し,クリップボードにコピーしました
この処理は中止できません
OK
このページの内容
編集データがありません。戻ります。
データがないときのメッセージ
OK
③
CAM.csv
CAM.csvが複数ある場合
CAM (1).csv
CAM.csv
読み込み　（編集画面のデータがそのままの場合）
① [ファイルを選択]　クリック。
② 保存フォルダからファイルを選びます。
※編集データがない場合は、①、②で
読み込み終了です。
③ データリセットが要求されます（すでに別のファイルを選択している場合）。
④ [リセット]　クリック。アラートメッセージで　[OK]　クリック。
⑤ 画面リセット後、①、②を実行するとファイルを読み込みます。
①
ファイルを選択
選択されていません
※編集データがない場合は、①、
②で読み込み完了です。
②
CAM (1)
CAM
データがあるとき
③
このページの内容
現在のデータをリセットしてから読み込んでください。
OK
④
リセット
すぐに表示
されます。
このページの内容
編集を終了して初期状態へ戻りますか。
OK
キャンセル
⑤　①へ
データ保存の状態によりメッセージが異なります。

図4-35　データ保存と読み込み

カム輪郭を観察する

生成されたハートカムを観察します。基礎曲線、カム輪郭ともに、赤：**直線補間**、青：**円弧補間**です（シミュレータの画面では、赤、青で表示されています）。

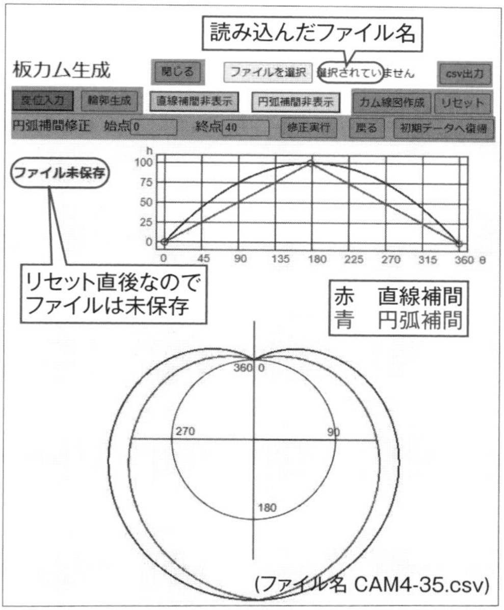

(a) 読み込み直後の画面

●補間とは
2点以上の関数値データから、ある範囲における他の点の関数値を近似的に求めることを言います。
●直線補間
既知のデータを直線で結ぶ方法です。
●円弧補間
既知のデータを連続した曲線で結ぶ方法です。

（ファイル名　CAM4-36b.csv）

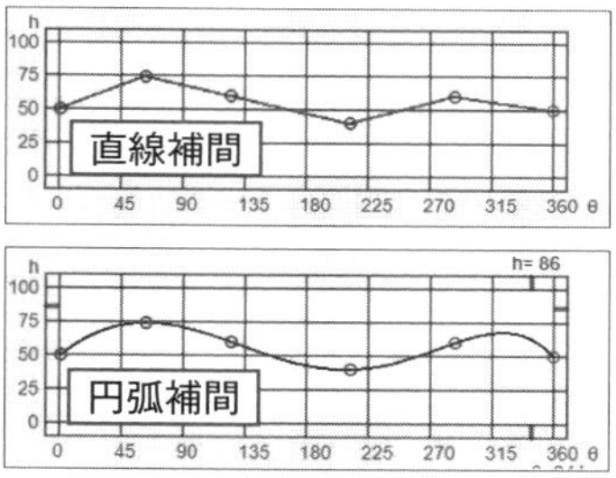

(b) 直線補間と円弧補間

[直線補間非表示]　[円弧補間非表示]を切り替えると、各補間方法だけでの観察ができます。両者非表示で入力点だけを表示します。

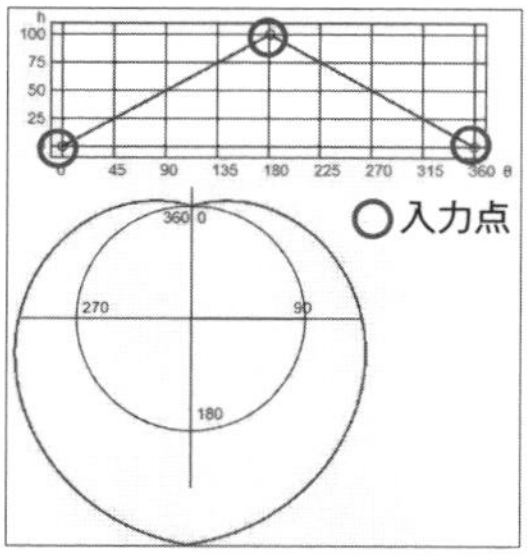

(c) 直線補間

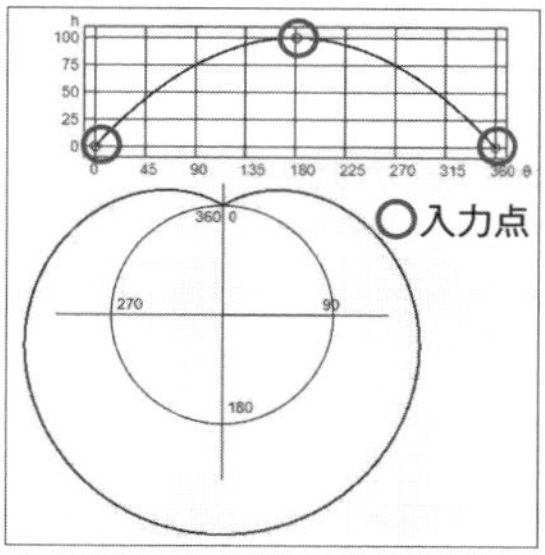

(d) 円弧補間

直線補間は、図4-30と同じ方法で、入力点間を結ぶ一次式を連続させて補間をしています。一次式をカム輪郭のように極座標で表した曲線をアルキメデス曲線、アルキメデスの渦巻線、アルキメデスの螺旋と呼びます。円弧補間は、全ての入力点を含む関数式を求めて曲線で結びます。いろいろな方法がありますが、**ラグランジュ補間**という方法を使っています。

図4-36　カム輪郭を観察する

カム線図を見る

引き続き〔**板カム生成**〕の画面で、図4-36 (a) の［**カム線図作成**］(画面の右上にあるボタン) をクリックすると、図4-37のカム線図が表示されます。起動時は円弧補間カム線図を表示します。

円弧補間のカム線図

図4-37の加速度線図に着目しましょう。数値微分の特性から $\theta=0$ と360の近傍は除外します。すると加速度が一定の等加速度運動であることが解ります。つまり、速度は直線、変位は放物線になり、従節には小さく一定の加速度が作用するので大きな衝撃を避けることができます。

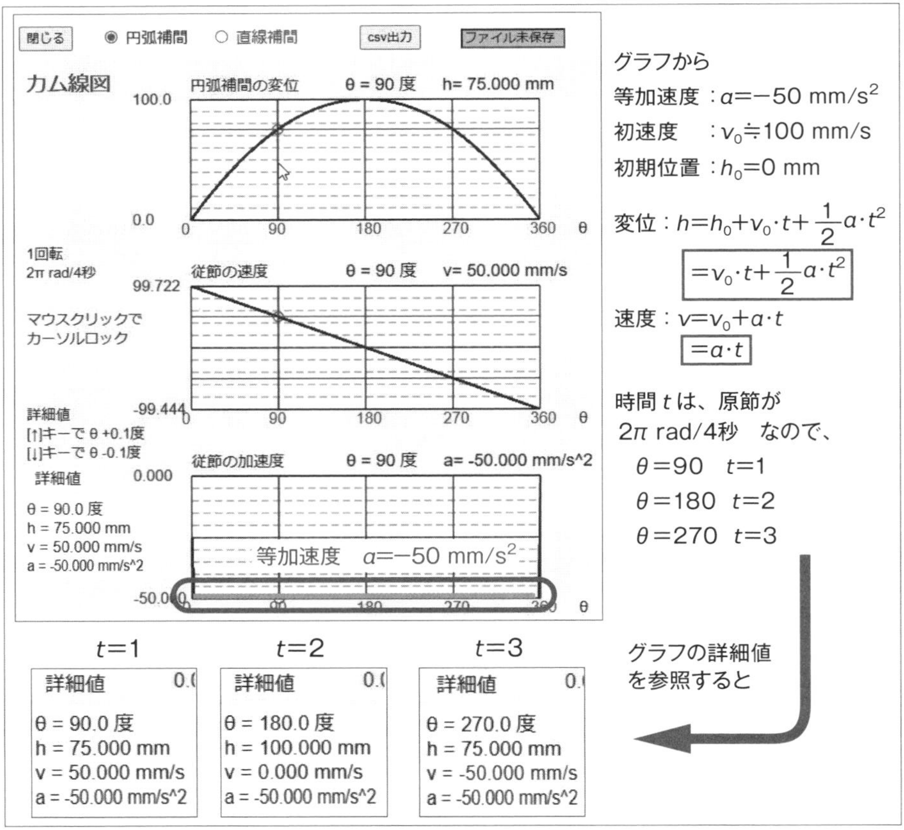

図4-37　円弧補間のカム線図

直線補間のカム線図

カム線図のラジオボタンで［◉**直線補間**］をチェックすると、図4-38の直線補間のカム線図に切り替わります。ここで速度を見ると、θ = 180までv = 50mm/s、その後θ = 360までv = − 50mm/sです。加速度線図に着目すると、従節の加速度は全体にわたってゼロですが、速度の切り替わるθ = 180で瞬間的に大きな値を示します。値の− 4500mm/s^2（^2は2乗の意）は、θの変化を1度(1／90秒)刻みで取っているため参考値とするのが良いと考えます。つまり、θ = 180で瞬間的な衝撃が発生するといえます。

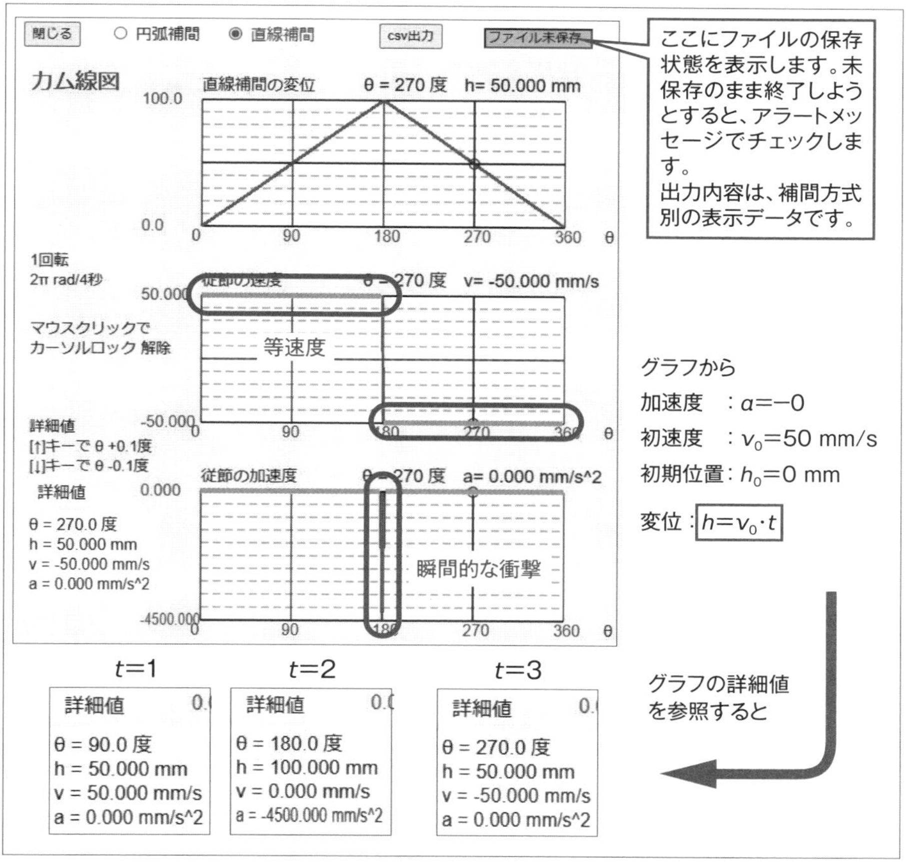

図4-38　直線補間のカム線図

4-6
円弧補間を修正する

シミュレータは、直線補間の結果は加工できませんが、円弧補間データの修正機能を持たせました。例題ファイルを使って紹介します。

例題 1

ファイルを読み込み、結果を観察する

円弧補間は、緩和曲線に近い基礎曲線の作成を目的に試行的に実装しましたが、全ポイントを結んでしまうため修正したい部分も生じてきます。Cam_csv フォルダから「CAM4-39.csv」を読み込んでください。図 4-39 (a) が表示されます。円弧補間のカム輪郭とカム線図を図 (b)、直線補間を図 (c) に示しました。315 ＜ θ ＜ 360 の範囲を修正します。

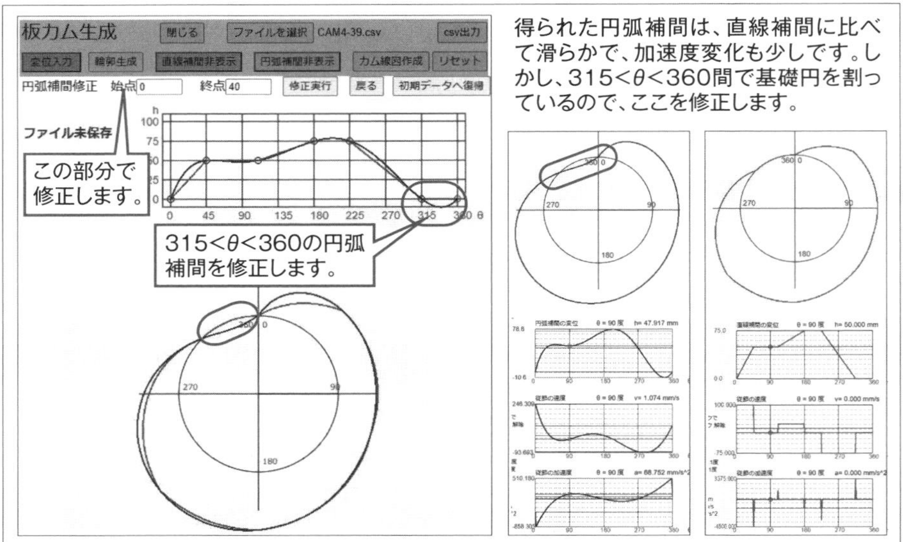

(a) CAM4-39.csv読み込み結果　(b) 円弧補間　(c) 直線補間

図 4-39　読み込みファイルを観察する

円弧補間の修正方法

円弧補間の修正は、修正したい区間を含む［**始点**］と［**終点**］を設定して［**修正実行**］をクリックします。［**戻る**］で1手順前の状態を回復できます。［**初期データへ復帰**］は全ての修正を破棄して、元データを回復します。

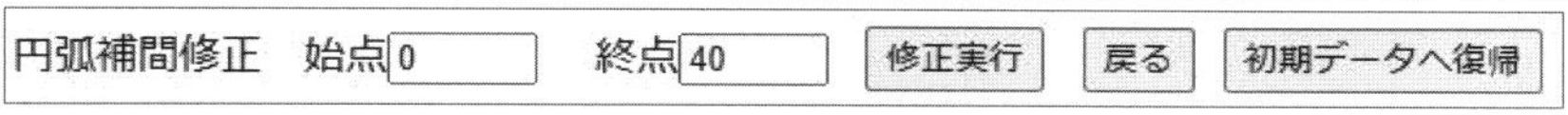

(a) 円弧補間修正部

●修正1

図4-40 (b) は、［**始点**］300、［**終点**］380の修正結果です。図4-39 (c) の直線補間と比べれば変化は小さいですが、θ =315の瞬間的な加速度変化が大きいです。

●修正を戻す

［**戻る**］で修正を破棄して前のデータへ戻します。

●修正2

図4-40 (d) は、［**始点**］200、［**終点**］380の修正結果です。基礎円をわずかに割っていますが、図 (b) と比べると加速度変化が小さいです。

こちらの結果を「CAM4-40.csv」として保存しました。

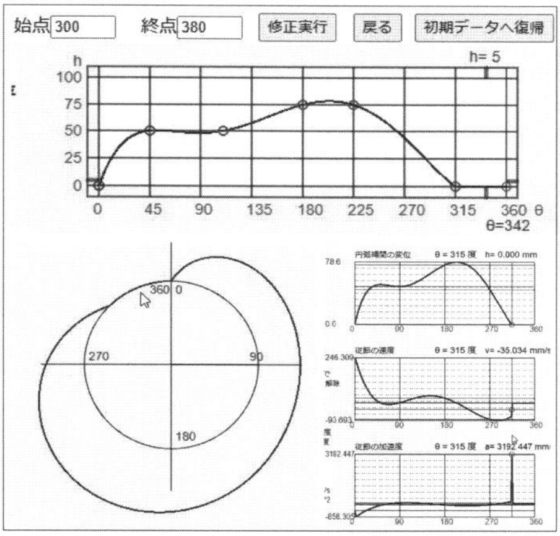

(b) [始点]300、[終点]380

(c) 修正を破棄して[戻る]

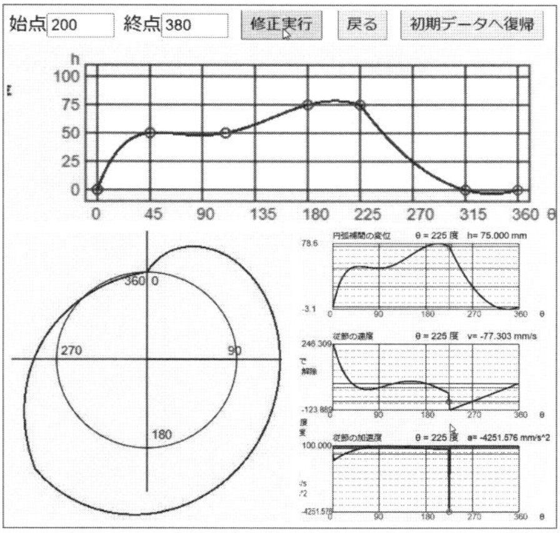

(d) [始点]200、[終点]380

図4-40 円弧補間の修正

例題2

ファイルの読み込み

Cam_csvフォルダから「CAM4-41.csv」を読み込んでください（例題1を実行した場合は、データをリセットしてから読み込んでください）。図4-41（a）が表示されます。図（c）直線補間はそのままで、図（b）円弧補間は修正が必要です。これを図（d）のように修正してください。

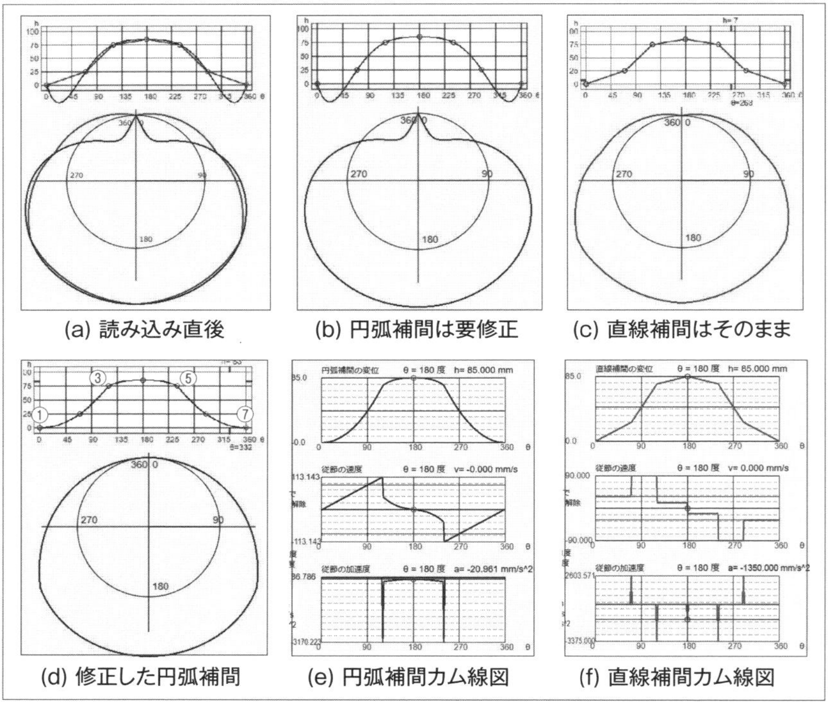

図4-41　CAM4-41の基礎曲線とカム輪郭

円弧補間の修正方法

図（b）の修正は、図（d）の①～③と⑤～⑦を含む適当なθ値で行います。

図（e）、(f)の加速度を比較すると、直線補間の最大値2604、最小値－3375、円弧補間の最大値87、最小値－3170です。修正結果を「CAM4-41-2.csv」として保存しました。

例題3

基礎曲線の作成と修正

次の表に示すθとhの基礎線図データを入力してください（**[変位入力]**をクリックし、マウスの移動でθとhの基礎線図データを入力）。図4-42 (a) のカム輪郭ができます。

円弧補間の修正が必要な箇所を修正します。これを図 (b) のように修正してください。修正目標は、データポイントを結べば、基礎曲線の凹凸は考えないものとします。修正例は、「CAM4-42-2.csv」で保存してあります。修正後は、カム線図で吟味してください。

基礎線図データ

θ	0	45	70	115	180	225	300	360
h	0	25	65	90	90	50	10	0

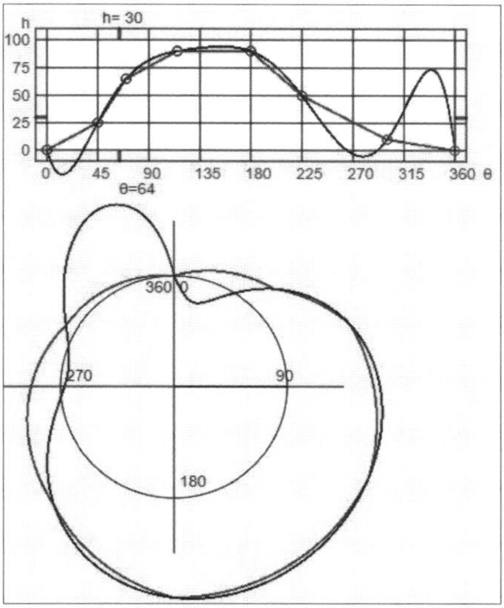

(a) 基礎線図データからカム生成

※修正の要領
線分は、2点を含む範囲。
曲線は、3点以上を含む範囲で設定します。
[戻る]と[csv出力]を活用してください。

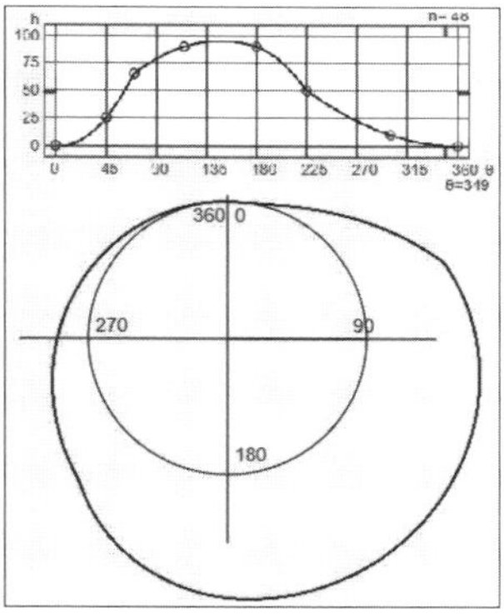

(b) 円弧補間修正例

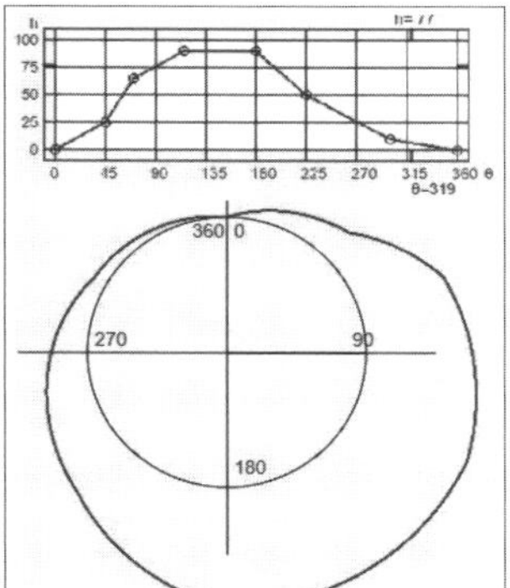

(c) 直線補間

図4-42　データを入力して基礎曲線を修正する

例題4

入力点の少ない修正済データの読み込み

［ファイルの選択］で「stamp2_0.csv」を選択してください。

図4-43（a）の「stamp2_0.csv」は、重りをある高さまで押し上げて一気に落として衝撃を作るスタンプカムの例です。入力データは4点だけなので円弧補間は不適当です。図（b）の円弧補間修正で図（c）の結果を得ます。補間修正結果を「stamp2_1.csv」で保存し、読み込んだ結果が図（d）で、$\theta = 0$から180までの修正値が表示されています。図（d）の適当な区間を修正した結果が、図（e）の輪郭です。

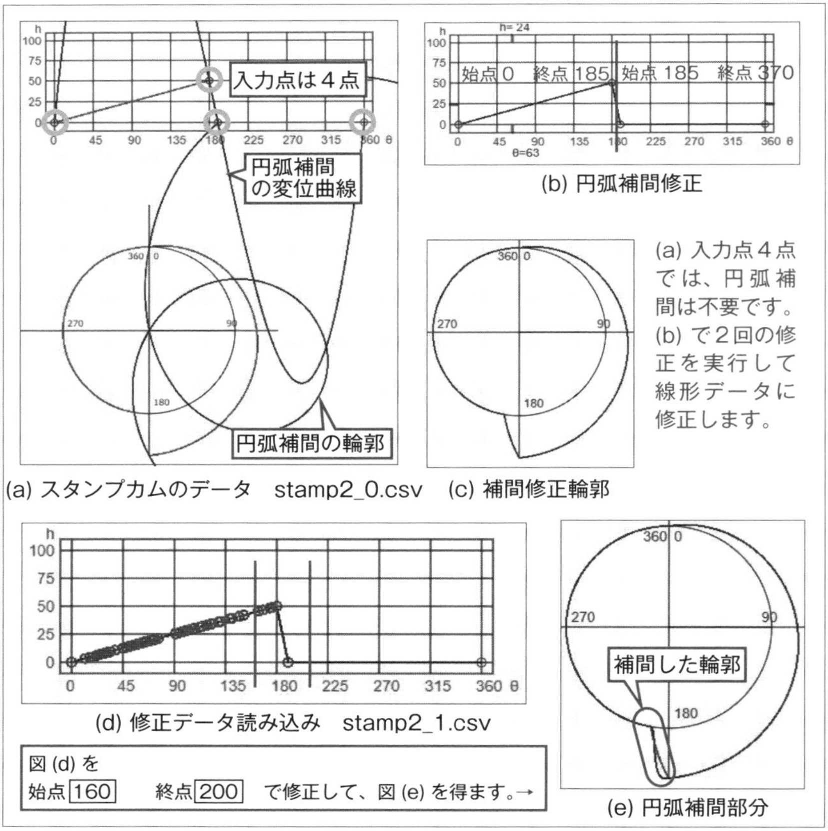

図4-43　入力点の少ない修正済みデータの読み込み

1対の対偶要素で、原動節と従動節の接触面の摩擦力を利用して行う伝動を摩擦伝動と呼びます。この章では回転の伝動を考えます。回転の伝動には接触面のころがり接触が必要となります。

第5章

摩擦伝動機構

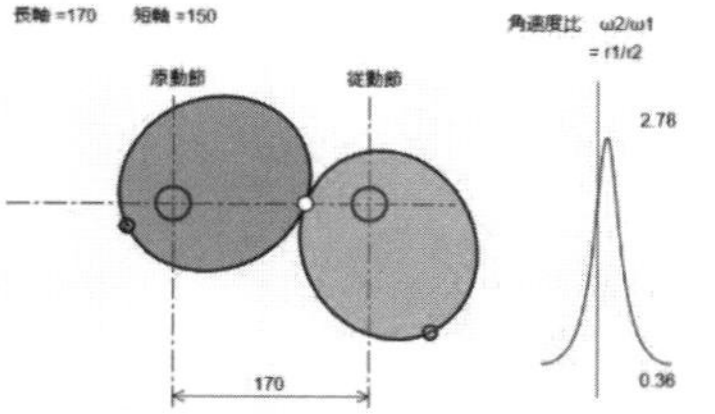

だ円車のころがり

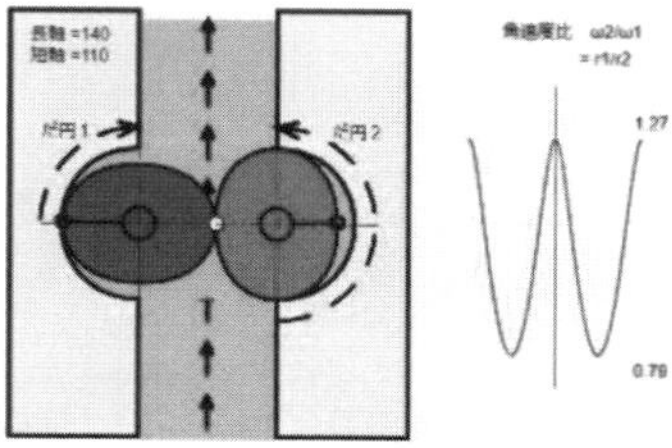

だ円車の応用

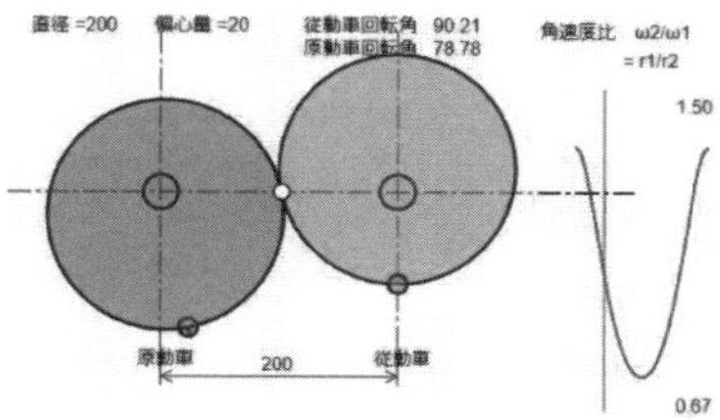

偏心円板の接触

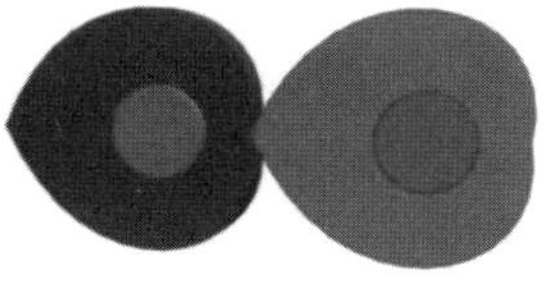

一葉車のアニメーション

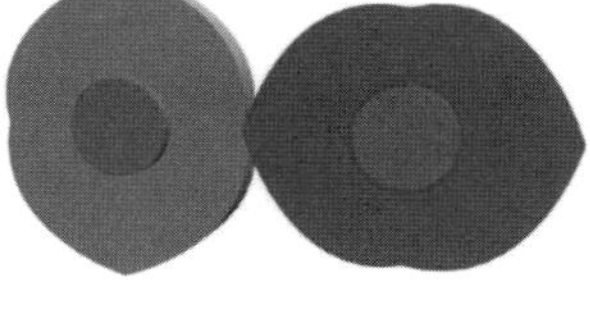

二葉車のアニメーション

三葉車のアニメーション

5-1 摩擦伝動機構のあらまし

対偶の摩擦伝動には、要素が直接接触して運動することが必要です。摩擦伝動の基本として、接触する節の運動と回転の伝動について考えます。

接触する節の運動

図5-1で、接触する2つの節A、Bが速度vで運動するとき、接触点Pで運動方向の速度ベクトルv_a、v_bは等しく、節Bが節Aに運動を伝達していると考えられます。v_aとv_bはvに等しく、vと垂直な方向のベクトル成分はゼロですから、節Bが節Aを押すだけの運動となり、すべりが発生しません。

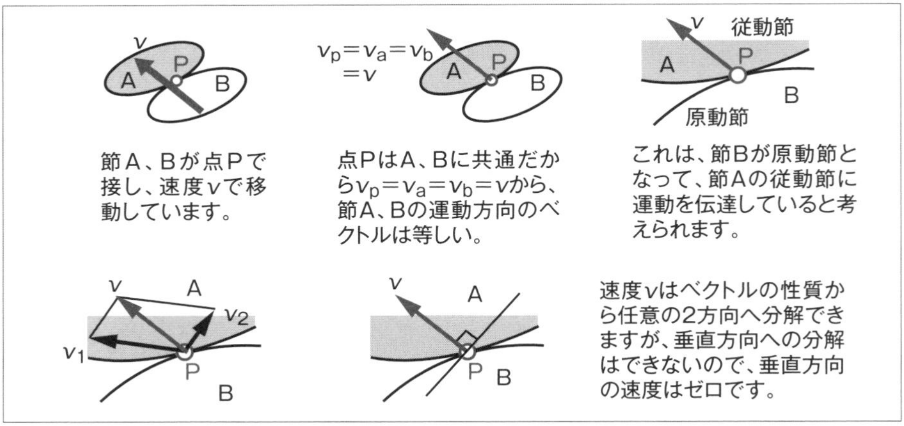

v
A
P
B
節A、Bが点Pで接し、速度vで移動しています。
$v_p=v_a=v_b$
$=v$
A
P
B
点PはA、Bに共通だから$v_p=v_a=v_b=v$から、節A、Bの運動方向のベクトルは等しい。
v
従動節
A
P
B
原動節
これは、節Bが原動節となって、節Aの従動節に運動を伝達していると考えられます。
v
A
v_2
v_1
P
B
v
A
P
B
速度vはベクトルの性質から任意の2方向へ分解できますが、垂直方向への分解はできないので、垂直方向の速度はゼロです。

図5-1　接触する物体の運動

回転の伝動ところがり

原動節の回転を消耗なしに従動節へ伝動するには、ころがり接触が必要です。回転を伝える対偶素を**原動車A**、**従動車B**として、回転伝動におけるころがりを図5-2のように考えます。A、Bを点Pで押し付け、Aを回転させたとき、A円周上の点Pにおける周速度v_aとB円周上の点Pにおける周速度v_bは等しくなります。対偶の外部から動力が与えられない限り、$v_a < v_b$となることはなく、2つの節に「すべり」が発生するとき$v_a > v_b$となります。点PにおけるAとBの周速度が等しく、ころがり接触を行うことが摩擦伝動の条件となります。ころがり接触を行う節の輪郭を**ピッチ曲線**と呼び、後に歯車の計算を接触する円板の計算に簡略化する考え方の基礎となります。

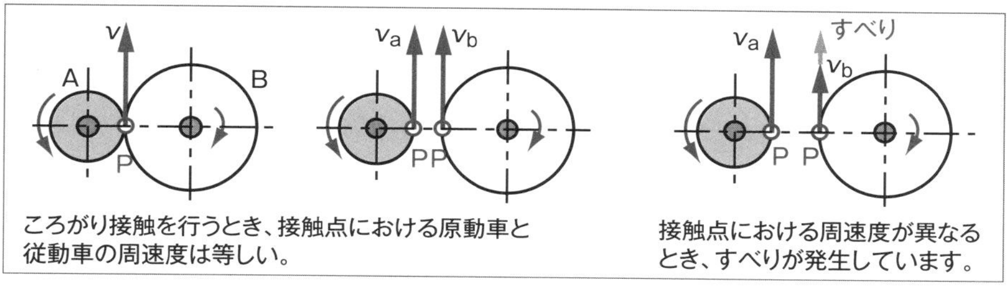

v
A
B
P
va
vb
PP
すべり
va
vb
P P
ころがり接触を行うとき、接触点における原動車と従動車の周速度は等しい。
接触点における周速度が異なるとき、すべりが発生しています。

図5-2　接触点のころがりとすべり

等速度伝動と不等速度伝動

図5-3で、原動車の角速度ω_1と従動車の角速度ω_2の比を**角速度比**と呼びます。機械には、図(a)の角速度比が一定の**等速度伝動**、図(b)の角速度比が周期的に変化する**不等速度伝動**が必要とされます。

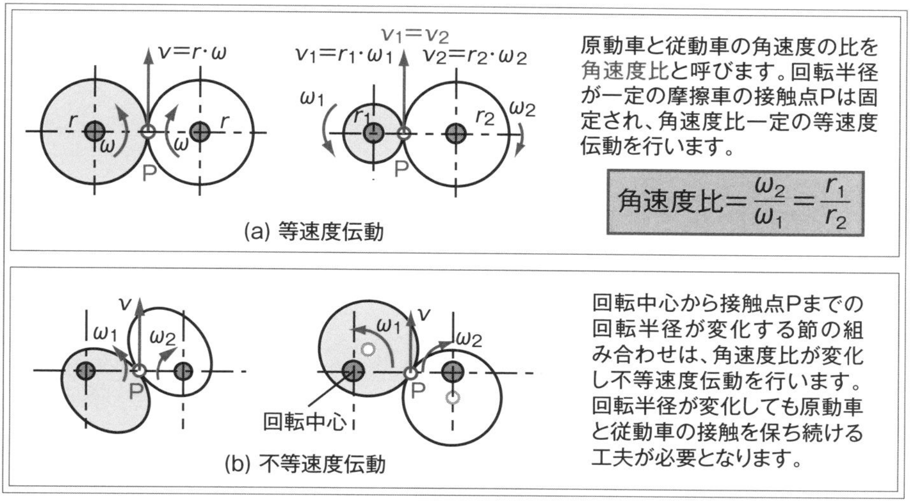

v=r·ω
r
ω
r
ω
P
v1=v2
v1=r1·ω1
v2=r2·ω2
ω1
r1
r2
ω2
P
原動車と従動車の角速度の比を角速度比と呼びます。回転半径が一定の摩擦車の接触点Pは固定され、角速度比一定の等速度伝動を行います。
角速度比$=\frac{\omega_2}{\omega_1}=\frac{r_1}{r_2}$
(a) 等速度伝動
v
ω1
ω2
P
ω1
v
ω2
P
回転中心
(b) 不等速度伝動
回転中心から接触点Pまでの回転半径が変化する節の組み合わせは、角速度比が変化し不等速度伝動を行います。回転半径が変化しても原動車と従動車の接触を保ち続ける工夫が必要となります。

図5-3　等速度伝動と不等速度伝動

5-2 等速度摩擦車

等速度伝動を行う対偶の２つの対偶素である原動車と従動車は摩擦接触する面を持つ円筒になります。等速度伝動の角速度比を速比と呼びます。

平行軸の円筒摩擦車

図5-4で、平行軸間で等速度伝動を行う原動車1と従動車2は、厚さを持つ円筒の表面で接触するので**円筒《えんとう》摩《ま》擦車《さつしゃ》**と呼びます。図 (a) は2つの円筒が外周表面で接触する場合、図 (b) は小径の円筒が径の大きな円筒の内面で接触する場合で、**速比**uは (a)、(b) ともに等しく算出できますが、伝動する回転の向きが反転します。

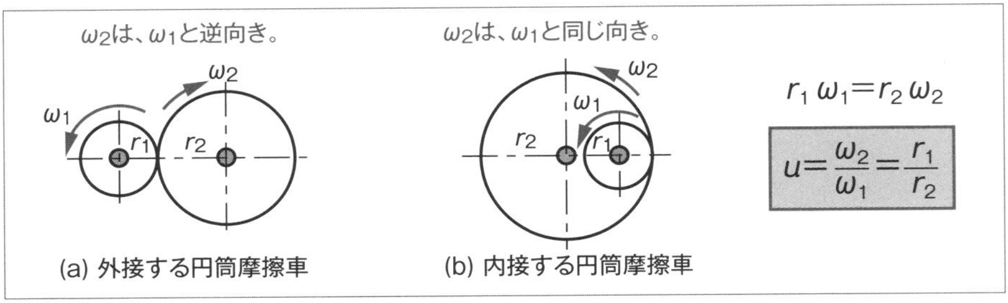

図5-4　平行軸の円筒摩擦車

中間車のある円筒摩擦車

図5-5のように、原動車1と従動車3の間に、中間節として直列に組み込んだ円筒摩擦車を**中間車**と呼びます。機構の速比uは、原動車と中間車の速比u_{12}と中間車と従動車の速比u_{23}の積として求めます。最終的な速比uは、図5-4と同様に、原動車と従動車の角速度または半径で決められ、中間車は速比uに影響しません。このようなことから、中間車は**遊び車**と呼ばれます。しかし、図5-5の (a)、(b) を図5-4と比べると、遊び車は従動車の回転の向

きを反転させています。図5-5 (c) は、中間車を2段にして、2つの対偶を組み合わせたものです。機構の速比は摩擦車1と2のu_{12}、摩擦車3と4のu_{34}の積になり、原動車の半径の積を従動車の半径の積で割った値になります。

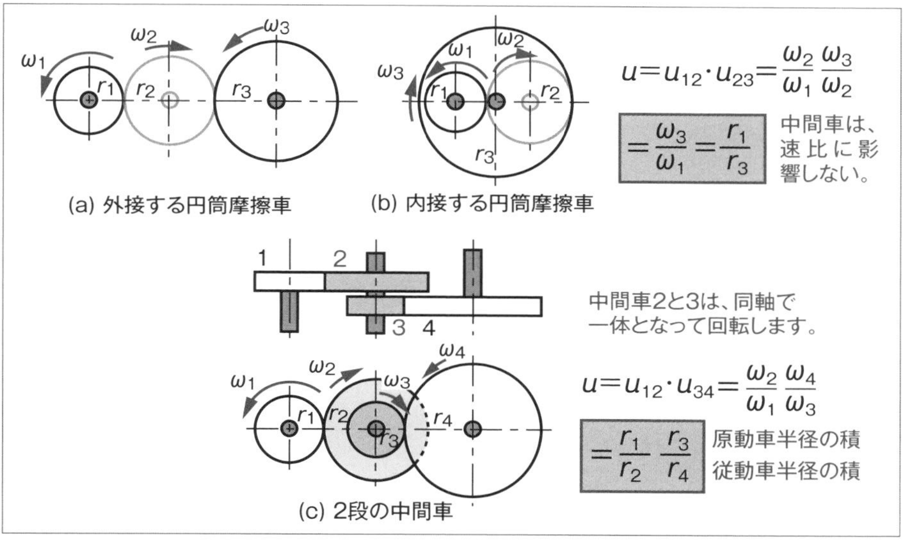

図5-5　中間車のある円筒摩擦車

2軸が交差する場合

図5-6 (a) のように、原動軸1と従動軸2が交差する場合、対偶素は2つの**円すい車**となります。2本の回転軸の交点をV、円すい接触面上の任意の点をP、円すいの半頂角をδ_1、δ_2として速比uを求めています。原動軸と従

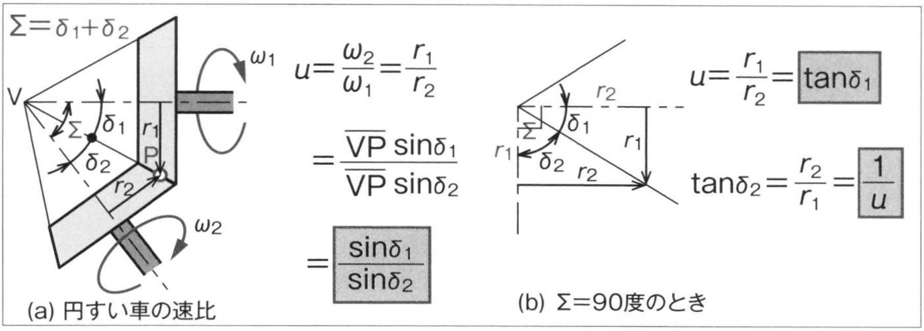

図5-6　2軸が交差する場合

動軸の交差角Σは、δ_1、δ_2の和です。図（b）は、Σ＝90度のときの速比です。図は、関係式に必要な部分だけを示しています。

2軸が平行でなく、交差もしない場合

図5-7（a）は、中心軸OO’とねじれた位置にある線分ABをOO’を中心として、回転させて得た**単双曲線回転面**です。OO’に垂直な断面は円となり、OO’を含む平面上の断面は双曲線になります。ABを**母線**と呼びます。

図（b）は2つの単双曲線回転面の母線を共通の接触線として接触させた状態で、回転面①はO_1O_1'を回転中心軸として、回転面②はO_2O_2'を回転中心軸として作られたものです。母線と直角方向にころがり接触を行います。母線の方向にはすべりが発生しますが、速比には影響しません。単双曲線回転面は、双曲線を回転させて作ることができます。

図（c）は、簡単にできる単双曲線回転面です。単双曲線回転面は、回転中心軸とねじれた位置にある線分を回転させて作るのですから、ねじれのない線分を回転させて円筒を作り、その円筒にねじりを加えれば、単双曲線回転面ができます。画像は、12本の爪楊枝を厚紙で支えて作った円柱をねじってできる単双曲線回転体です。

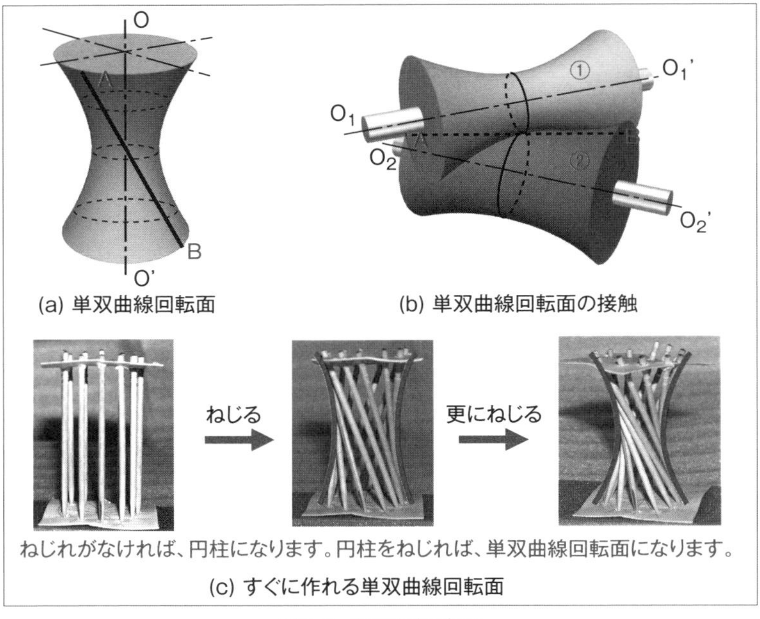

(a) 単双曲線回転面

(b) 単双曲線回転面の接触

ねじれがなければ、円柱になります。円柱をねじれば、単双曲線回転面になります。

(c) すぐに作れる単双曲線回転面

図5-7　単双曲線回転面

溝付き摩擦車

図5-8 (a) は、摩擦車の円周にV字形の溝を付けて摩擦力を増加させた**溝付き摩擦車**です。図 (b) で、原動車と従動車を押し付ける力をQとすると、V字溝の斜面には、斜面に垂直なQの分力Nが作用し、その反作用として大きさNでNと逆向きの垂直抗力Rが発生します。接触面の摩擦係数をμとすれば、溝の凹凸を押し込むことによる反作用として、接触面の片側に摩擦力μR、溝の両面で$2\mu R$の摩擦力Fが斜面に沿って発生します。図 (c) で、溝の接触面では、抗力RのQ方向分力と摩擦力FのQ方向分力の和が、押し付け力Qに対する反作用として作用します。溝の頂角αとして、溝部における押し付け力Q方向の力のつり合いからRを求め、Fの大きさを求めます。

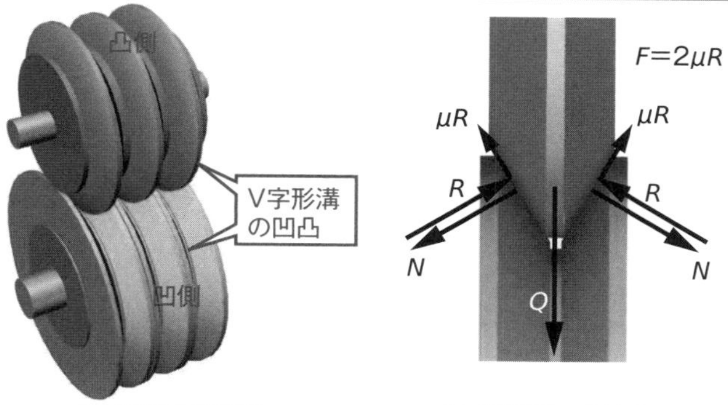

(a) 溝付き摩擦車

(b) 接触面の摩擦力

接触面には、接触面を垂直に押すQの分力Nが作用し、Nに対する抗力Rが発生します。摩擦係数μとすれば、溝の凹凸を押し込むことによる反作用として溝の両面で$F=2\mu R$の摩擦力が発生します。

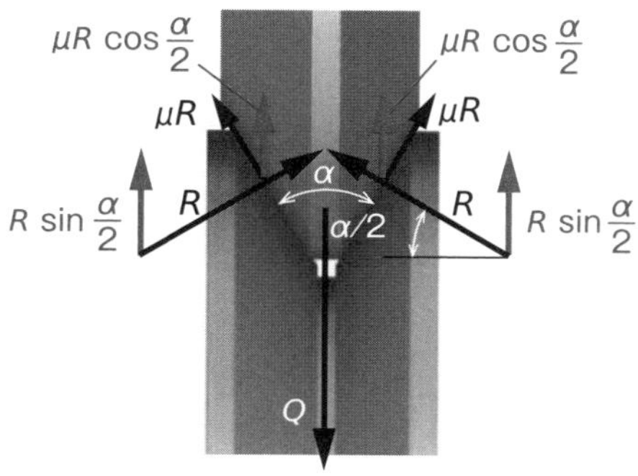

(c) 溝部の力のつり合い

溝の頂角をαとして、Q方向の力のつり合いからFを求めます。

RのQ方向分力　FのQ方向分力

$$Q=2R\sin\frac{\alpha}{2}+2\mu R\cos\frac{\alpha}{2}$$

$$\therefore R=\frac{Q}{2\left(\sin\frac{\alpha}{2}+\mu\cos\frac{\alpha}{2}\right)}$$

$$F=2\mu R$$

$$\therefore F=\frac{\mu Q}{\sin\frac{\alpha}{2}+\mu\cos\frac{\alpha}{2}}$$

図5-8　溝付き摩擦車

5-3 不等速度伝動

摩擦車の回転半径を周期的に変化させると、一定速度で回転する原動車に対して、不等速度の従動車の運動を作ることができます。

ころがり接触をする輪郭曲線

図5-9に、ころがり接触で不等速度伝動を行う節の輪郭線を求めます。節①の輪郭線L_1を既知として、接触点が対偶素の回転中心を結ぶ線上にあることをころがり接触の条件として、節②の輪郭線L_2を求めます。

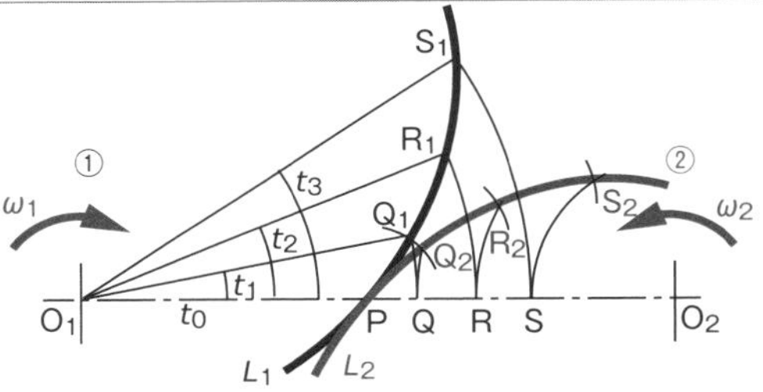

節①の既知の輪郭線L_1上に取った任意の点Q_1、R_1、S_1から求めた接触点Q、R、Sをもとに、節②の未知の輪郭線上の点Q_2、R_2、S_2を求め、輪郭線L_2を決定します。L_1、L_2上の点間は、厳密には円弧ですが、間隔を微小として直線に近似させて考えます。

輪郭線L_1と節①②の回転中心を結ぶO_1O_2の交点をt_0における接触点Pとする。
輪郭線L_1上に任意の点Q_1を取り、$O_1Q_1=O_1Q$としてt_1における接触点Qを決める。
輪郭線L_1上に任意の点R_1を取り、$O_1R_1=O_1R$としてt_2における接触点Rを決める。
輪郭線L_1上に任意の点S_1を取り、$O_1S_1=O_1S$としてt_3における接触点Sを決める。

※接触点が回転中心を結ぶO_1O_2上にあることがころがり接触の条件です。

Pを中心とする半径PQ_1の円弧とO_2を中心とする半径O_2Qの円弧の交点をQ_2とする。
Q_2を中心とする半径Q_1R_1の円弧とO_2を中心とする半径O_2Rの円弧の交点をR_2とする。
R_2を中心とする半径R_1S_1の円弧とO_2を中心とする半径O_2Sの円弧の交点をS_2とする。

P、Q_2、R_2、S_2を結ぶ曲線がL_2の輪郭線となる。

図5-9　ころがり接触する輪郭曲線

だ円のころがり接触

図5-10のように2つの同じだ円①と②を点Pで接線に対して対称に接触させると、①の焦点E_1と②の焦点F_2を回転中心としてころがり接触させることができます。**だ円車**の対偶として利用できます。

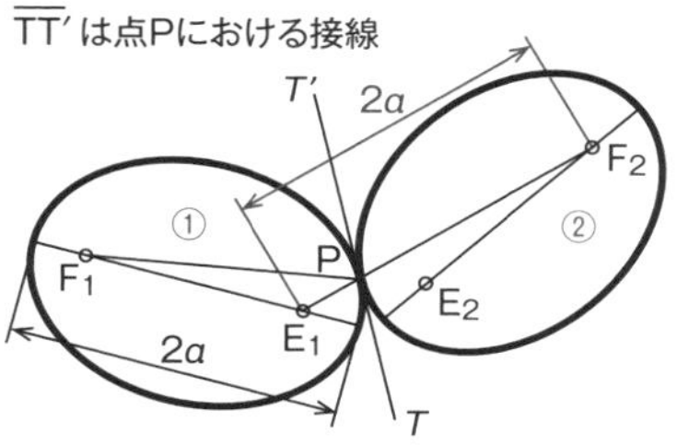

だ円の反射定理から　$\angle E_1PT = \angle F_1PT'$

だ円①、②はTT′に対して対称なので　$\angle F_1PT' = \angle F_2PT'$

$\therefore \angle E_1PT = \angle F_2PT'$

対頂角が等しいから、E_1、P、F_2は同一線上にある。

だ円の性質から　$\overline{PE_1} + \overline{PF_1} = 2a$

だ円①、②はTT′に対して対称なので　$\overline{PF_1} = \overline{PF_2}$ $\therefore \overline{PE_1} + \overline{PF_2} = 2a$

$\therefore \overline{E_1F_2} = 2a$

①の焦点E_1と②の焦点F_2を回転中心とする2つのだ円は、接触点Pが回転中心線上にあるので、ころがり接触が可能となります。

図5-10　だ円のころがり接触

だ円車のころがり接触（アニメーション）

menu →〔第5章 摩擦伝動〕→〔だ円車のころがり〕を選択してください。開いたアニメーションの画面で［運動開始］ボタンをクリックし、アニメーションを実行します。

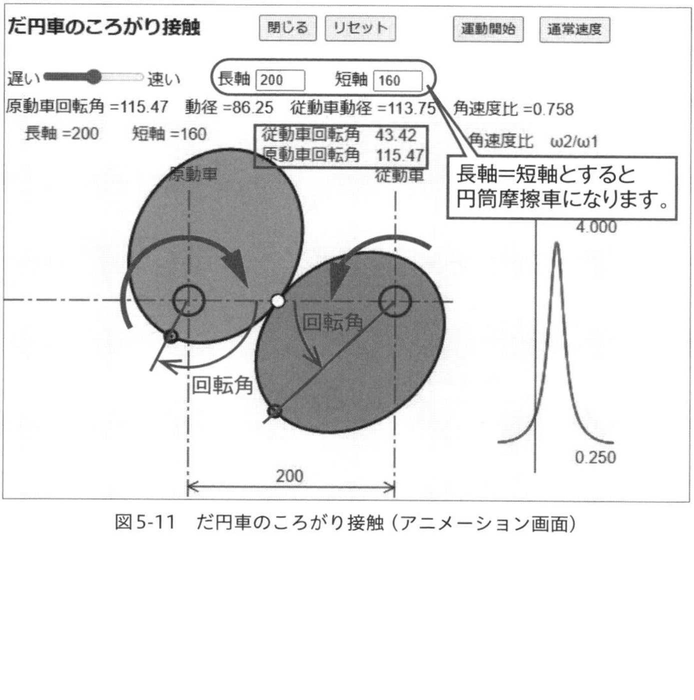

図5-11　だ円車のころがり接触（アニメーション画面）

ころがり接触するだ円車の角速度比

図5-12は、図5-11の長軸＝200、短軸＝160の原動車回転角90度ごとのアニメーションと角速度比のグラフです。同大のだ円車の対偶の角速度比は、θ ＝180を軸として対称になり、θ ＝0で最小値、θ ＝180で最大値を取ります。

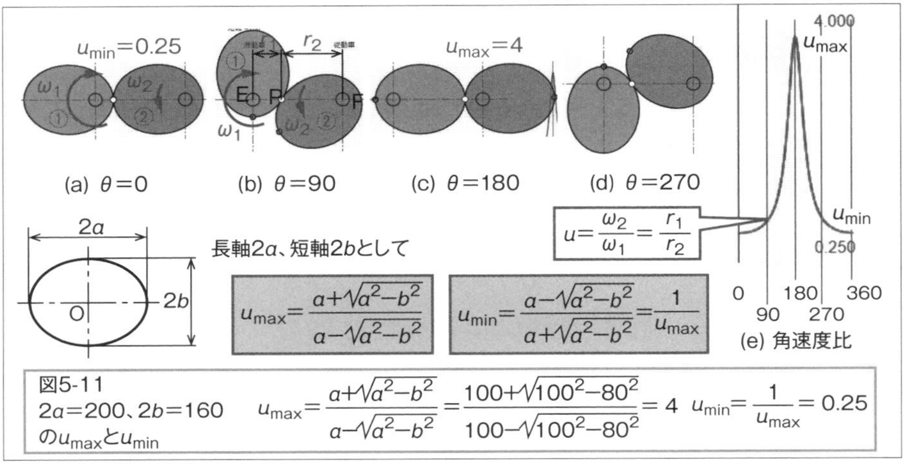

図5-12　だ円車の角速度比

シミュレータ（アニメーション）を使ってみよう

図5-13のように、長軸と短軸を等しくすると円筒摩擦車になります。角速度比は「1」固定でグラフ表示しません。アニメーションの手動トレースは、角速度比変化が急激なため操作しにくいので、**[微速度]** で観察するようにしました。

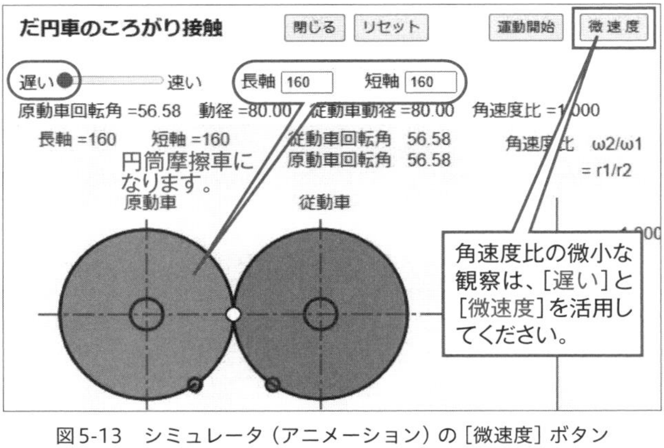

図5-13　シミュレータ（アニメーション）の［微速度］ボタン

だ円車対偶を回転させる

図5-12のように、だ円車対偶の角速度比の最小値・最大値は、原動車の回転角$\theta = 0$、$\theta = 180$のときに長半径と短半径で決まります。それ以外の回転角では、回転中心から接触点までの動径の比で角速度比が決定します。ころがり摩擦車の条件は、「対偶素の回転中心を結ぶ線上に接触点があること」です。シミュレータで、だ円を回転させるには、「回転中心から任意の回転角度にある輪郭線上の点を接触点として、そのときの動径を求め、角速度比を決定し従動車の回転角を求める」としました。図5-14に原動車の動径を求めて、角速度比を決定する手順を示します。ソースコードではY軸下向きが正です。

●だ円の定義

だ円は、円を変形させたものではなく、次のように定義されます。

「2 定点 E、F からの距離の和が一定となる点 P の軌跡をだ円という。点 E,F を焦点という」

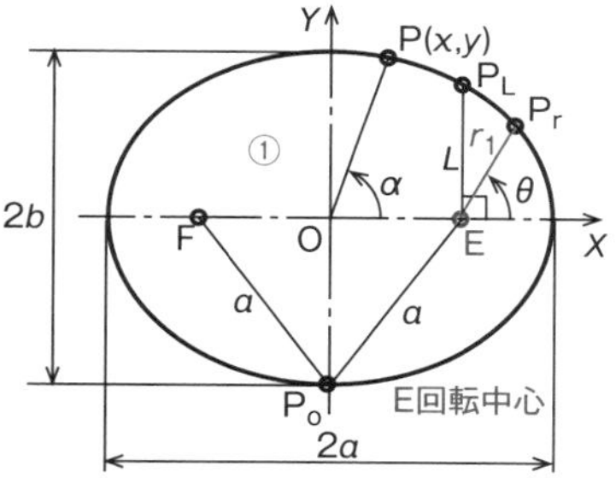

●だ円を描く

だ円の輪郭を偏角αにおける点 P(x,y) の軌跡として、媒介変数を表示をします。

$$x = a\cos\alpha, \quad y = b\sin\alpha$$

●偏角θとして、焦点 E からの動径r_1を求める。

焦点 E、F 間の距離　$EF = 2\sqrt{a^2 - b^2}$

半直弦　$L = \dfrac{b^2}{a}$（半直弦　$\theta = \pi / 2$のときの動径EP_L）

離心率　$e = \dfrac{EF}{2}\dfrac{1}{a}$

動径　$r_1 = \dfrac{L}{1 + e\cos\theta} \quad \cdots (1)$

●だ円車対偶の角速度比

図 5-12(b) の焦点 E、F から接触点 P までの動径r_1、r_2を使って、

$$r_1 + r_2 = 2a \quad \therefore \quad r_2 = 2a - r_1 \cdots (2)$$

$$u = \frac{r_1}{r_2} \quad \cdots (3)$$

※だ円車対偶では、点 P はだ円車①、②の回転中心線上にあるので、だ円車①、②が相対的に偏角θ回転することになり、だ円車①は右回りとなります。

図5-14　だ円車対偶を回転させる

だ円車の応用（アニメーション）

menu →〔第５章 摩擦伝動〕→〔だ円車の応用〕を選択してください。
［開始］ボタンをクリックし、アニメーションを実行します。

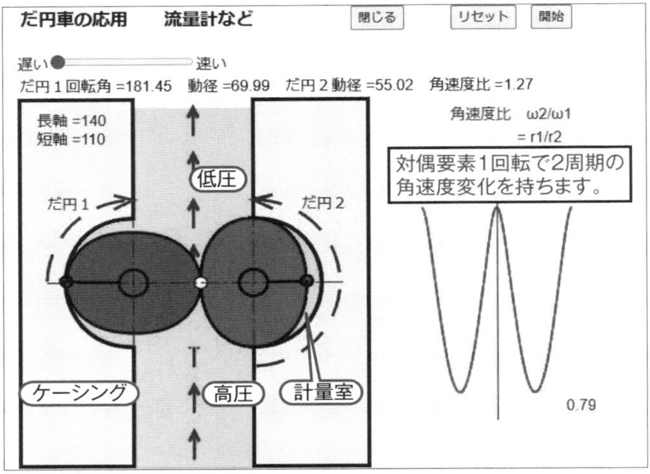

図5-15　だ円車の応用アニメーション画面

容積型流量計

図5-15は、おもに液体の流量計に応用されるだ円車のモデルです。実際の流量計は、だ円車の輪郭をピッチ曲線として、凹凸の歯をつけた**だ円歯車**を使用します。下方から流入する圧力流体がケーシングとだ円車の隙間にできる容積一定の計量室に入り、だ円車の回転によって上方の低圧側へ送り出されます。2つのだ円車の回転数を計数して、計量室を通過した流体の体積流量を測定する**容積型流量計**です。

だ円車の運動

図5-16にだ円車の運動を示します。たとえば流体をガソリンなどの液体と想定します。高圧管路には常に高圧の液体が供給され、使用側で弁を閉じていると低圧管路にも液体が満たされた状態でだ円車は停止しています。だ円車は、回転軸周りの力の不釣り合いから生まれる、だ円車を回転させようとするトルクによって回転します。だ円車を回転させるのに液体のエネルギを

利用しています。だ円車対偶の1回転で、計量室4回分の計量が行われます。

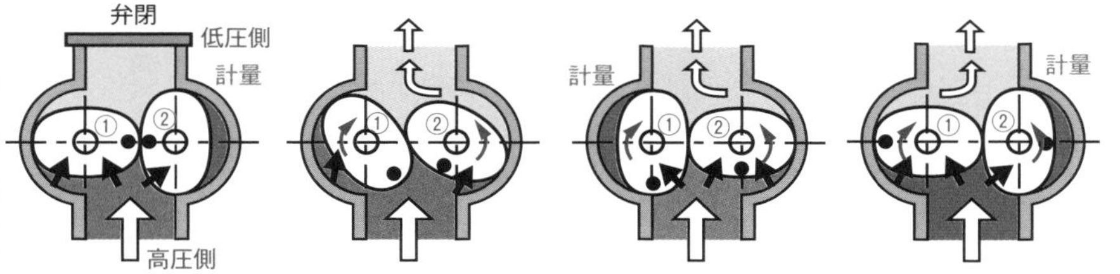

(a)低圧側で弁を閉じているため、水は止まっています。だ円車①は、回転軸周りで力が釣り合っているため、回転トルクはありません。だ円車②には、左回りのトルクが発生しています。②の計量室には、計量済みの水が入っているものとします。

(b)弁が開いて水が流れます。だ円車②が左回りで回転し、計量済みの水が低圧側へ送られます。同時に、だ円車①は力のつり合いが崩れて右回りに回転し、①と②の計量室に水が入ります。

(c)この位置で、だ円車②の回転トルクはなくなりますが、だ円車①に最大の右回りトルクが発生し、だ円車①、②は連続して回転します。①の計量が完了します。

(d)だ円車①が計量済みの水を送り出し、だ円車②が計量を完了します。(a)へ戻り、回転が連続します。

※回転数の検出方法には、歯車機構で処理する機械式、磁力で検出する磁気式、光で検出する光学式などがあります。

図5-16　だ円車の運動

だ円系曲線

幾何学的に厳密なだ円のころがり接触には、図5-10の「2つのだ円の焦点を回転中心とする」ことが必要です。流量計などに用いられている、摩擦車の中心を回転中心とするだ円の輪郭線は、**だ円系曲線**と呼ばれ、厳密なだ円とは異なる輪郭線を持ちます。本アニメーションで使用しただ円も、次項で説明する幾何学的定義と異なる輪郭線を持ちます。

■だ円とだ円系曲線のだ円

図5-17 (a) は、「だ円車のころがり」で作った厳密なだ円、図 (b) は「だ円車の応用」で作っただ円系曲線のだ円です。図 (a)、(b) ともに長軸140、短軸110です。輪郭の違いが分かると思います。図 (a) のだ円で、だ円の中心を回転中心とすると、図 (c) のように2つのだ円が干渉してしまいます。アニメーションでは、回転角を調整して見かけ上、滑らかに転がるように見せることも可能ですが、図 (c) の対偶は理論的に成立しません。図 (d)、(e) はプログラムコーディング前の表計算ソフトでの試作で、それぞれ、図 (a)、(b) に対応します。図 (f) は「だ円車の応用」の角速度比の表計算出力です。図 (e) を利用して、数種類の曲線の中から、だ円系曲線のだ円輪郭に使用した方法を示します。

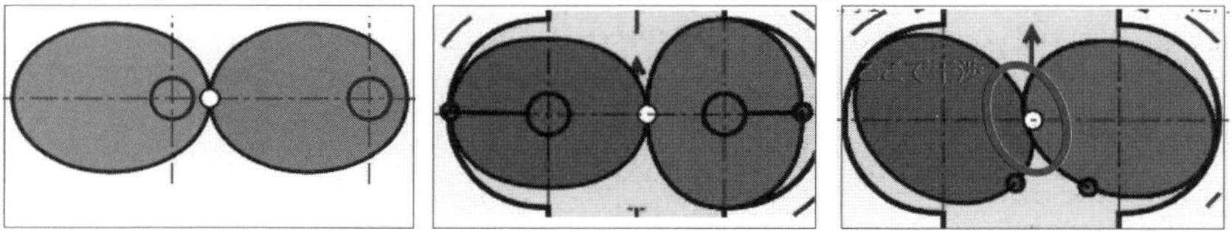

(a) 厳密なだ円　(b) だ円系曲線のだ円　(c) だ円の干渉

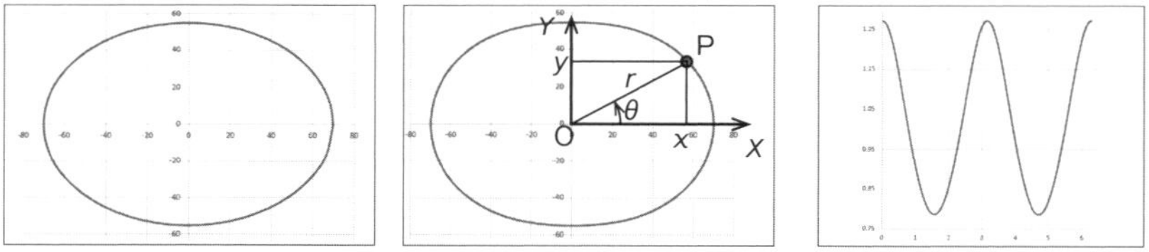

(d) だ円(a)の表計算出力　(e) だ円(b)の表計算出力　(f) だ円(b)の角速度比

● だ円系曲線のだ円輪郭曲線

図(e)で、だ円輪郭線上の任意の点をP(x,y)とします。

動径rは、 $r=\sqrt{\frac{a^2+b^2}{2}\pm\frac{a^2-b^2}{2}\cos 2\theta}$　＋をr_1　－をr_2 とします。

$x=r\cos\theta$　　$y=r\sin\theta$　　角速度比 $u=\frac{r_1}{r_2}$

図5-17　だ円とだ円系曲線のだ円

偏心円板の接触（アニメーション）

menu →〔**第5章 摩擦伝動**〕→〔**偏心円板の接触**〕を選択してください。

［**運動開始**］ボタンをクリックし、アニメーションを実行します（一度停止した後は［**開始**］ボタンとなります）。

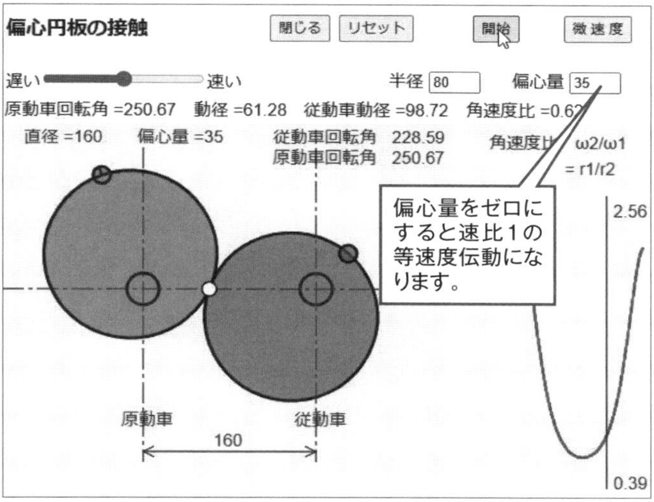

図5-18　偏心円板の接触アニメーション画面

偏心円板の接触

円板の中心から偏心《へんしん》させた点を回転中心とする2つの円板を接触させて回転を伝達すると、角速度比の変化する不等速度伝動機構を構成します。同形状の偏心円板を対偶素とする接触では、原動車の等速度1回転につき1周期の角速度変化を行います。図5-18のアニメーションで、偏心量のスピンボタン（枠の右横の増減ボタン（▲/▼））の入力の最小値を20と設定していますが、入力ボックスに直接ゼロを入力すると、円板の中心を回転中心とする速比1の等速度伝動になります。

偏心円板の運動

図5-19（a）で、半径r、回転中心との偏心量dの2つの円板1、2を点Pで接触させると、回転中心軸間距離は$2r$となります。図（b）で、円板1を原動

車とし、従動車が離れないようにして、一定角速度ω_1でθ回転させ、図(c)にそれぞれの円板の回転中心と点Pまでの回転半径r_1、r_2から角速度比uを求めます。図(d)は、アニメーション初期設定の半径$r = 80$、偏心量$d = 35$における角速度比を表計算ソフトで出力したグラフです。

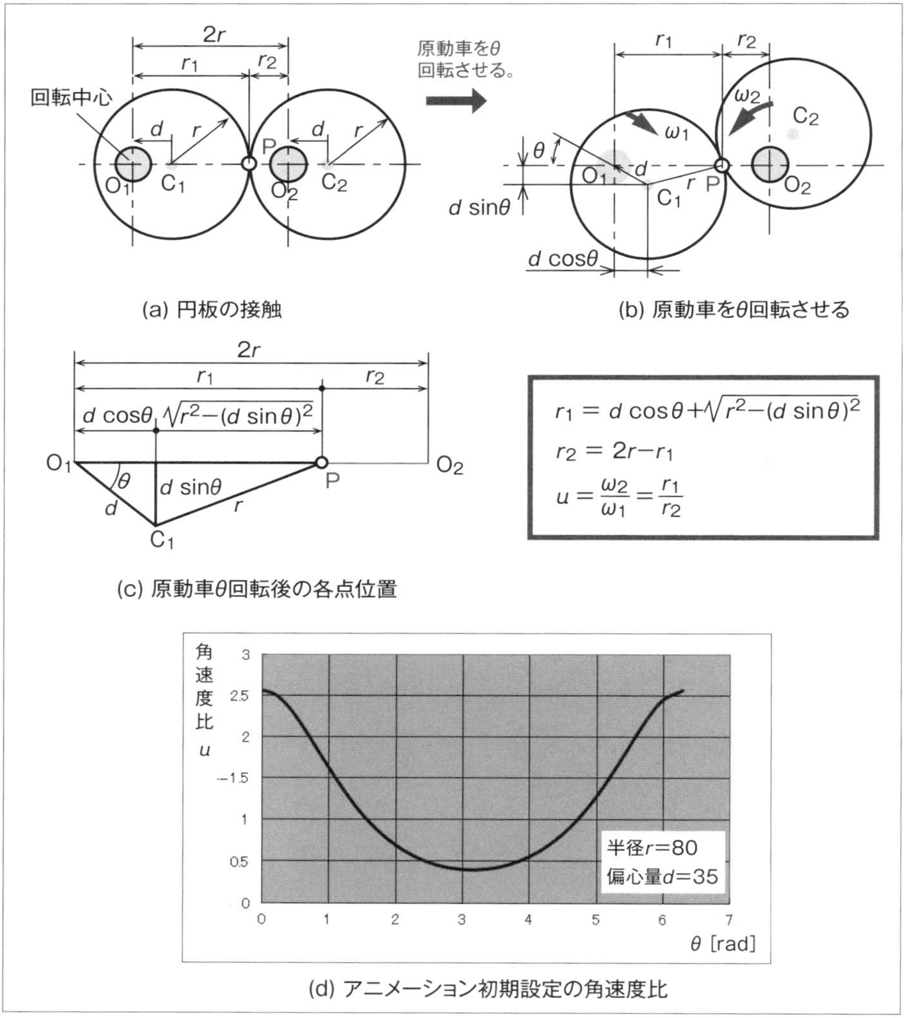

図5-19　偏心円板の運動

対数らせんと葉形車

対数らせん

図5-20 (a) は、**対数らせん**と呼ばれる曲線です。図 (b) のように2つの同じ対数らせんを接触させると、ころがり接触を行う不等速伝動対偶を作ることができます。対数らせんは、閉じることはありません。

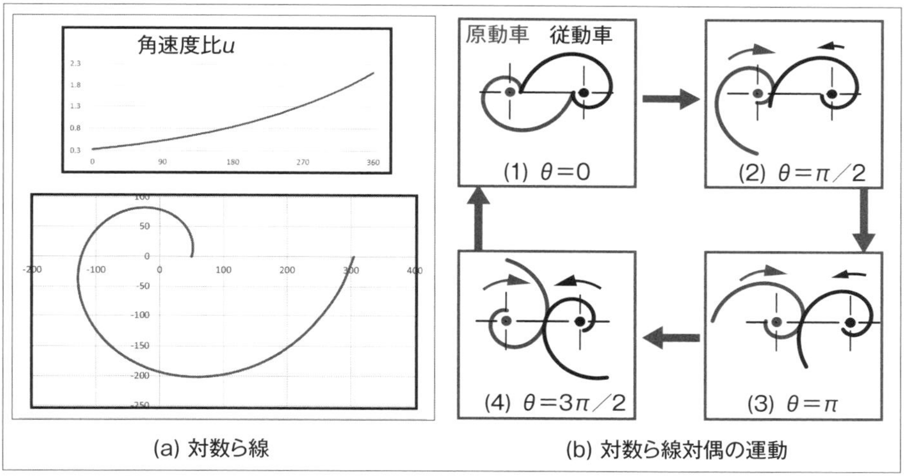

図5-20　対数らせん

葉形車

図5-21は、対数らせんの一部を組み合わせて作った輪郭曲線で、**葉形車**と呼ばれます。対数らせんを閉じて連続して回転を伝動します。**非円形歯車**と呼ばれる歯車のピッチ曲線として利用されます。輪郭を樹木の葉に見立て、葉の枚数を呼称とします。

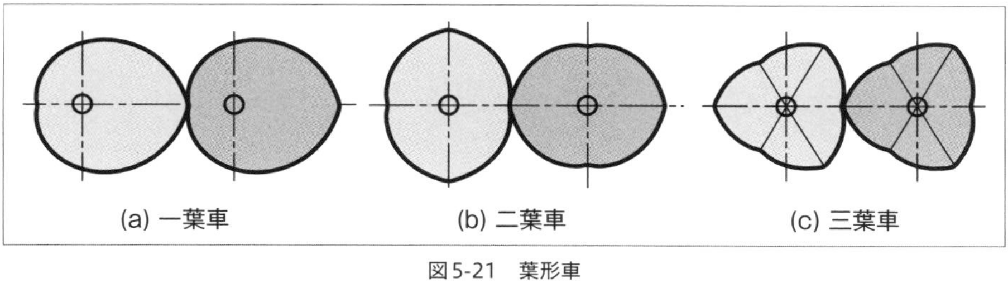

図5-21　葉形車

葉形車のアニメーション

menu →〔第5章 摩擦伝動〕の下側3列の葉形車の各アニメーションから図5-22のアニメーションが起動します。各アニメーションとも左側が原動車、右側が従動車です。

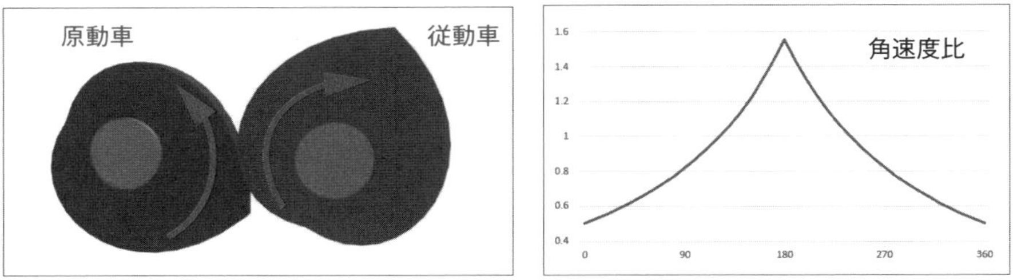

(a) 一葉車のアニメーションと角速度比

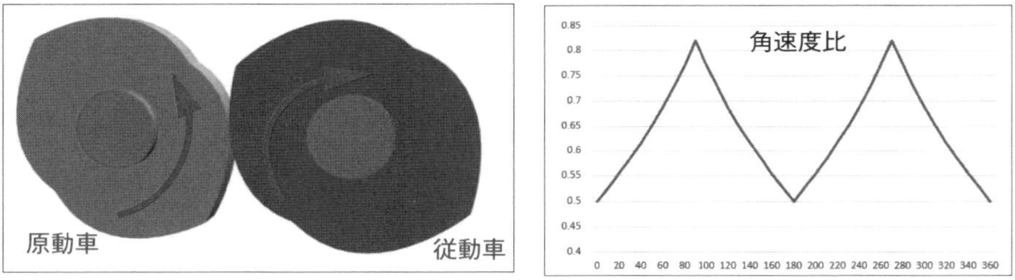

(b) 二葉車のアニメーションと角速度比

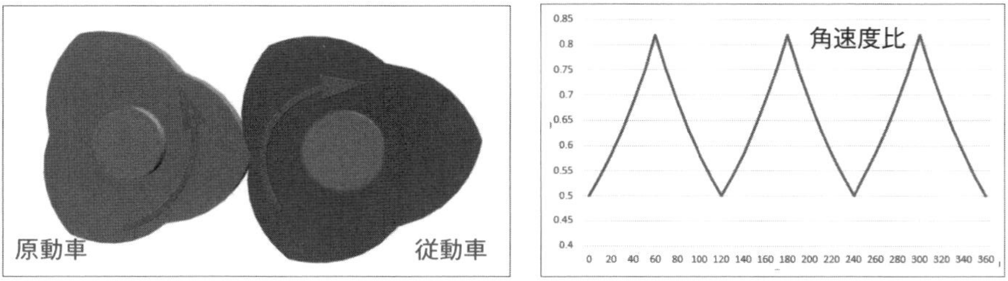

(c) 三葉車のアニメーションと角速度比

図5-22　葉形車のアニメーションと角速度比

（アニメーション起動画面中に図5-22の右側の角速度比は表示されません）

工作機械や自動車などで連続的に角速度比を変化させる装置が無段変速装置です。前章の摩擦伝動機構のころがり接触を基礎として多くの装置が実用化されています。

第6章 無段変速装置

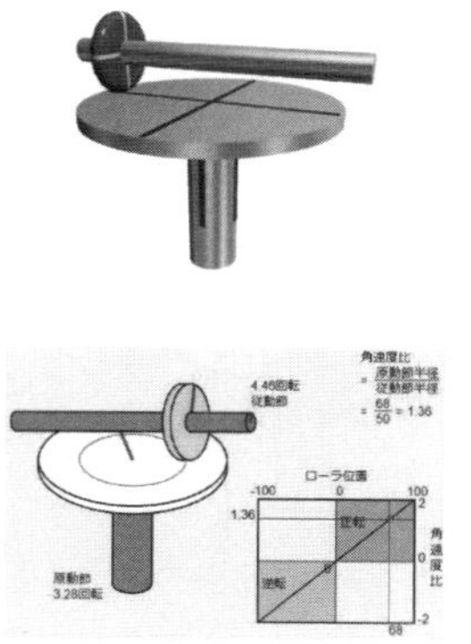

円板とローラ

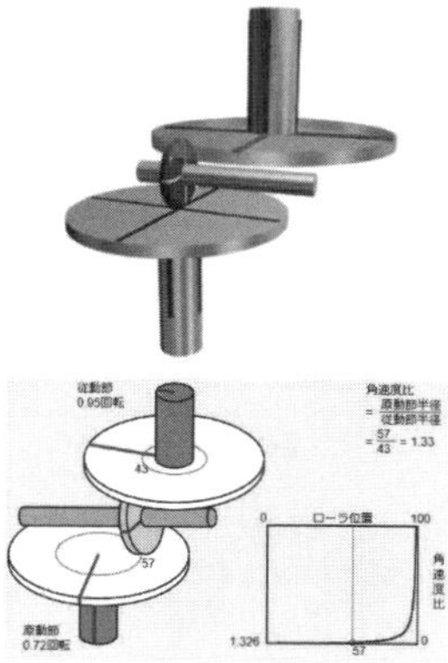

2 枚の円板とローラ

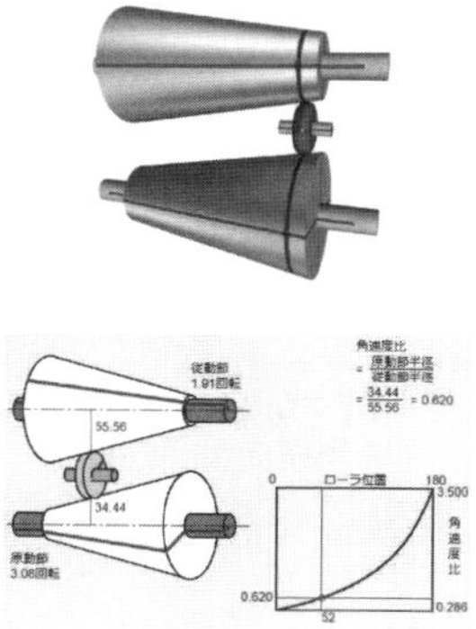

円すいとローラ

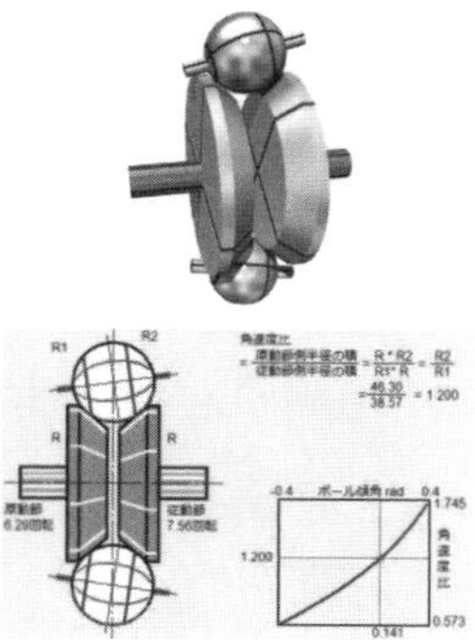

コップ式

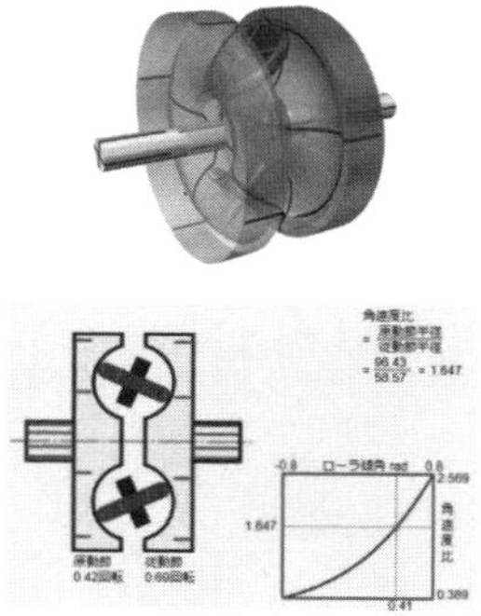

フルトロイダル式

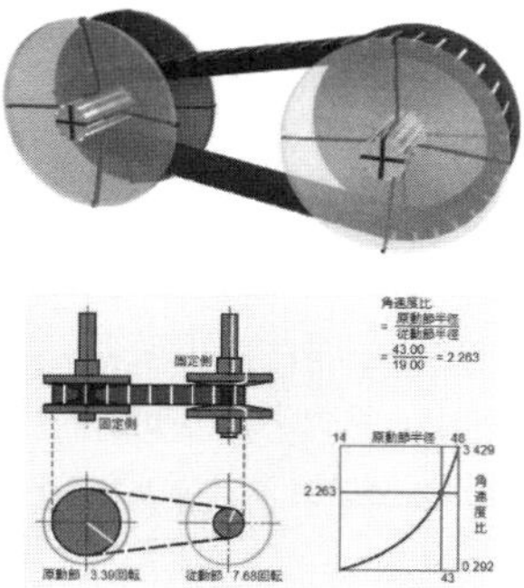

ベルトと円すい車

6-1 無段変速機構のあらまし

無段変速機構は、古くから工作機械で使われています。それらの機構を基本に耐久性や実装性を工夫し、現在では多くの機構や装置が実用化されています。

無段変速機構の基本

無段変速機構の基本は、摩擦伝動機構の角速度比＝原動車半径／従動車半径において、摩擦車のどちらか、または両方の回転半径を連続的に変化させることです。回転半径を連続的に変化させるには、ころがりによる摩擦伝動を基本として、図6-1のような方法があります。

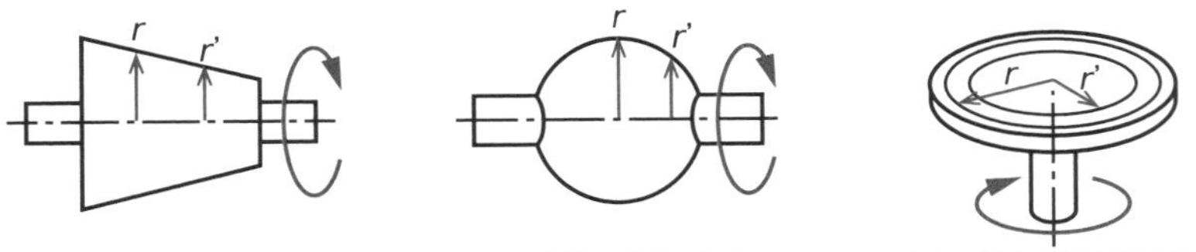

(a) 円すい軸（テーパ）の半径変化　(b) 球体の半径変化　(c) 円板の半径変化

図6-1　無段変速の基本

無段変速機構の用途

現在の電子制御化された機械では、従来の機械式**無段変速**機構がモータ制御技術に置き換えられる傾向にあります。一方で、モータ制御は回転／停止だけで、従動側の速度を頻繁に変速する必要がない場合には、小型にユニット化された無段変速装置や機械に組み込んだ無段変速機構が効果を発揮します。

では、自動車やバイクの無段変速機である**CVT**（Continuously Variable Transmission：連続的に可変な変速機）を見てみましょう。図6-2は小型スクータの無段変速を行う、CVTのベルトドライブ部分です。

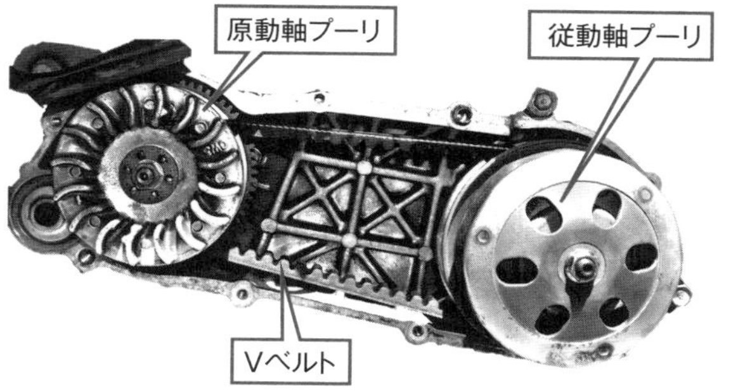

●原動軸プーリ
エンジン出力軸に取り付けたベルト車。

●従動軸プーリ
後輪車軸に取り付けたベルト車。

●Vベルト
摩擦力で2つのプーリ間で伝動を行う中間節。

図6-2　ベルトドライブ式無段変速機構

摩擦伝動以外の無段変速機構の例

「第4章・図4-25：アキシャルピストンポンプ」を図6-3のように接続すると、油圧を利用した無段変速機構ができます。原動軸で斜板角度可変のアキシャルピストンポンプを駆動し、その圧力油をアキシャルピストンモータへ送り、従動軸を回転させます。この技術を**HST**※と呼びます。さらに油圧だけのHSTに機械式ギヤを組み合わせた**HMT**※という技術も完成されています。

※HST：Hydraulic Static Transmission（静油圧式無段変速機）
※HMT：Hydraulic Mechanical Transmission（油圧-機械式無段変速機）

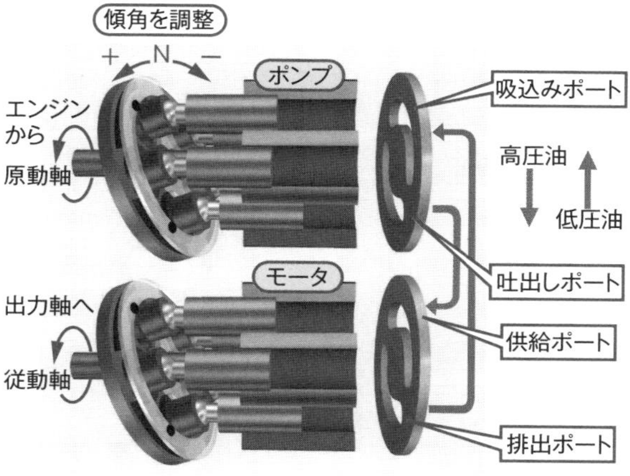

ポンプ原動軸をエンジンで回転させ、モータ従動軸を出力軸へ接続します。

ポンプとモータは、一体でも別体でも可能です。

ポンプ側の斜板傾角を直立にすれば、ポンプが停止し従動軸は中立(N)。左右に傾けると従動軸が正逆転（+、−）します。レバー1本で操作が可能です。

作動油は管路を循環します。

図6-3　HST・静油圧式無段変速機の概略

（図6-3は図のみで、アニメーションはありません）

6-2 摩擦円板式無段変速機構 1

摩擦力を利用した無段変速機構のもっとも古典的で実用的な方法です。少ない部品で機構を構成する手本ともいえます。

摩擦円板式無段変速機構の動作

図6-4に**摩擦円板式無段変速機構**を示します。円板とローラを押し付け、摩擦力によるころがり接触で動力を伝達します。円板の中心線上でローラをスライドさせ、円板との接触点半径を調整すると角速度比を無段階に調節することができます。図は、円板を原動車として説明しています。

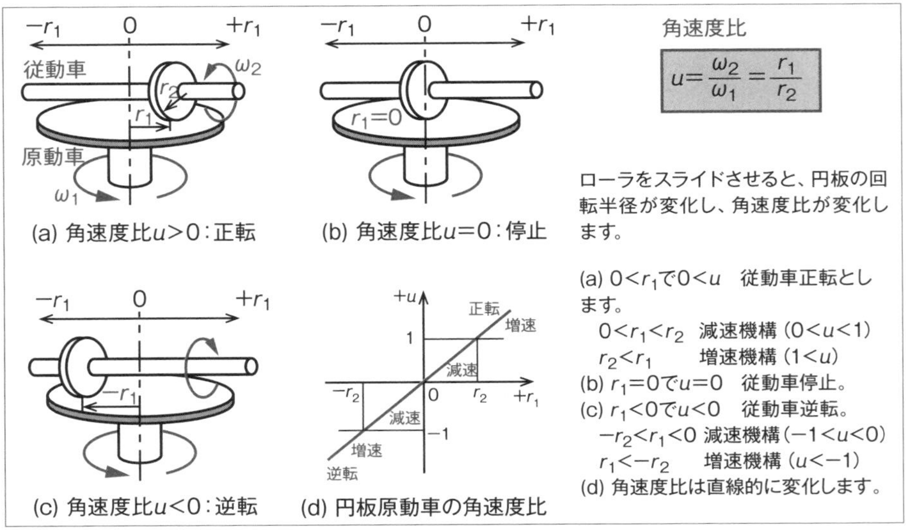

図6-4　摩擦円板式無段変速機構の動作

原動車と従動車の交換

この機構は、原動車と従動車の交換が可能です。半径r_2のローラを原動車として一定角速度ω_2で回転させ、半径r_1の大円板を従動車とすると、角速度比は、r_2／r_1となり、r_2が一定なので、グラフは図6-5（b）のように反比例となります（グラフは表計算ソフトで作成したものです）。

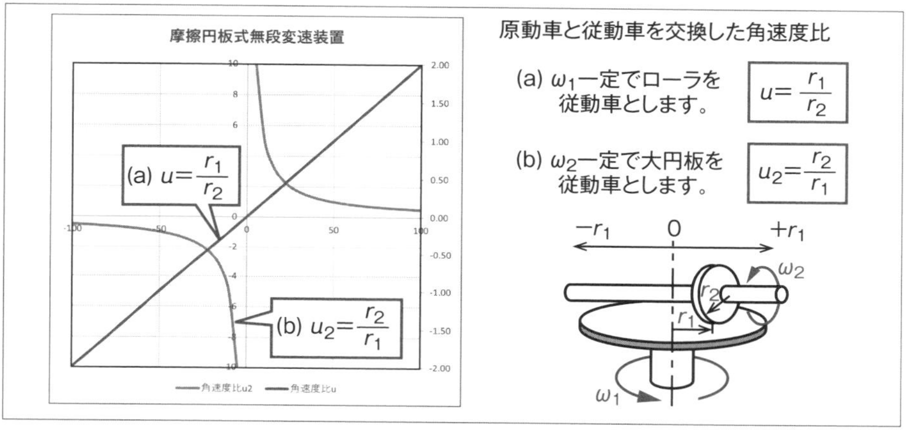

図6-5　原動車と従動車の交換

アニメーション、シミュレータで確認しよう

menu →〔**第6章 無段変速機構**〕で表示される画面の、それぞれ上段がアニメーション、下段がシミュレータです。

menu →〔**第6章 無段変速機構**〕→〔**円板とローラ**〕のアニメーション（上段の図）とシミュレータ（下段の図）の［**開始**］ボタンをそれぞれクリックすると、図6-6（a）、（b）の画面が起動します。

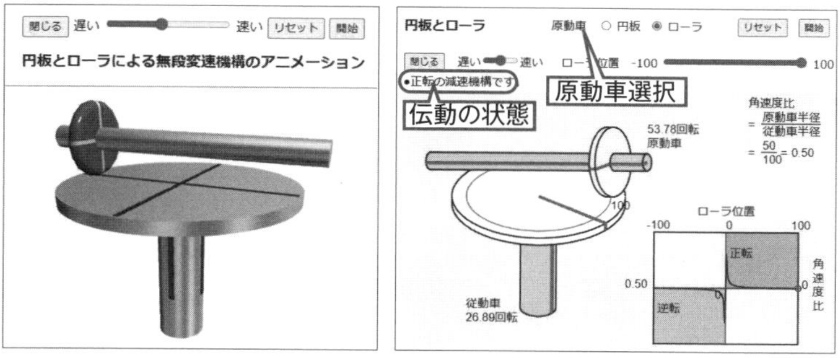

(a) 円板とローラ（アニメーション）　(b) 円板とローラ（シミュレータ）

図6-6　円板とローラ（アニメーションとシミュレータ）

円板を原動車とした角速度比の観察

シミュレータ起動時の、原動車［◉円板］で運動を観察します。従動車半径r_2は50固定です。ローラ位置のスライダで原動車半径r_1を設定すると、角速度比の結果から図6-4 (a)、(b)、(c) の状態をメッセージ欄に表示します。

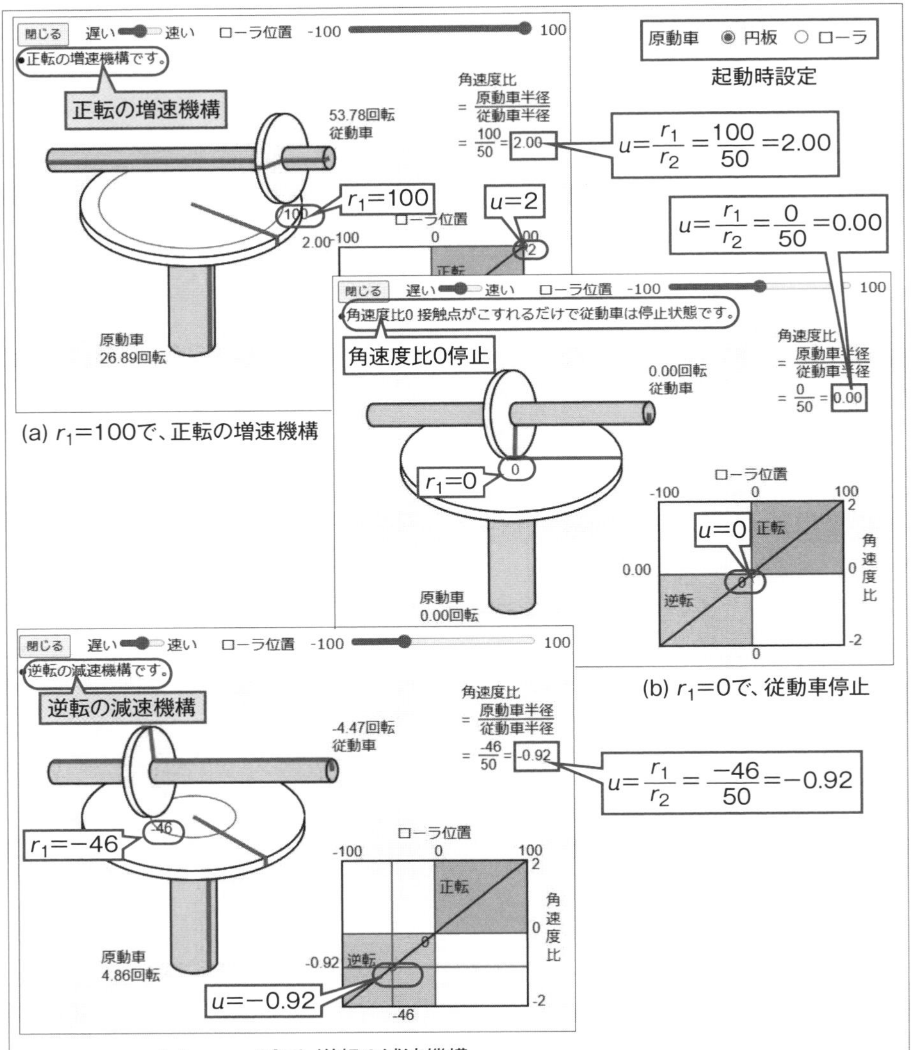

(a) r_1=100で、正転の増速機構

(b) r_1=0で、従動車停止

(c) r_1=−46で、逆転の減速機構

図6-7　円板を原動車とした角速度比の観察

ローラを原動車とした角速度比の観察

ラジオボタンで、原動車［◉ローラ］を選択してください。原動車半径r_1が固定で、従動車半径r_2が変数となり、角速度比は双曲線グラフになります。$r_2=0$近傍の変化が大きくなります。

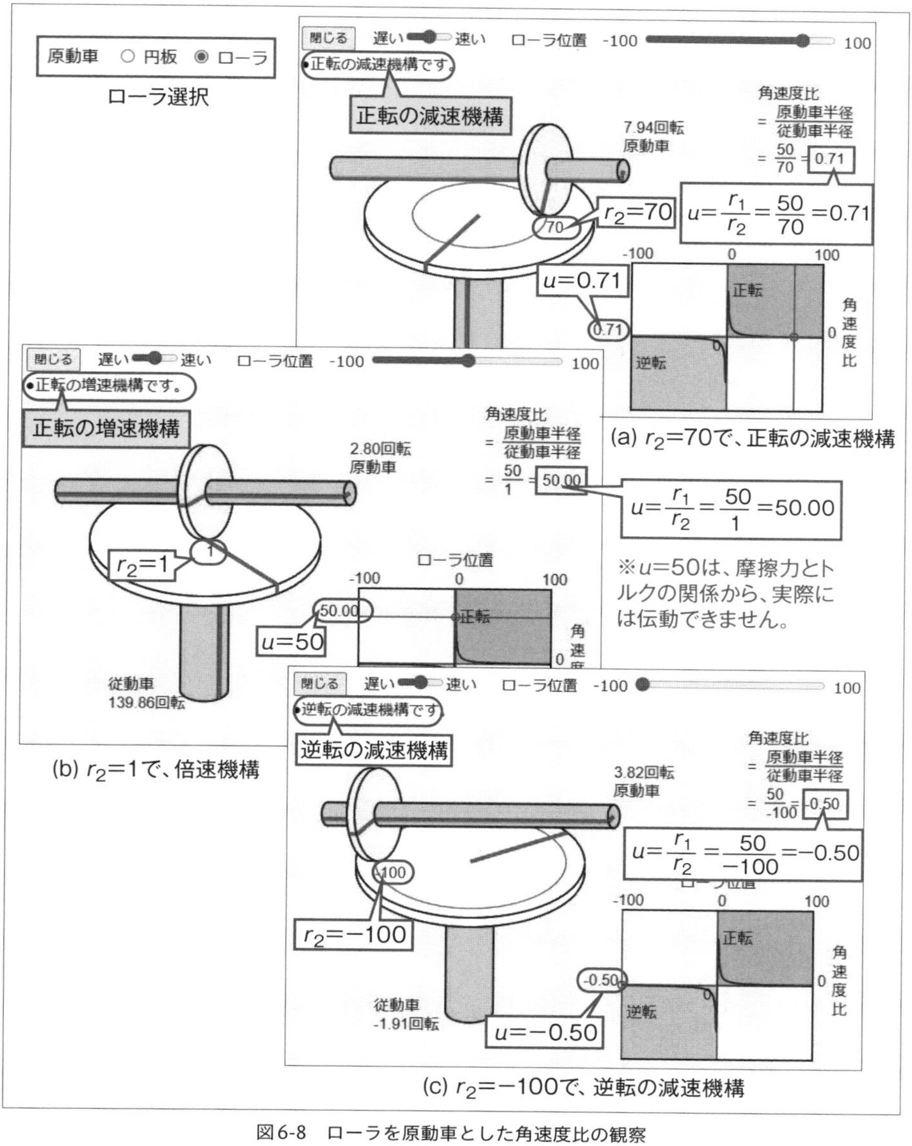

(a) $r_2=70$で、正転の減速機構

(b) $r_2=1$で、倍速機構

(c) $r_2=-100$で、逆転の減速機構

図6-8　ローラを原動車とした角速度比の観察

6-3
摩擦円板式無段変速機構２

前節の機構で、ローラを２枚の円板で挟むと平行軸間で回転を伝えることができます。角速度比変化は直角双曲線となり、小さな操作量で広範囲な調整を可能にします。

対向する摩擦円板式無段変速機構の動作

図6-9のように、2枚の対向する円板の回転中心軸間距離をdとし、その間にローラを置き伝動を行います。原動軸の回転中心をローラ位置の原点とし、ローラの移動量r_1を原動車の回転半径とします。従動車の回転半径r_2は$d-r_1$となり、r_1、r_2は、一方が減少すれば他方が増加し、大きな角速度比変化を連続的に作ることができます。ローラは遊び車なので、角速度比には影響せず、原動車と従動車の回転を同じ向きにします。

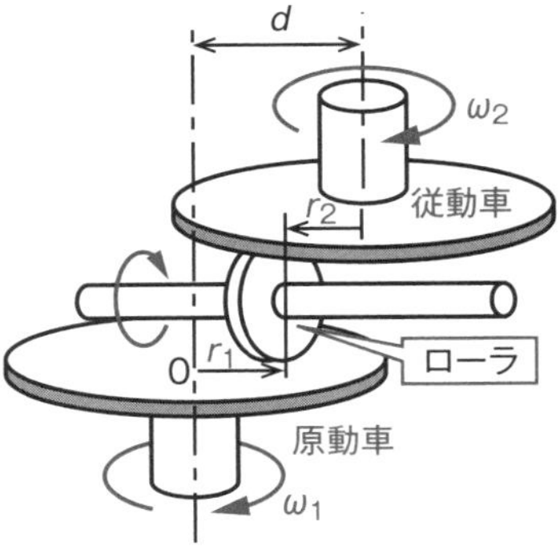

(a) 無段変速機構の動作

$r_1 < r_2$　角速度比<1　減速伝動

$r_1 = r_2$　角速度比＝1　従動車＝原動車

$r_1 > r_2$　角速度比>1　増速伝動

中心軸間距離 d

ローラ位置（原動車半径）r_1

従動車半径 $r_2 = d - r_1$

$$u = \frac{r_1}{r_2} = \frac{r_1}{d - r_1}$$

$r_1 = \frac{d}{2}$ のとき　$u = 1$

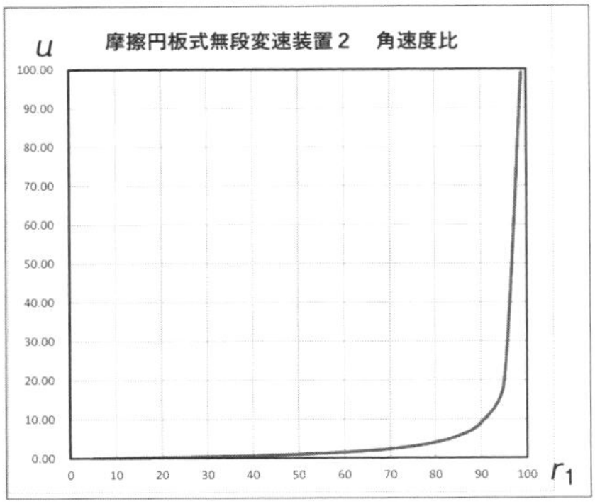

(b) 機構の角速度比

図6-9　対向する摩擦円板式無段変速機構の動作

アニメーション、シミュレータで確認しよう

menu →〔第6章 無段変速機構〕→〔2枚の円板とローラ〕のアニメーションとシミュレータをそれぞれ選択し、[開始] ボタンをクリックすると、図6-10 (a)、(b) の画面が起動します。

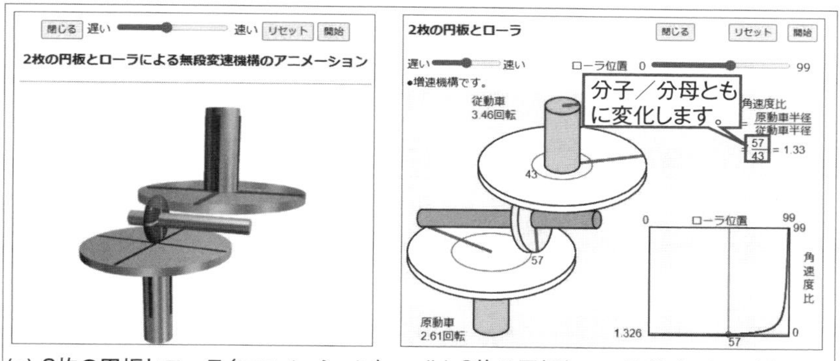

(a) 2枚の円板とローラ（アニメーション）　(b) 2枚の円板とローラ（シミュレータ）

図6-10　2枚の円板とローラ（アニメーションとシミュレータ）

原動車半径0（停止）

図6-11は、初期設定のローラ位置 [0] で、原動車が回転しても接触点はこすれるだけで、従動車は停止しています。

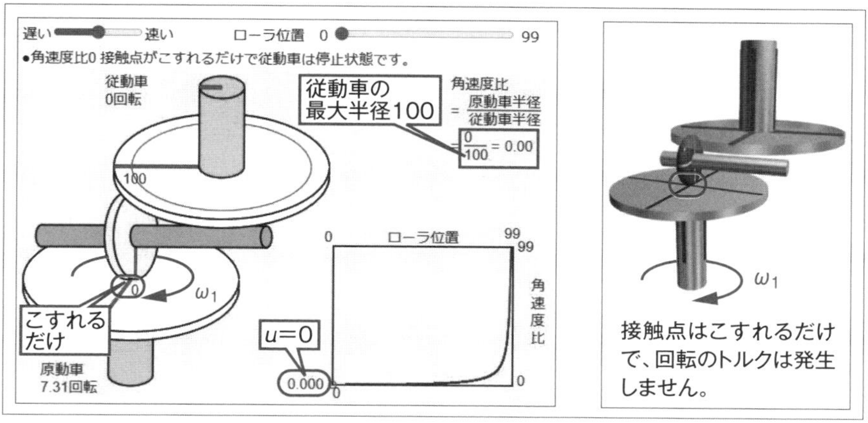

図6-11　原動車半径0で停止

原動車 r_1＜従動車 r_2（減速伝動）

原動車半径 r_1＜従動車半径 r_2 の減速伝動です。

確認してみましょう。シミュレータのスライドボタンの［**ローラ位置**］で r_1 を36に設定し、［**開始**］ボタンをクリックしてください。

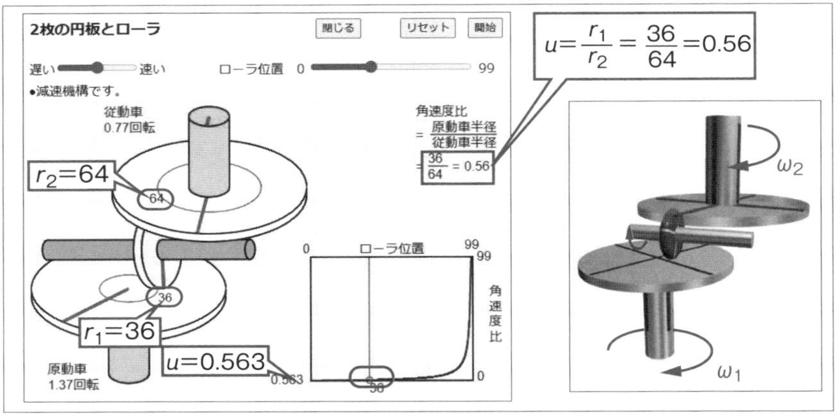

図6-12　$r_1 < r_2$（減速伝動）

原動車 r_1＞従動車 r_2（増速伝動）

原動車半径 r_1＞従動車半径 r_2 の増速伝動です。$r_2=0$ でゼロ除算を避けるため、r_1 最大値を99にしてあります。角速度比99も実際は作れません。

確認してみましょう。シミュレータのスライドボタンの［**ローラ位置**］で r_1 を82に設定し、［**開始**］ボタンをクリックしてください。

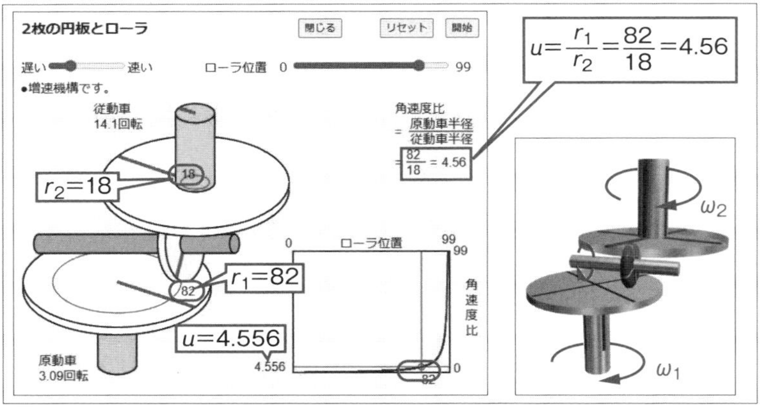

図6-13　$r_1 > r_2$（増速伝動）

接触点の近似処理

摩擦車の接触を図6-14 (a) のように考えると、接触点によって回転半径が異なり、幅wが大きくなれば内側と外側の周速度$v = r\omega$が異なり、すべりを無視できません。本章のシミュレータは、図 (b) のように接触部を点接触として考えています。図 (c) の円すい車とローラの接触では、厳密にはローラの中心線とずれた点が接触点となります。これも接触点をローラの中心線上に近似処理しています。

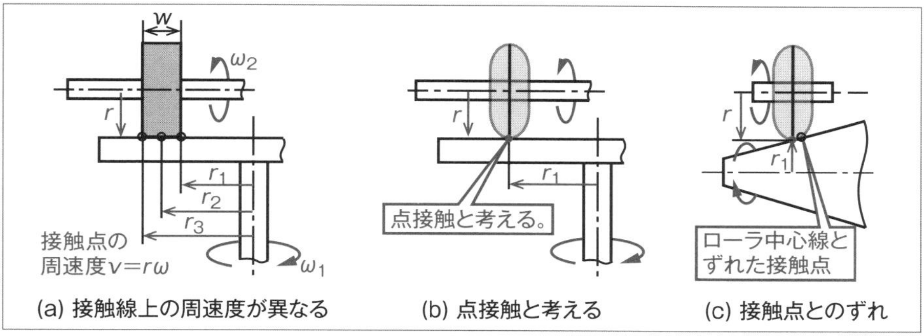

図6-14　接触点の近似処理

摩擦プレス機

図6-15は、摩擦円板を利用した**摩擦プレス機**です。**フライホイール**で慣性を持たせた軸Sにつけた摩擦円板A、Bと中間に置かれたねじ棒を取り付けた摩擦円板Cを切り替えて加圧と復帰を繰り返します。現在ではサーボモータ駆動が増えてきています。

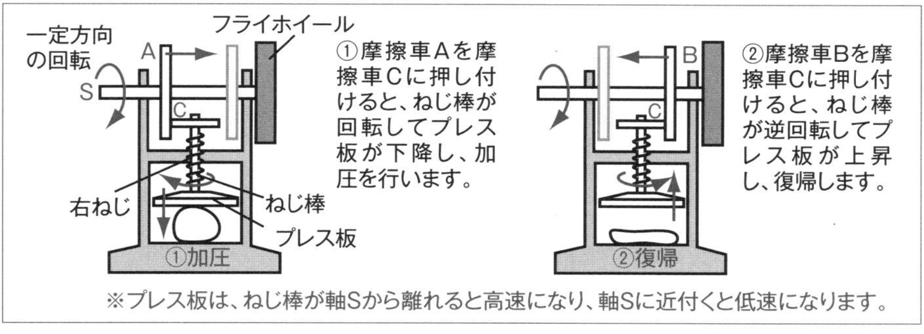

図6-15　摩擦プレス機

6-4 円すい式無段変速機構

原動軸と従動軸を小さな間隔で平行に設置したこの機構は、比較的小さなスペースで大きな角速度比変化を可能とします。

摩擦円すい式無段変速機構の動作

図6-16のように、2つの同一の円すい車をテーパ軸を逆向き平行に設置し、中間ローラで伝動を行います。ローラをスライドさせ原動車と従動車の接触部の半径を変化させ、角速度比を連続的に変化させます。

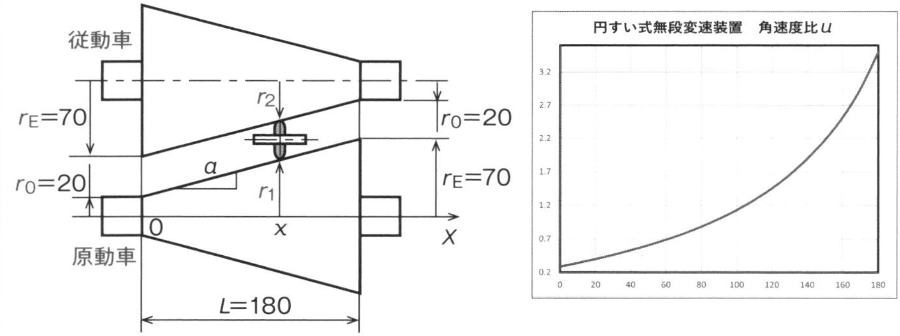

ローラは角速度比に影響しないので
$R=r_1+r_2=r_0+r_E$

テーパのこう配をaとして　$a=\frac{r_E-r_0}{L}$

原動車半径 $r_1=r_0+ax$

従動車半径 $r_2=R-r_1$

角速度比$u=\frac{\omega_2}{\omega_1}=\frac{r_1}{r_2}=\frac{r_1}{R-r_1}$

図6-16　円すい式無段変速機構の動作

アニメーション、シミュレータで確認しよう

menu →〔第6章 無段変速機構〕→〔円すいとローラ〕のアニメーションとシミュレータをそれぞれ選択し、[開始] ボタンをクリックすると、図6-17 (a)、(b) の画面が起動します。

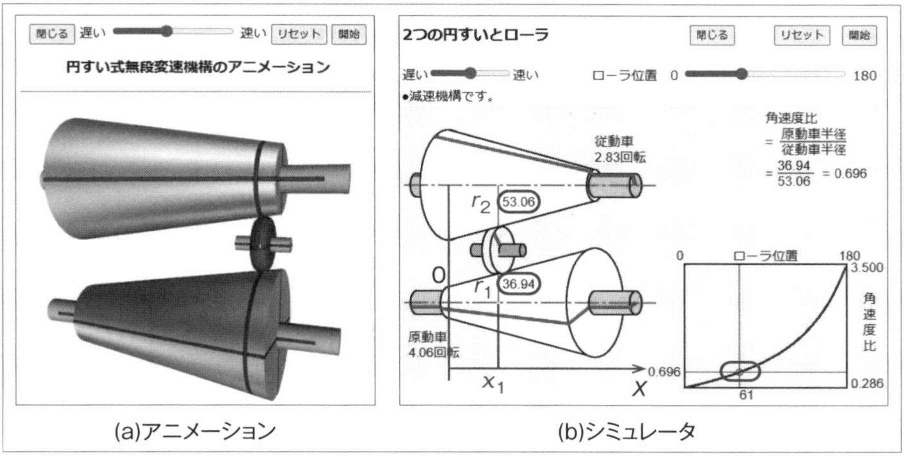

図6-17　円すいとローラ（アニメーションとシミュレータ）

原動車 r_1 = 従動車 r_2（角速度の等しい伝動）

図6-18のように、ローラ移動量の中央で、$r_1 = r_2$になり、原動車と従動車は等しい角速度になります。中間車のローラは、角速度比に影響せず、原動車と従動車の回転は同じ向きになります。

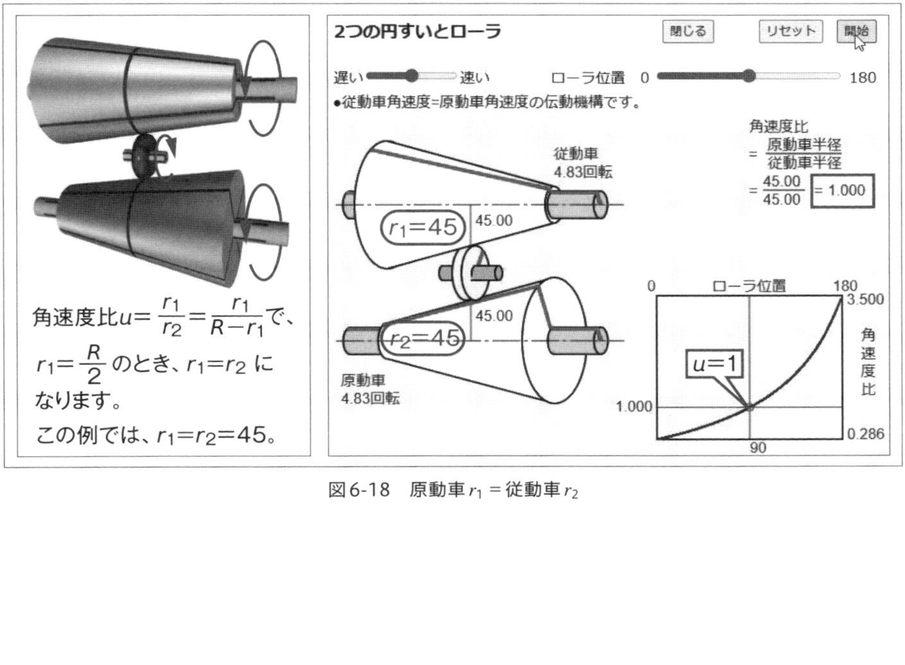

図6-18　原動車 r_1 = 従動車 r_2

原動車r_1＜従動車r_2（減速伝動）

テーパの最小半径＝20、最大半径＝70です。減速の最小角速度比は、図6-19の角速度比目盛最小値のように、$u = 20/70 = 0.286$です。

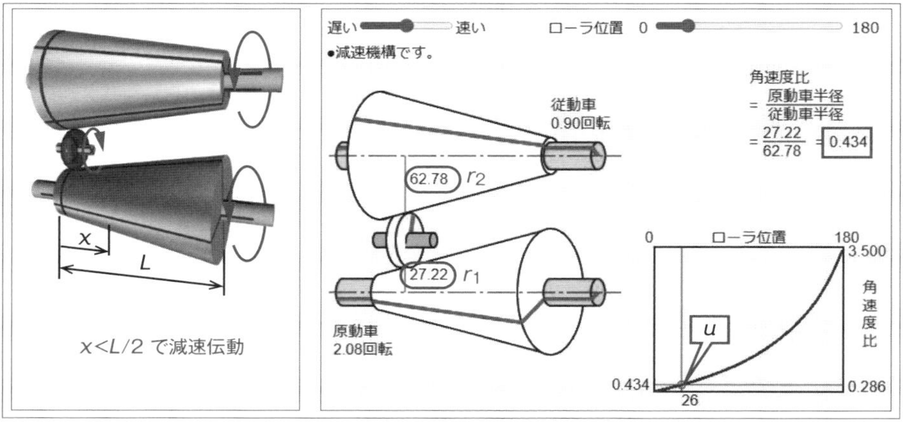

図6-19　$r_1 < r_2$（減速伝動）

原動車r_1＞従動車r_2（増速伝動）

シミュレータの増速伝動の最大角速度比は、$u = 70/20 = 3.5$で、実際に可能な値だと思います。図6-14で触れたように、接触部分のずれは近似処理をしています。

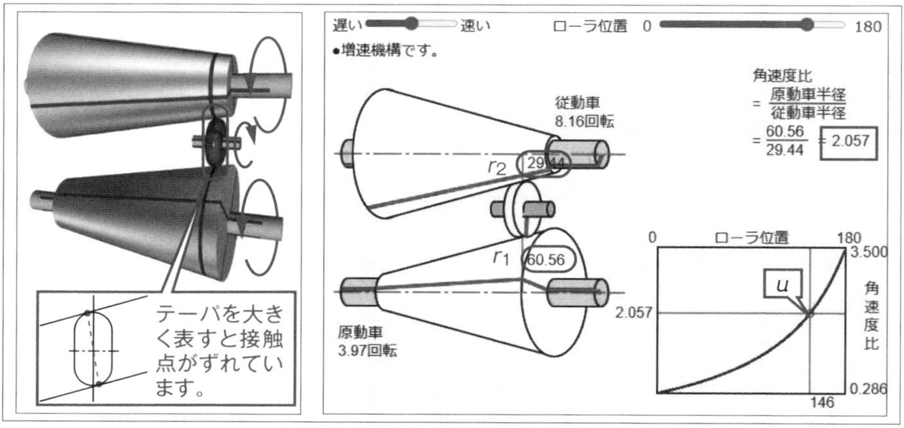

図6-20　$r_1 > r_2$（増速伝動）

円すいとリングを使った無段変速機構

中間節のローラをリングやベルトに置き換えた機構も考えられています。

円すい車の中間に中間節を置く

図6-21は、2つの円すい車の中間に、リングやベルトを置いたものです。原動車と従動車は逆向きに回転します。

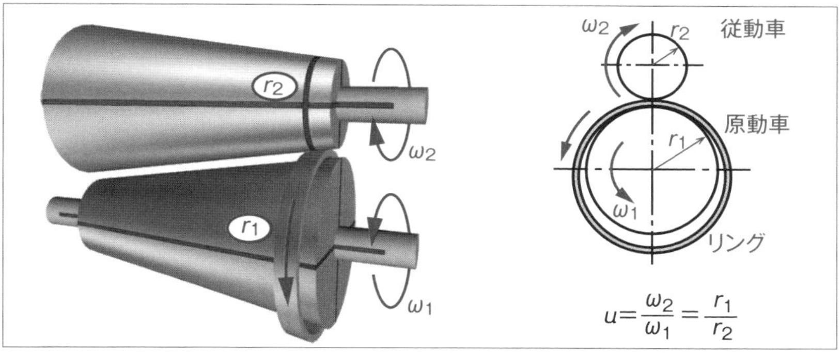

図6-21　2つの円すい車の中間に中間節を置いた機構

（図6-21は図のみで、アニメーションはありません）

円すい車の外側に中間節を置く

図6-22は、2つの円すい車の外側に、リングやベルトを置いたものです。原動車と従動車は同じ向きに回転します。

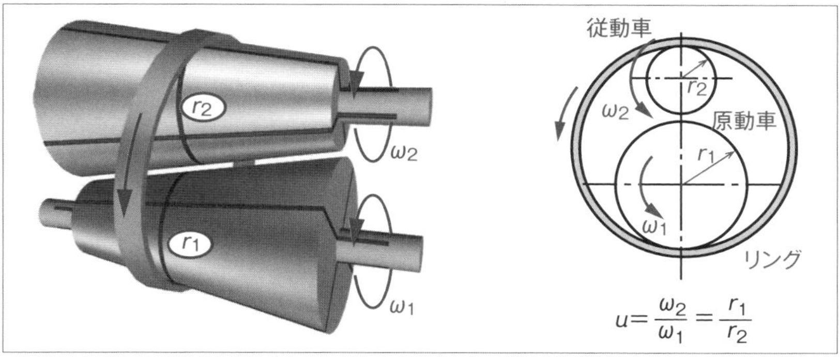

図6-22　2つの円すい車の外側に中間節を置いた機構

（図6-22は図のみで、アニメーションはありません）

6-5 コップ式無段変速機構

機構を装置に組み込むには、コンパクトにまとめることが必要です。この方式は実装性の高いもののひとつです。

コップ式無段変速機構の動作

図6-23は、開発者J.E.Koopの名を冠した**コップ式無段変速機構**です。2つの対向する円すい円板と、中間節となるボールで伝動を行います。原動車を一定角速度で回転させ、ボールの傾きによりボールと原動車、従動車の接触半径を変化させ、角速度比を連続的に調整します。

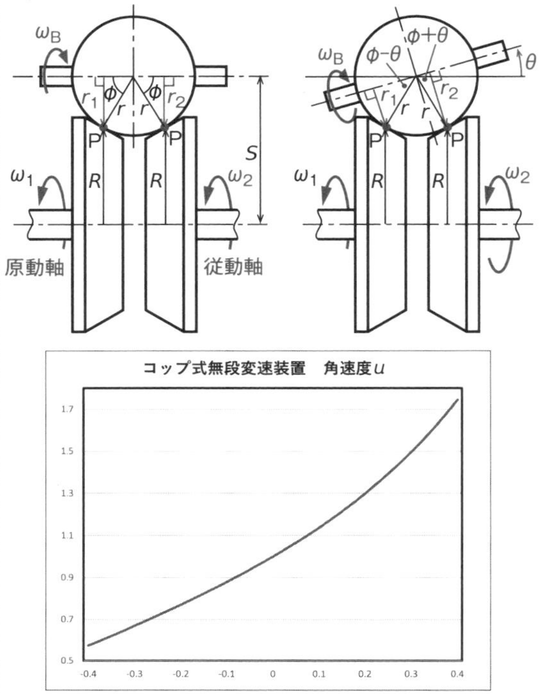

ボールと円板中心の軸間距離 S 一定。
円板とボールの接触点 P は定点。
円板半径 R 一定。
ボール半径 r 一定。
原動軸角速度 ω_1 一定。

ボール中心軸が水平のとき、

$$\phi=\sin^{-1}\frac{S-R}{r} \quad \cdots (1)$$

ボール傾角 θ を左回り＋として、

$$r_1=r\sin(\phi-\theta) \quad \cdots (2)$$

$$r_2=r\sin(\phi+\theta) \quad \cdots (3)$$

原動軸と従動軸の角速度は、ボールが中間節となるので、

$$u=\frac{\omega_2}{\omega_1}=\frac{\omega_B}{\omega_1}\frac{\omega_2}{\omega_B}=\frac{R}{r_1}\frac{r_2}{R}=\frac{r_2}{r_1}$$

※第5章5-2図5-5(c)2段の中間車参照

(2)、(3) から

$$u=\frac{r\sin(\phi+\theta)}{r\sin(\phi-\theta)}=\boxed{\frac{\sin(\phi+\theta)}{\sin(\phi-\theta)}}$$

図6-23　コップ式無段変速機構の動作

アニメーション、シミュレータで確認しよう

menu →〔第6章 無段変速機構〕→〔コップ式〕のアニメーションとシミュレータをそれぞれ選択し、［開始］ボタンをクリックすると、図6-24の画面が起動します。

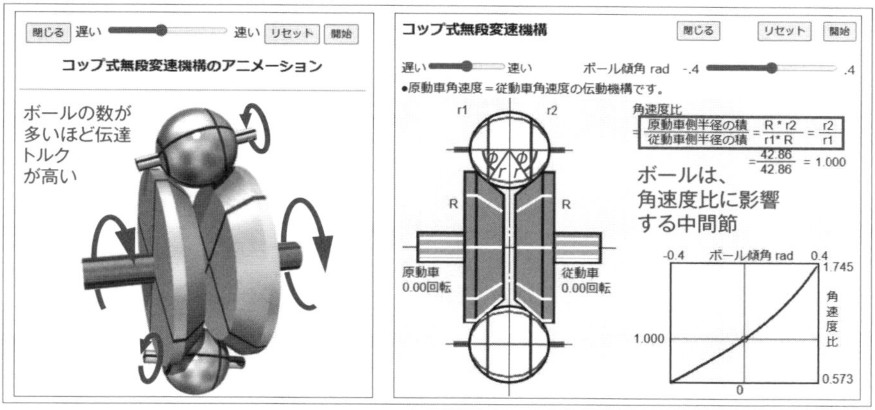

図6-24　コップ式無段変速機構（アニメーションとシミュレータ）

原動車側 r_1 = 従動車側 r_2（角速度の等しい伝動）

図6-25のように、ボール傾角 $\theta = 0$ で、$r_1 = r_2$ になり、原動車と従動車は等しい角速度と回転の向きになります。

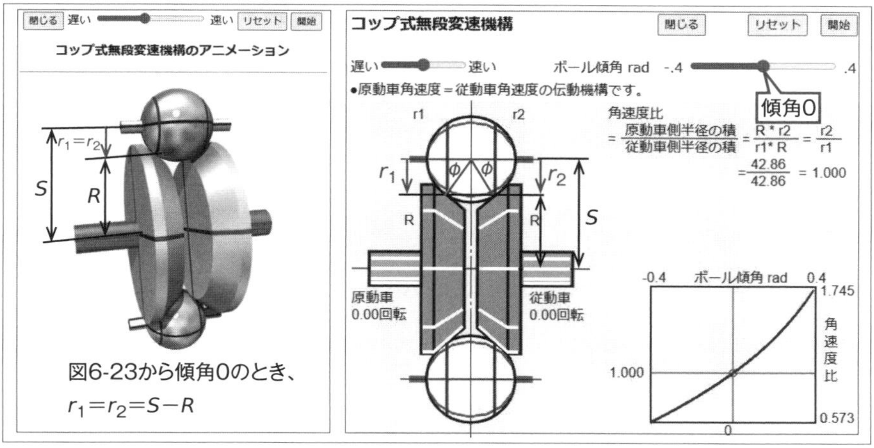

図6-25　原動車側 r_1 = 従動車側 r_2

原動車側 r_1 ＞従動車側 r_2（減速伝動）

図6-26のように、ボール傾角 $\theta < 0$ になると、$r_1 > r_2$ になり、角速度比は1未満の減速伝動を行います。

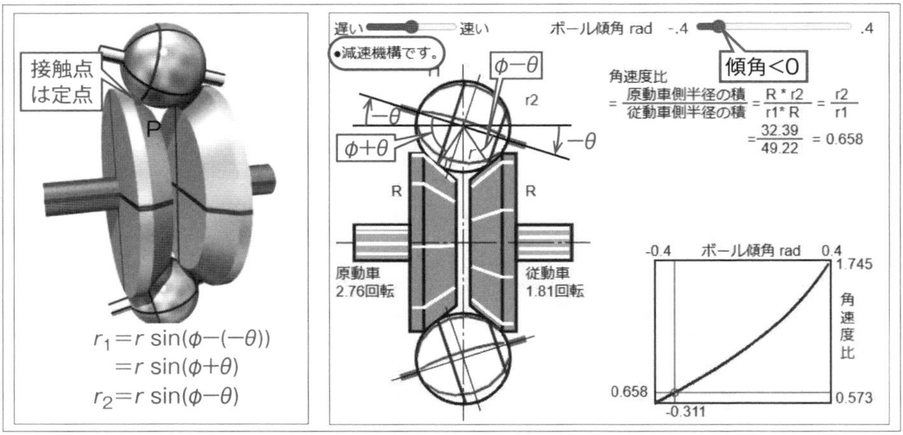

図6-26　原動車側 r_1 ＞従動車側 r_2（減速伝動）

原動車側 r_1 ＜従動車側 r_2（増速伝動）

図6-27のように、ボール傾角 $\theta > 0$ で、$r_1 < r_2$ になり、角速度比は1以上の増速伝動を行います。

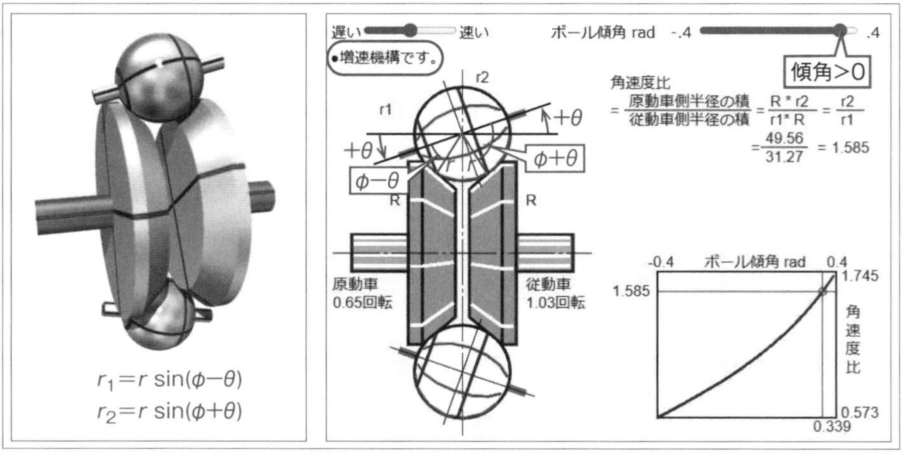

図6-27　原動車側 r_1 ＜従動車側 r_2（増速伝動）

ボールと円すい車の例

図6-28 (a) で、2つの円すい車の内側に挟まれたボールは回転軸を持たず、ボール保持器で保持されています。ボール保持器でボールを上下させることで、円すい車とボールの接触点半径を連続的に変化させ、無段変速を実現します。

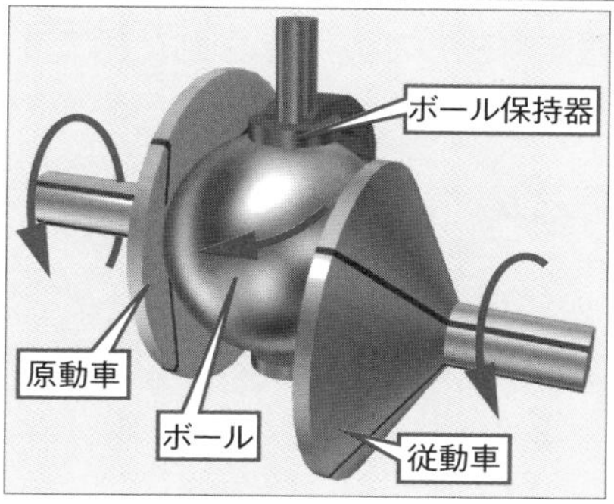

(a) 機構の概略

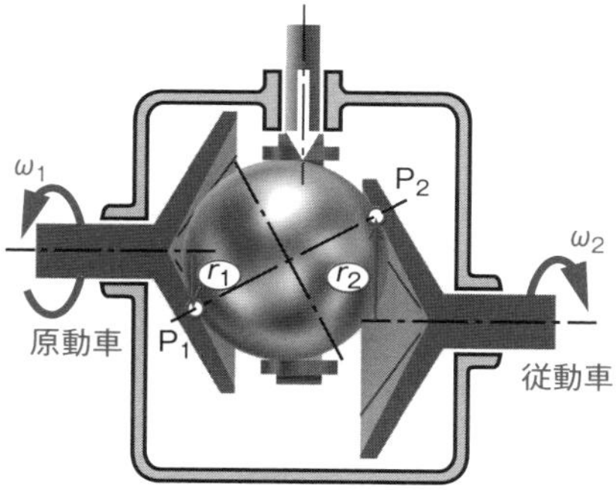

(b) ボール押し下げ基準点 ($r_1<r_2$)

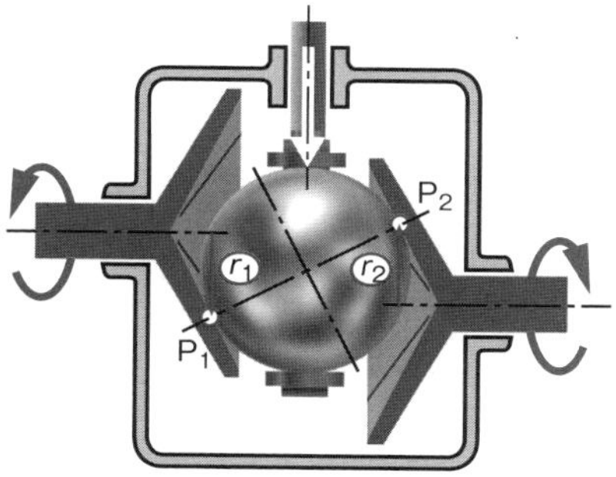

(c) ボール押し下げ ($r_1=r_2$)

角速度比$u=\dfrac{\omega_2}{\omega_1}=\dfrac{r_1}{r_2}$

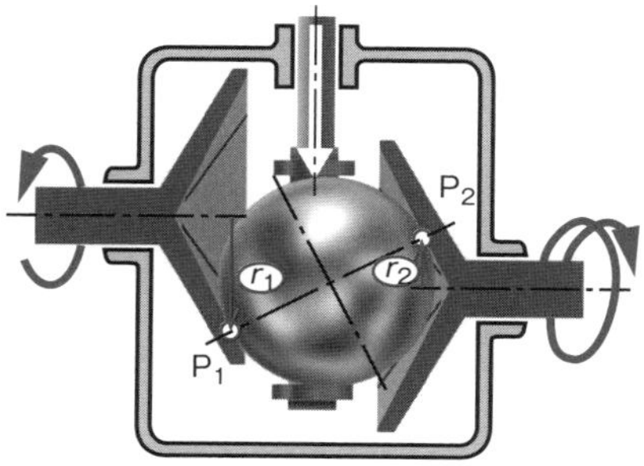

(d) ボール押し下げ量大 ($r_1>r_2$)

●ボールと円すい車の接触点距離P_1P_2は、ボール直径で一定、傾きも一定。
(b)を基準として、$r_1<r_2$となるので、減速伝動。
(c)ボールを押し下げて、$r_1=r_2$のとき、角速度比1で、従動車角速度＝原動車角速度の伝動。
(d)さらにボールを押し下げると、$r_1>r_2$となるので、増速伝動。

図6-28　ボールと円すい車の例

（図6-28は図のみで、アニメーションはありません）

6-6
トロイダル式無段変速機構

金属同士の摩擦伝動では潤滑とすべりが相反する課題です。本節でテーマとする機構は、これらの問題を解決して実用化された例です。

トロイダル式無段変速機構の動作

図6-29 (a) は、2つの対向する摩擦車の球体内面輪郭に中間ローラを接触させたフルトロイダル式無段変速機構と呼びます。図 (b) のようにローラの中心軸を傾けて原動車と従動車の有効半径を変化させると、図 (c)、(d) のように角速度比を連続的に変化させることができます。

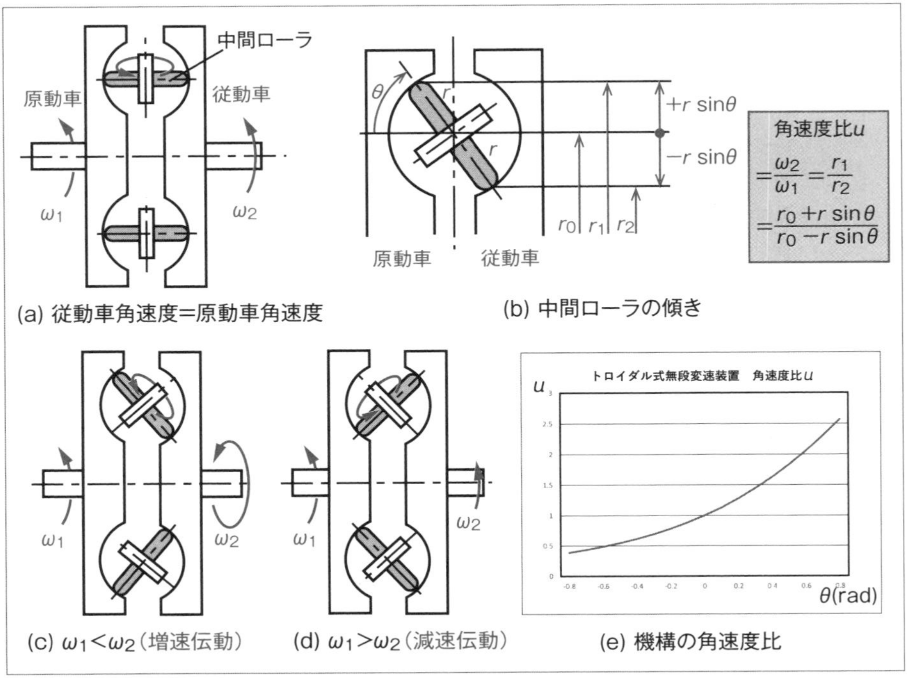

(a) 従動車角速度=原動車角速度

(b) 中間ローラの傾き

(c) $\omega_1<\omega_2$（増速伝動）

(d) $\omega_1>\omega_2$（減速伝動）

(e) 機構の角速度比

図6-29　トロイダル式無段変速機構の動作

アニメーション、シミュレータで確認しよう

menu →〔**第6章 無段変速機構**〕→〔**フルトロイダル式**〕のアニメーションとシミュレータをそれぞれ選択し、[**開始**] ボタンをクリックすると、図6-30の画面が起動します。

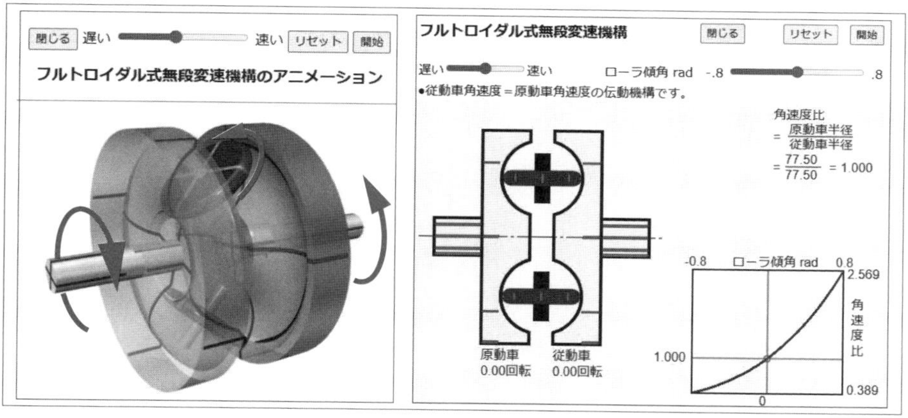

図6-30　フルトロイダル式無段変速機構（アニメーションとシミュレータ）

原動車 r_1 = 従動車 r_2（角速度の等しい伝動）

図6-31のように、ローラ傾角 $\theta = 0$ で、$r_1 = r_2$ になり、原動車と従動車は等しい角速度になります。回転の向きは逆向きです。

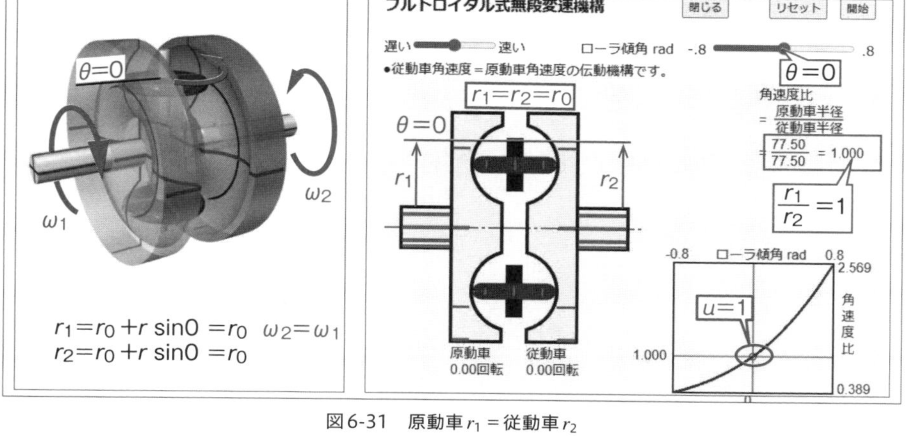

図6-31　原動車 r_1 = 従動車 r_2

原動車r_1＜従動車r_2（減速伝動）

図6-32のように、ローラ傾角$\theta < 0$になると、$r_1 < r_2$になり、角速度比は1未満の減速伝動を行います。

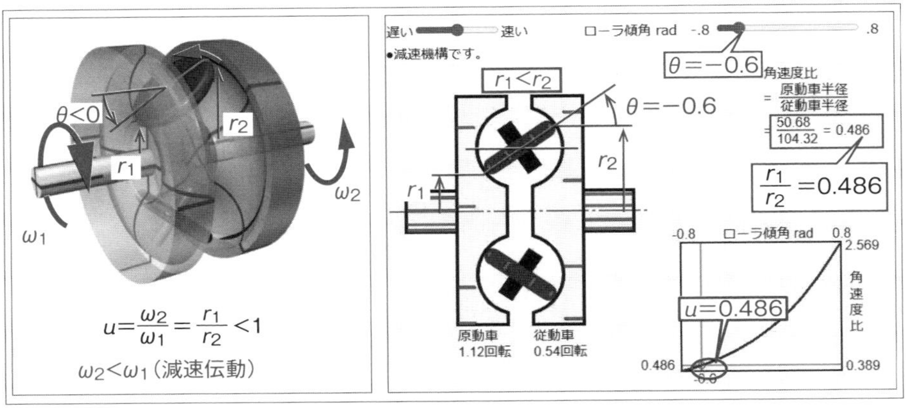

図6-32　原動車r_1＜従動車r_2（減速伝動）

原動車r_1＞従動車r_2（増速伝動）

図6-33のように、ローラ傾角$\theta > 0$で、$r_1 > r_2$になり、角速度比は1以上の増速伝動を行います。

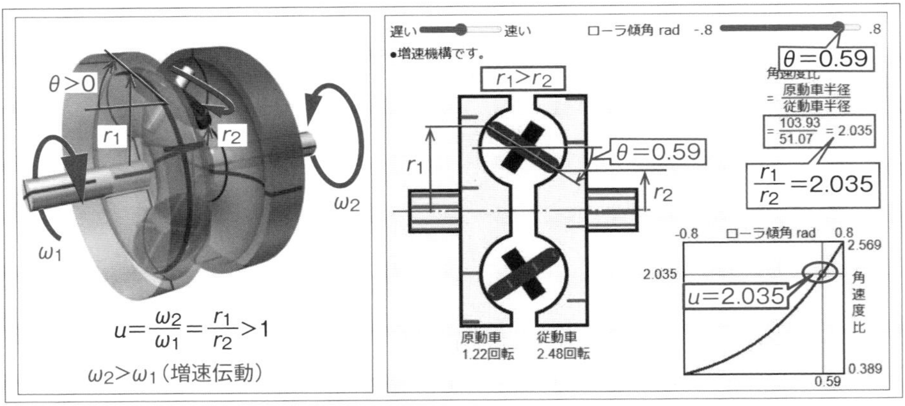

図6-33　原動車側r_1＞従動車側r_2（増速伝動）

ハーフトロイダルCVT

図6-34（a）は、フルトロイダル機構の摩擦円板から外側半分を取り除いて、中間ローラ駆動装置の組み込みを容易にしたもので、**ハーフトロイダルCVT**と呼ばれます。図（b）は、日産自動車株式会社が、自動車用CVTとして世界で初めて量産化に成功した変速装置で、同社の高級車種に搭載されていました。図（c）は、航空機用発電機の回転数を一定に保つための無段変速機で、川崎重工業株式会社の「T-IDG®」と呼ばれる機構です。

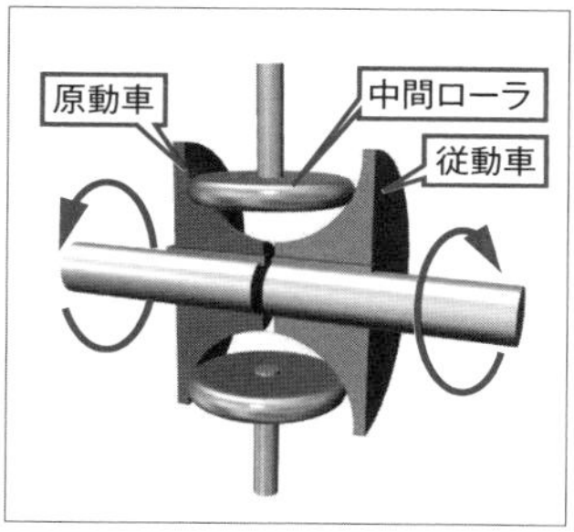

(a) ハーフトロイダルCVT

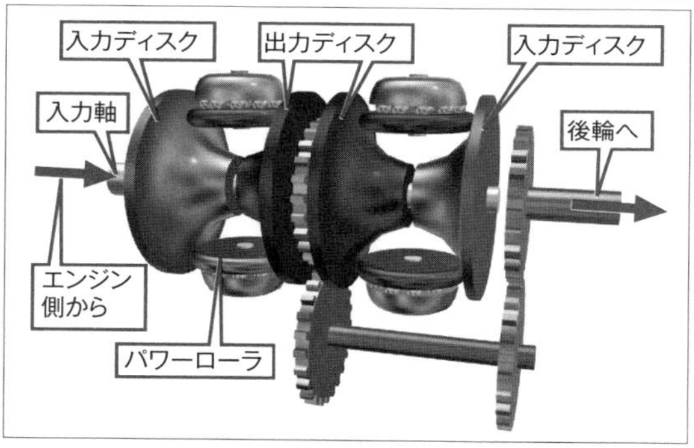

(b) 日産エクストロイドCVTの概略

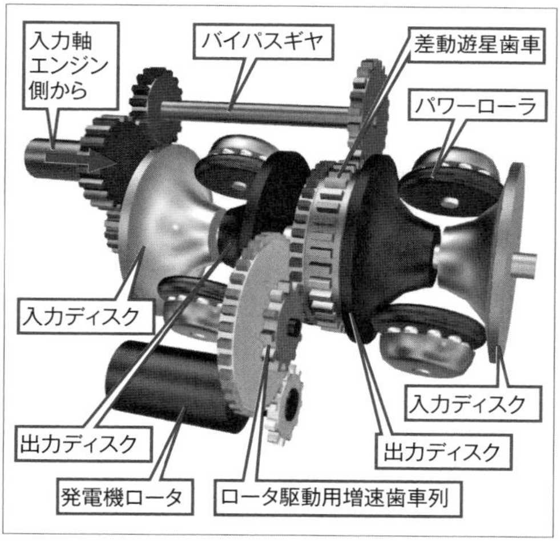

(c) 川崎重工業株式会社「T-IDG®」の概略

(b)、(c)ともに、ベアリングを介したパワーローラと呼ぶ中間節を高い圧力で入出力ディスクへ押し付け、大きな摩擦力を作り出します。

(b)エクストロイドCVTは、エンジンからの入力を2組の摩擦車対で変速して大トルクを伝達します。

(c)T-IDG®は、エンジンからの入力を2組の摩擦車対で変速して差動遊星歯車機構の太陽歯車へ伝え、同時にバイパスギヤの回転を差動遊星歯車機構の内歯車へ伝えて、発電機ロータに回転数24000rpmの一定回転を作ります。
※差動遊星歯車と増速歯車列は、第8章で説明します。

※T-IDG®は、川崎重工業株式会社の登録商標。
Traction drive- Integrated Drive Generator
の略称です。

図6-34　ハーフトロイダルCVT（図6-34は図のみで、アニメーションはありません）

（図は資料をもとに筆者が作成したものです）

6-7 ベルト式無段変速機構

対面幅を調整できる2組のベルト車とベルトを組み合わせ、ベルト車の有効径を変化させて角速度比を連続的に変化させることができます。

ベルト式無段変速機構の動作

図6-35は、間隔を調整できる2組のベルト車とベルトを組み合わせた**ベルト式無段変速機構**の概略です。図（a）を簡略化して、ベルト車の伝達半径だけを図（b）に表し、角速度比uを求めると、図（a）は$u > 1$となり「増速伝動」、図（c）は$u = 1$で「等速伝動」、図（d）は$u < 1$の「減速伝動」を行います。

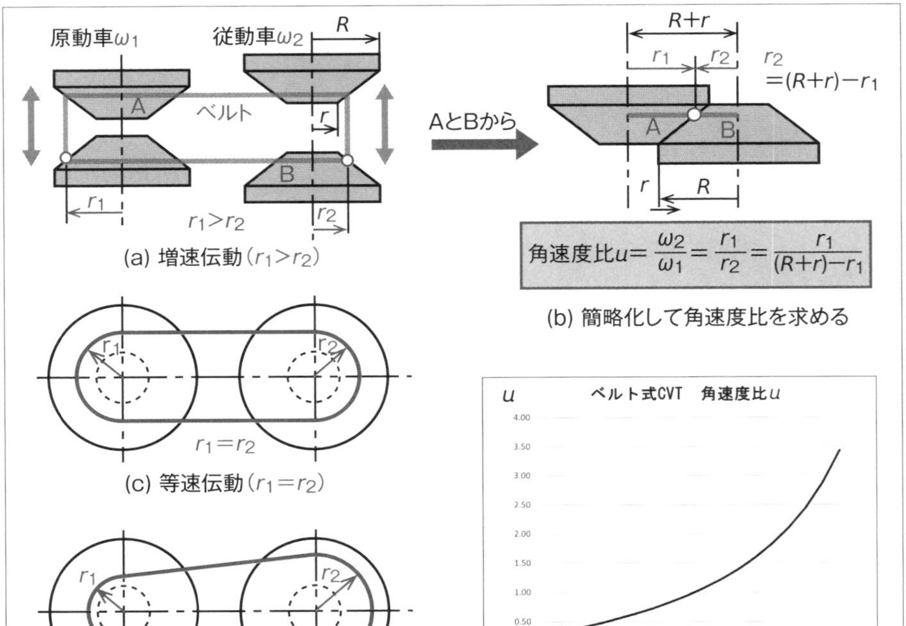

図6-35　ベルト式無段変速機構の動作

アニメーション、シミュレータで確認しよう

menu →〔第6章 無段変速機構〕→〔ベルトと円すい車〕のアニメーションとシミュレータをそれぞれ選択し、[開始] ボタンをクリックすると、図6-36の画面が起動します。

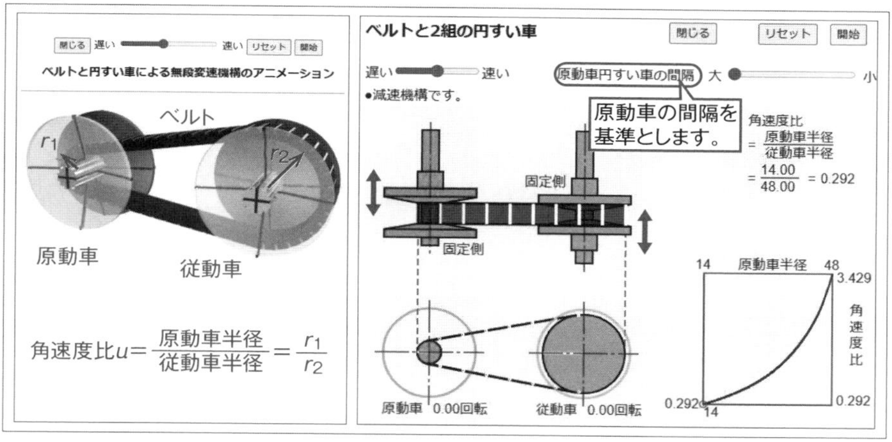

図6-36　ベルトと円すい車による無段変速機構（アニメーションとシミュレータ）

原動車r_1＝従動車r_2（角速度の等しい伝動）

図6-37のように、原動円すい車の間隔を調整して2組の円すい車の間隔が等しいとき$r_1 = r_2$となり、角速度比1の伝動になります。

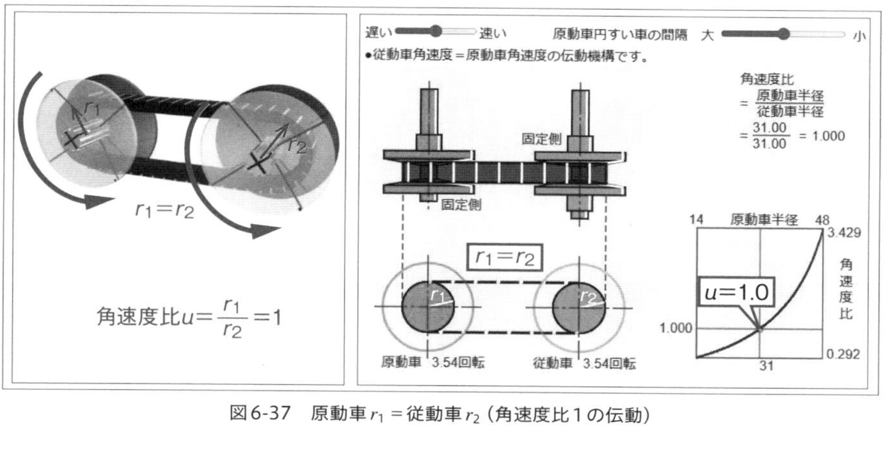

図6-37　原動車r_1＝従動車r_2（角速度比1の伝動）

■ 原動車 r_1 < 従動車 r_2（減速伝動）

図6-38のように、原動円すい車の間隔＞従動円すい車の間隔になると、$r_1 < r_2$ になり、角速度比は1未満の減速伝動を行います。

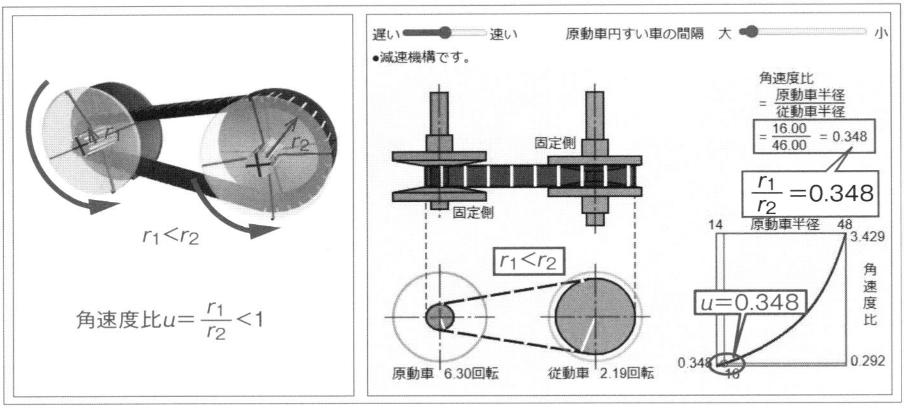

図6-38　原動車 r_1 < 従動車 r_2（減速伝動）

■ 原動車 r_1 > 従動車 r_2（増速伝動）

図6-39のように、原動円すい車の間隔＜従動円すい車の間隔になると、$r_1 > r_2$ になり、角速度比は1以上の増速伝動を行います。

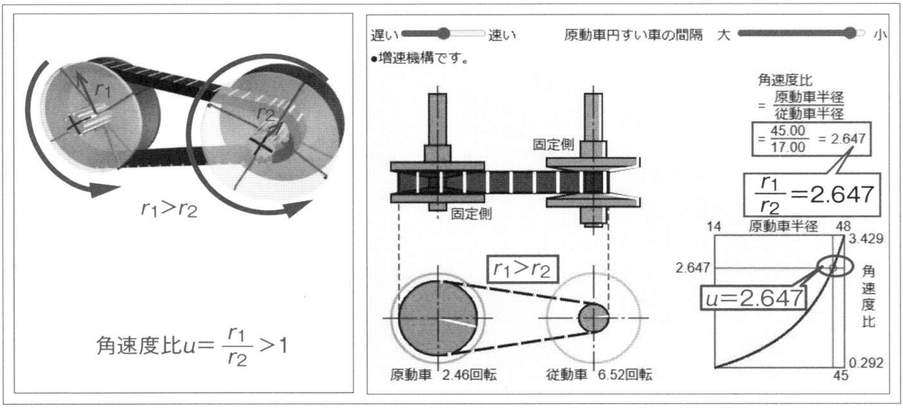

図6-39　原動車 r_1 > 従動車 r_2（増速伝動）

6-8 ベルト式CVTの動作

ベルト式無段変速機構は、ベルト式CVTと略されて、各種機械の減速機構やスクータ、自動車用CVTの代表的な機構として使用されています。以下、円すい車をプーリと呼びます。

ベルトの種類と伝動

図6-40 (a) は**ゴム製Vベルト**で、機械の変速機構やスクータなどの軽負荷伝動に使用されます。自動車のように大きな動力を伝達する場合には、耐久性を高めるため、図 (b) **金属ベルト**や図 (c) **チェーン**が使用されます。プーリ間の伝動は、Vベルトとチェーンは、図 (d) のように**ドライブプーリ**（原動側）が**ドリブンプーリ**（従動側）を引いて伝動します。金属ベルトは、図 (e) のようにドライブプーリがドリブンプーリを押して伝動します。

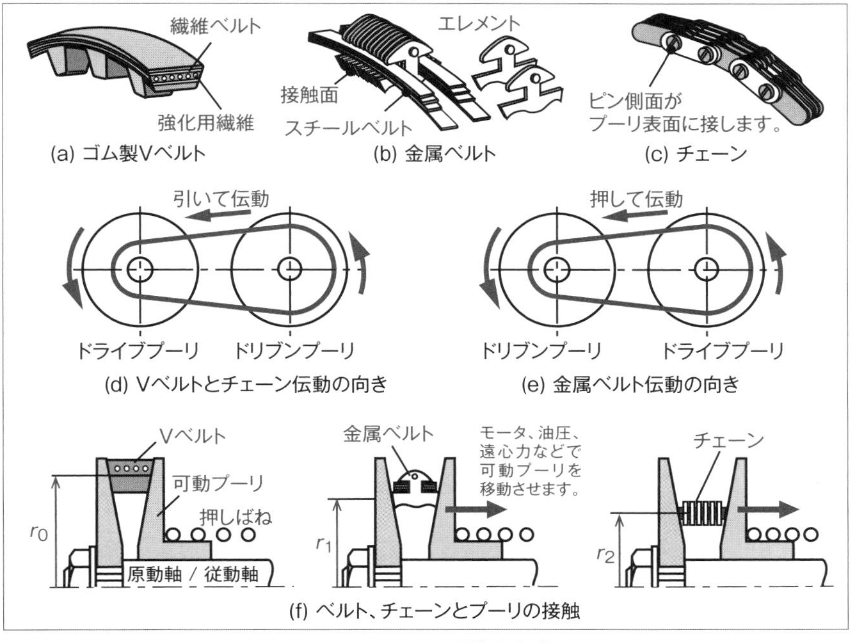

図6-40　ベルトの種類と伝動

ベルト式CVTプーリ幅の制御方法

ベルト式CVTの変速原理となるプーリ幅は、シミュレータで見たように、ドライブプーリとドリブンプーリの可動プーリを逆向きに同量移動させて決定します。用途によって、いくつかの方法があります。

遠心力による方法：小型スクータのCVT機構

図6-41は、小型スクータのベルト式CVTの構成部品です。図6-42 (a)、(b)は、シミュレーションで確認した角速度比が安定した状態です。車両用CVTの特徴は、走行状態に合わせて角速度比が自動的、適切に変化する点です。動作のポイントは、図 (c) のベルトが与える前進方向のトルクとタイヤから受ける抵抗力による逆向きのトルクとのつり合いを処理する**トルクカム**の動きです。トルクカムは、第4章3節の円筒カム (p.157) です。

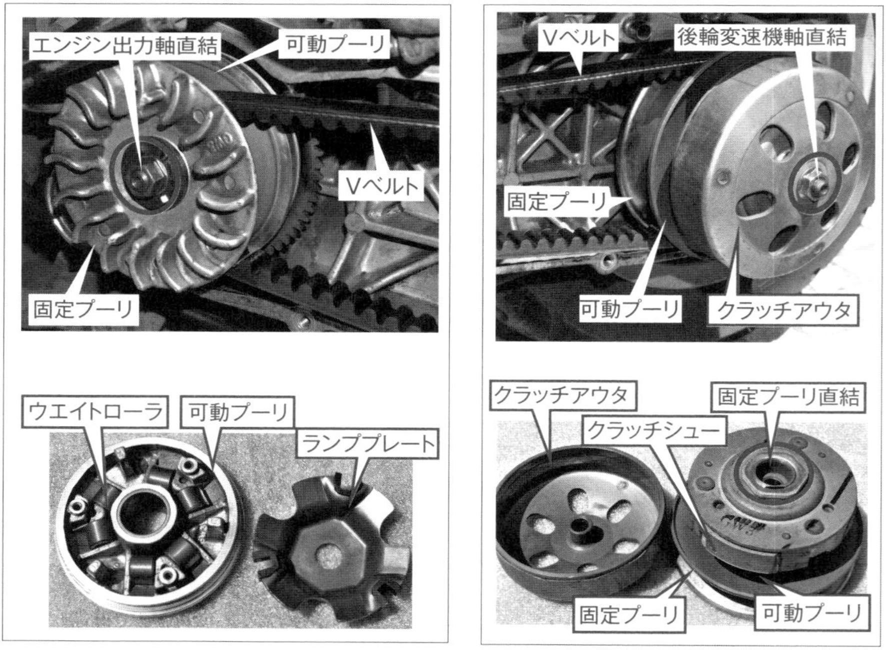

(a) ドライブユニット　(b) ドリブンユニット

図6-41　小型スクータのベルト式CVTの構成部品

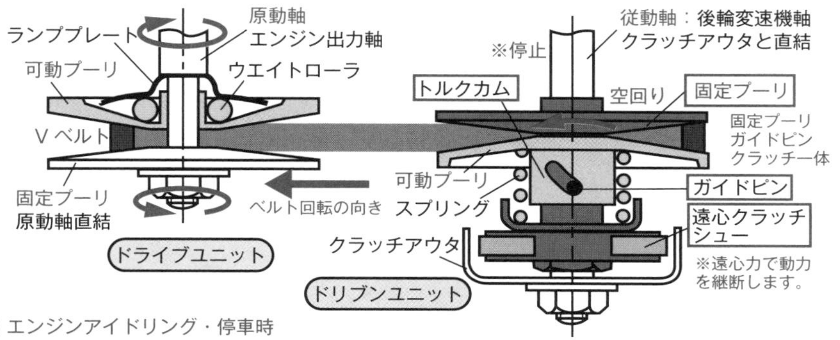

(a) エンジンアイドリング・停車時
ドリブン側可動プーリは、スプリングで押され間隔が狭く、有効半径大。ドライブ側プーリは、ベルトがドリブン側へ引き寄せられ間隔が広く、有効半径小。角速度比 <1 の減速伝動ですが、遠心クラッチが切れているので、ドリブンプーリは従動軸を軸として空回りします。

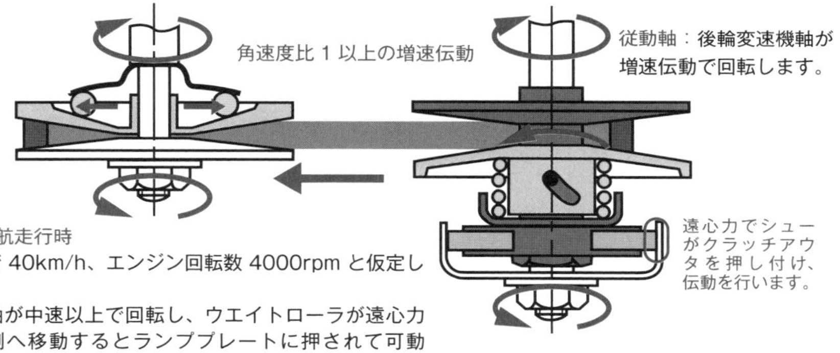

(b) 巡航走行時
平地で 40km/h、エンジン回転数 4000rpm と仮定します。
原動軸が中速以上で回転し、ウエイトローラが遠心力で外側へ移動するとランププレートに押されて可動プーリを押し出し、プーリ幅を狭めます。ドリブン側は、ベルトがドライブ側へ引き寄せられるので、可動プーリがスプリングを押してプーリ幅を広げます。遠心クラッチが接続されているので、従動軸が増速伝動で回転します。

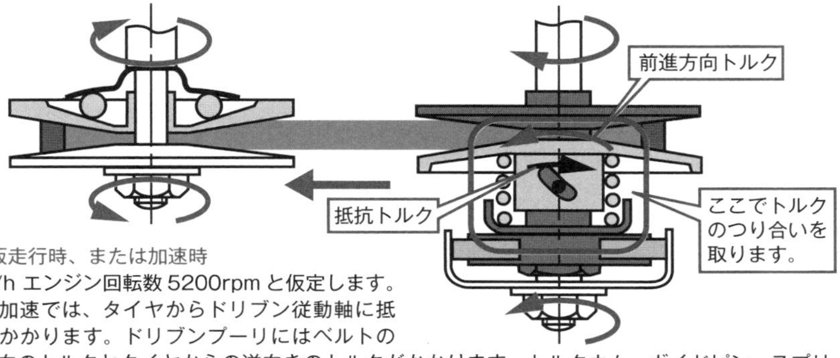

(c) 登坂走行時、または加速時
40km/h エンジン回転数 5200rpm と仮定します。
登坂や加速では、タイヤからドリブン従動軸に抵抗力がかかります。ドリブンプーリにはベルトの前進方向のトルクとタイヤからの逆向きのトルクがかかります。トルクカム、ガイドピン、スプリングが2つのトルクのつり合いを取り、ドリブン側可動プーリを安定させます。ドライブ側プーリは、ウエイトローラの遠心力で、常にベルトを挟み込んでいます。

図6-42　小型スクータのベルト式CVT

モータ駆動式：スクータの電子制御ベルトCVT

二輪車の電子制御化が進み、現在の中排気量以上のスクータ用ベルト式CVTでは、モータでプーリ幅を制御する機構も採用されています。図6-43は、図6-42のドライブ側プーリ幅をモータ制御する概念図です。ドリブン側は、図6-42を基本とします。

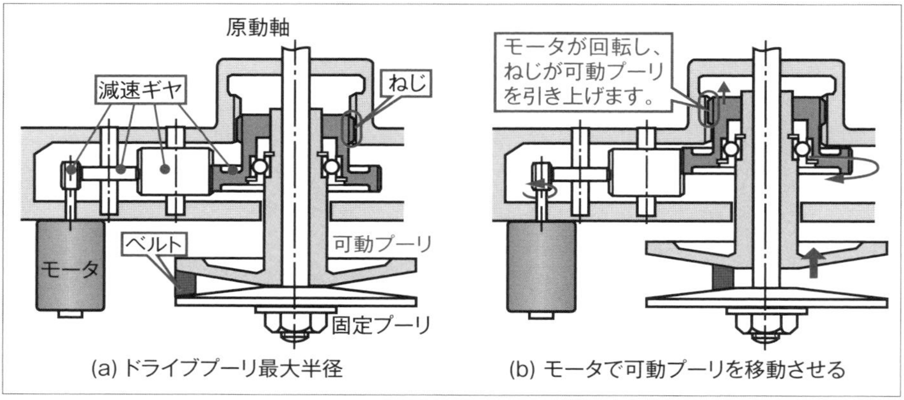

図6-43　モータ駆動式

手動ねじ式：機械装置の無段変速機

図6-44は、ドライブ側の操作ノブを手動で回し、ねじを介して可動プーリを移動させるものです。ドリブンプーリの可動側は、ばねで常にプーリ幅を狭めようとしています。機械の手動変速装置に使用されます。

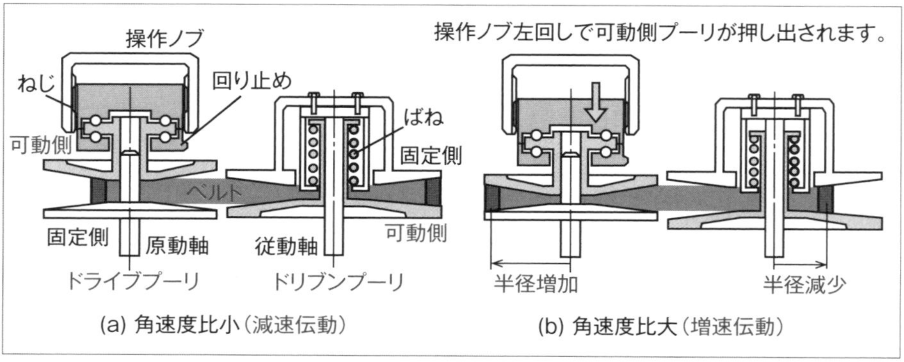

図6-44　手動ねじ式

油圧駆動式：自動車のベルト式CVT

前述の図6-42で、CVTのプーリ有効半径は、トルクのつり合いで決まります。これは、ドライブ側とドリブン側でベルトを引き合う力のつり合いです。プーリがベルトを引く力（摩擦力）Fは、図6-45（a）のように、プーリがベルトを垂直に押す力Rと摩擦係数μから$F = 2\mu R$です。力Rを**側圧**《そくあつ》と呼びます。FはRに比例し、Rはプーリがベルトを挟む力に比例します。

図（b）、（c）の**油圧駆動式CVT**で、ドライブプーリがベルトを挟む力は、圧力油がプーリに与える力です。ドリブンプーリがベルトを挟む力は、圧力油がプーリに与える力＋ばねの復元力です。

図（b）の状態からドライブ側側圧R_pがドリブン側側圧R_sよりも大きくなるように油圧を制御すると、角速度比増加の変速をします。図（c）でドライブ側R_pがドリブン側R_sよりも小さくなるように油圧を制御すると、角速度比減少の変速をします。（b）、（c）ともに、走行状態に合わせて、油圧制御が実行されます。CVTは、走行中常にこの動作を繰り返しています。油圧制御は、車両搭載のコンピュータが行います。

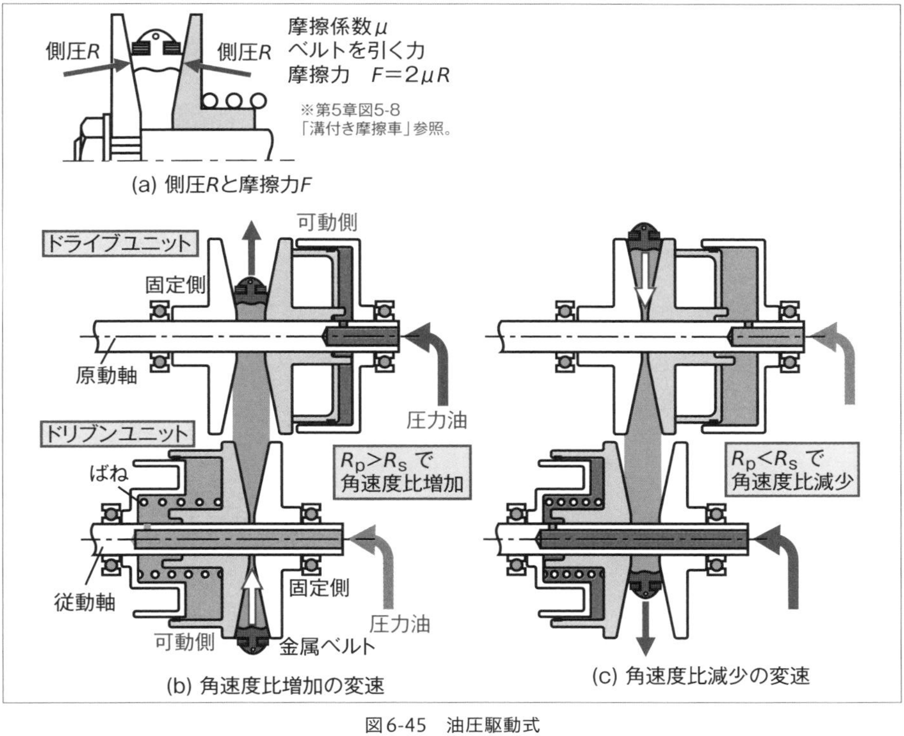

図6-45　油圧駆動式

Column　変速装置や歯車装置の役割

6章では、主に摩擦式無段変速装置について考えました。7章、8章では歯車機構について考えます。速度比を変化させることのできる装置が変速機、速度比が固定で減速する装置が減速機、同様に増速させる装置が増速機です。ここで、何故これらの装置が必要なのかを整理しておきましょう。

●原動側と従動側の回転速度を調整する。

「生産現場などで、一定回転数で回転するモータから、装置が必要とする回転数を作る。巡航する自動車の車速とエンジン回転数を適切に調整するなど」があげられます。

●従動側で必要とする回転の形態を作る。

「回転の向きを反転する。回転軸の向きを変える。回転を離れた位置や複数の従動軸へ伝動する」などがあげられます。

●従動側で必要とするトルクを作る。

一対の摩擦円板装置で、原動車と従動車の接触点で授受される力が等しいとするとき、従動車には原動車のトルクに対して角速度比に反比例したトルクが発生します。日常の例として、変速機付き自転車を低速ギヤでこぎだせば、楽に発進できることがあげられます。これは、力学や設計の分野で扱います。

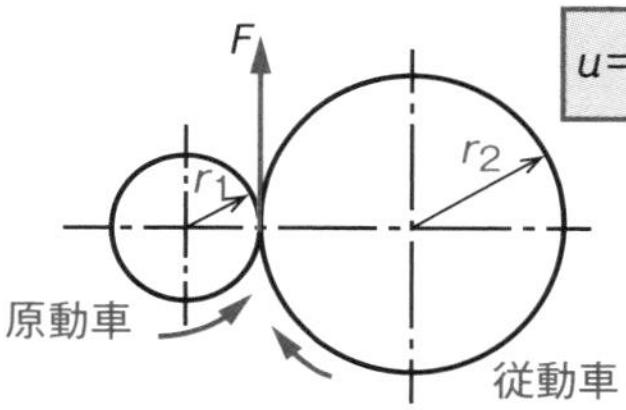

$u=\frac{r_1}{r_2}$

接触点で伝達される力 F として、トルクは
原動車 $T_1=Fr_1$、 従動車 $T_2=Fr_2$

$$T_2=T_1\frac{r_2}{r_1}=T_1\frac{1}{u}$$

減速装置であれば、角速度比に反比例した大きなトルクが従動車に発生します。

図6-46　変速装置とトルク

第7章

歯車と歯形曲線

機構学では凹凸のついた歯車のかみ合わせを滑《なめ》らかな円板の接触伝動に置き換えて考えます。この大前提として歯車の歯形に条件があり、歯形に適した曲線の決定は機構学の基本である運動の解析から行われます。

平歯車

はすば歯車

やまば歯車

すぐばかさ歯車

はすばかさ歯車

まがりばかさ歯車

ウォームギア

ねじ歯車

ピニオンとラック

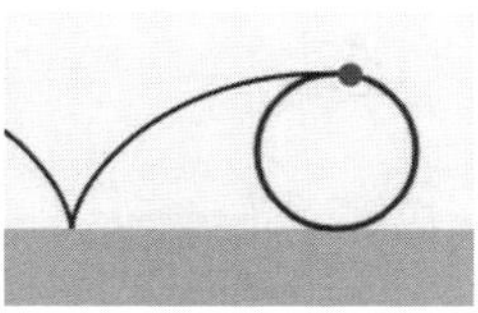

普通サイクロイド

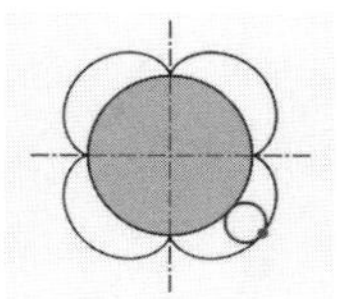

外転サイクロイド

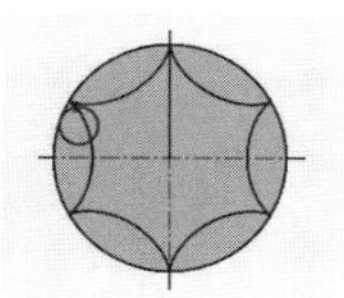

内転サイクロイド

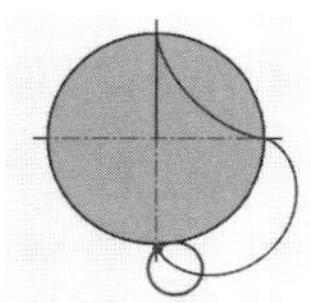

サイクロイド歯形

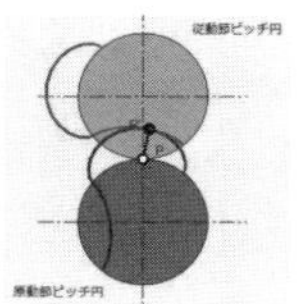

サイクロイド歯形のかみ合い

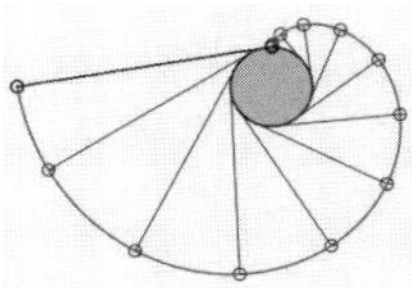

インボリュート

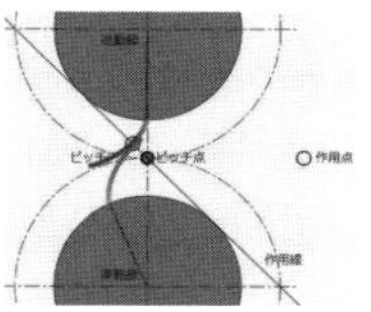

インボリュート歯形のかみ合い

7-1 歯車と歯形曲線のあらまし

回転を利用する機械の多くに使用される歯車は、凹凸の組み合わせにもかかわらず、滑らかな伝動を行います。この運動を作り出す歯の輪郭を歯形曲線と呼びます。

歯車と歯の形状

図7-1 (a)、(b) は、円筒外周表面に歯を付けた**円筒歯車**のうち、基本的な**平歯車対**とかみ合い部分で、原動節を**駆動歯車**、従動節を**被動歯車**と呼びます。

図 (c) で、歯車をころがり接触する摩擦円板と考える場合のピッチ曲線を**ピッチ円**（基準円）、ピッチ円の円周長さを歯数で割った値を**円ピッチ**または**ピッチ**と呼びます。歯の先端を通るピッチ円との同心円を**歯先円**《はさきえん》、歯の根元を通るピッチ円との同心円を**歯底円**《はぞこえん》と呼び、歯車対相互の歯先円と歯底円の隙間《すきま》を**頂**《ちょう》**げき**と呼びます。バックラッシは、図 (d) で**歯面**《はめん》と呼ぶ歯の接

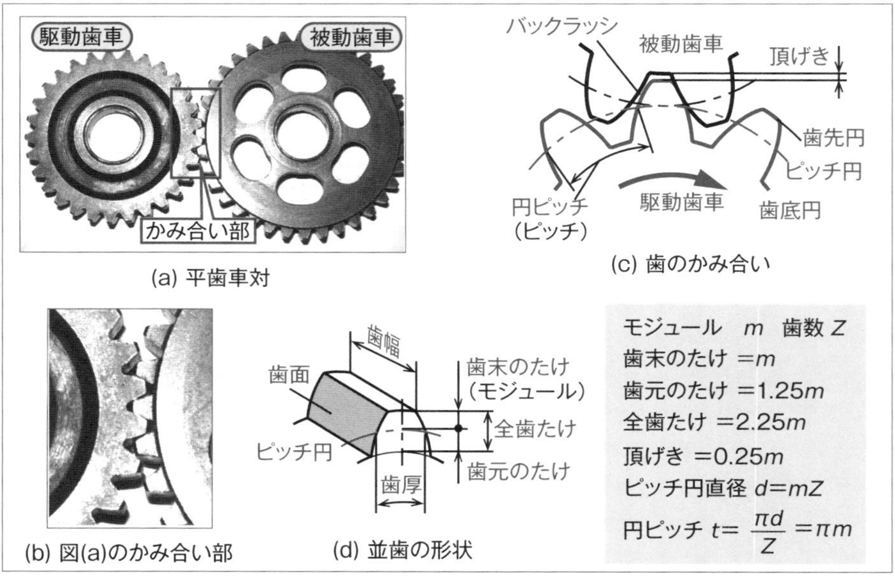

図7-1　歯車と歯の形状

触面同士の隙間です。軸方向の歯の幅を**歯《は》幅《はば》**、ピッチ円上の歯の幅を**歯《は》厚《あつ》**と呼びます。一般に用いる標準歯車の歯を**並《なみ》歯《ば》**と呼び、ピッチ円から歯先円までの**歯《は》末《ずえ》のたけ**を**モジュール m** で表し単位は付けず、歯車の寸法を決める基準値とします。歯底円からピッチ円までの**歯《は》元《もと》のたけ**は、1.25m とします。歯末のたけと歯元のたけを合計した歯の高さ**全《ぜん》歯《は》たけ**は、2.25m となります。

歯形曲線

図7-2 (a) で、原動節1と従動節2が点Qですべり接触し、回転を伝動しています。点Qにおける速度 v_1、v_2 は O_1Q、O_2Q に垂直です。v_1、v_2 の点Qにおける共通法線NN上の分速は等しく、$v_{1n} = v_{2n}$ です。一方、v_1、v_2 の点Qにおける共通接線TT上の分速は異なり、$v_{1t} - v_{2t}$ の**すべり速度**が発生します。O_1、O_2 を結ぶ直線と点Qの共通法線との交点をP、O_1 から共通法線への垂線の交点をJ、O_2 から共通法線への垂線の交点をKとすれば、

$v_{1n} = O_1J \cdot \omega_1$、$v_{2n} = O_2K \cdot \omega_2$ から

角速度比 $u = \omega_2 / \omega_1 = O_1J / O_2K$

$\triangle O_1PJ \backsim \triangle O_2PK$ から $O_1J / O_2K = O_1P / O_2P$ なので

$u = \omega_2 / \omega_1 = O_1P / O_2P$

となり、点Qが動くと点Pが移動し、角速度比も変化します。

図 (b) で、歯車対の歯が、かみ合ってから離れるまでの間、接触点Qは歯面上を移動します。このとき、点Qがどの位置にあっても、点Qの共通法線と O_1O_2 を結ぶ直線との交点Pが一定ならば、角速度比は一定となり、等速度伝動を行うことができます。この条件を満足する曲線を**歯形曲線**と呼び、点Qを**作用点**、点Pを**ピッチ点**と呼びます。**サイクロイド曲線**と**インボリュート曲線**と呼ぶ2つの曲線が一般的に用いられています。

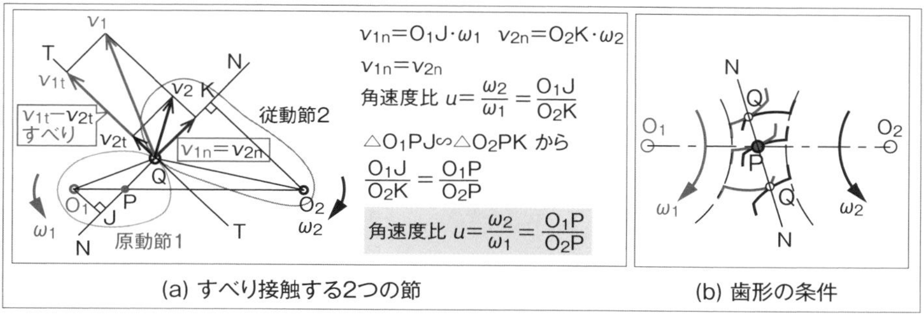

図7-2　歯形曲線

7-2 平行軸間で伝動する歯車

歯車で平行２軸間の伝動を行うには、円筒歯車が使われます。この節では、歯車全般に共通する歯の呼称にも触れて、特徴をまとめます。

歯の呼称と歯に働く力

円筒歯車のピッチ円を直径とする円筒を**ピッチ円筒**と呼びます。ピッチ円筒の外周表面を**ピッチ面**と呼び、ピッチ面と歯面の交線を**歯すじ**と呼びます。図7-3（a）は、歯すじが歯車の中心軸に平行な直線になる歯形で**すぐば**と呼び、ピッチ円筒にすぐばを創成した歯車を**平《ひら》歯《は》車《ぐるま》**と呼びます。

図（b）は、ピッチ円筒に巻きつけたつるまき線の歯すじを持つ**はすば歯車**で、歯車の中心線に対する歯すじの傾きを**ねじれ角**と呼び、ねじれ角が等しく逆向きの歯車を対とします。平歯車対よりも滑《なめ》らかで静かな伝動を行いますが、かみ合う歯が互いの相手歯車に反力《はんりょく》を与え、歯車を軸方向に押す**スラスト力**が発生します。

図（c）は歯の傾きが反対の2つのはすば歯車を組み合わせたり、1枚の歯車に歯の傾きが反対の2つのはすばを付けたもので、**やまば歯車**と呼ばれ、スラスト力が打ち消されます。

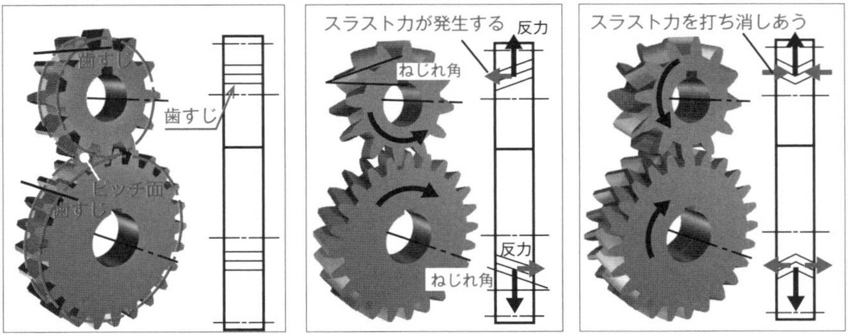

(a) 平歯車　(b) はすば歯車　(c) やまば歯車

図7-3　歯の呼称と歯車に働く力

アニメーションで確認しよう

menu →〔第７章 歯車と歯形曲線〕→〔平歯車〕、〔はすば歯車〕、〔やまば歯車〕をそれぞれ選択し、［開始］ボタンをクリックすると、図7-4の画面が起動します。駆動歯車、被動歯車は限定していません。

(a) 平歯車

(b) はすば歯車

(c) やまば歯車

はすば歯車のねじれ角

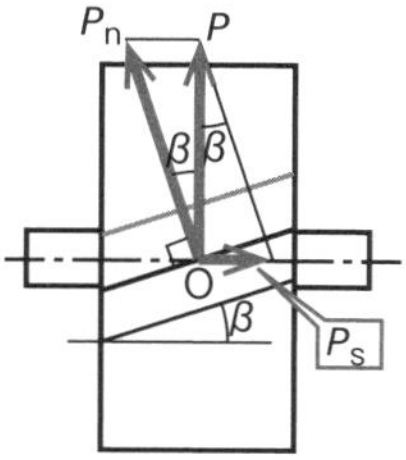

ねじれ角 β

伝動する力 P として

スラスト力 $P_s = P\tan\beta$

歯面に直角な力

$$P_n = \frac{P}{\cos\beta}$$

平歯車は、$\beta = 0$ だから

$P_s = 0$　、$P_n = P$

一般に、はすば歯車のβは20度以内、やまば歯車のβは30度以内と言われています。

図7-4　平歯車、はすば歯車、やまば歯車のアニメーション画面

7-3 交差軸間で伝動する歯車

歯車で交差する2軸間の伝動を行うには、第5章2節の円すい車（p.177）と同様に円すい面を利用したかさ歯車が使われます。

かさ歯車の種類

図7-5（a）で、円すいの**ピッチ円すい**（**基準円すい**）に歯をつけた歯車を**かさ歯車**と呼び、ピッチ円すいの中心軸を回転軸とすると、交差軸間で伝動することができます。図（b）は、歯すじがピッチ円すいの直線母線となる**すぐばかさ歯車**で、比較的製作が容易で、一般的な伝動に使われます。図（c）はピッチ円すいのつるまき線を歯すじとする**はすばかさ歯車**、図（d）はつるまき線以外の曲線を歯すじとした**まがりばかさ歯車**です。はすばかさ歯車とまがりばかさ歯車は、伝達動力が大きく静かなかみ合いが可能ですが、互いに相手歯車を回転軸方向に押しやるスラスト力が発生します。図（e）のように、駆動歯車と被動歯車の回転の向きが等しく、歯すじのねじれが逆の歯車対では、それぞれの歯車に発生するスラスト力の向きが逆になります。

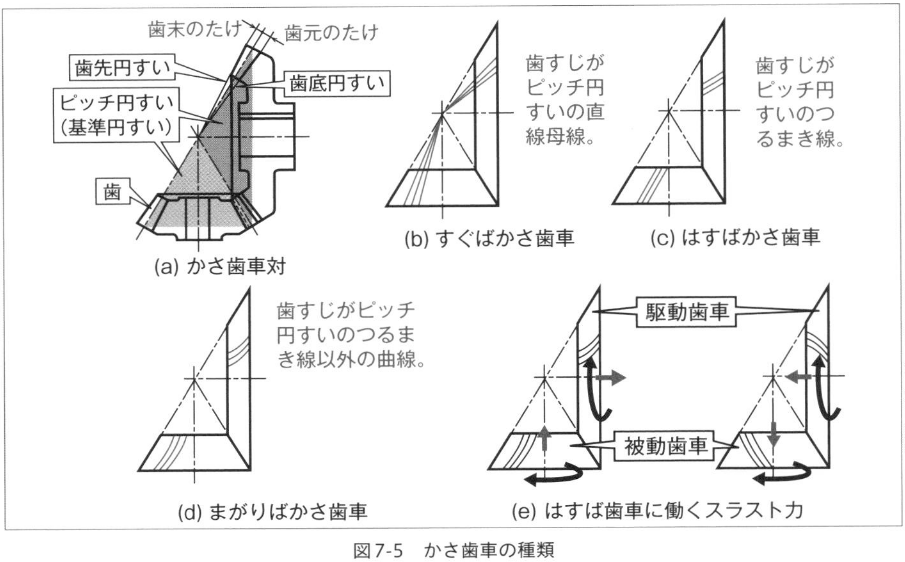

図7-5　かさ歯車の種類

アニメーションで確認しよう

menu →〔**第7章 歯車と歯形曲線**〕→〔**すぐばかさ歯車**〕、〔**はすばかさ歯車**〕、〔**まがりばかさ歯車**〕をそれぞれ選択し、[**開始**] ボタンをクリックすると、図7-6の画面が起動します。駆動歯車、被動歯車は限定していません。

(a) すぐばかさ歯車

(b) はすばかさ歯車

(c) まがりばかさ歯車

マイタ歯車

同じ歯車を組み合わせたかさ歯車対をマイタ歯車と呼びます。交差角 90 度が一般的です。

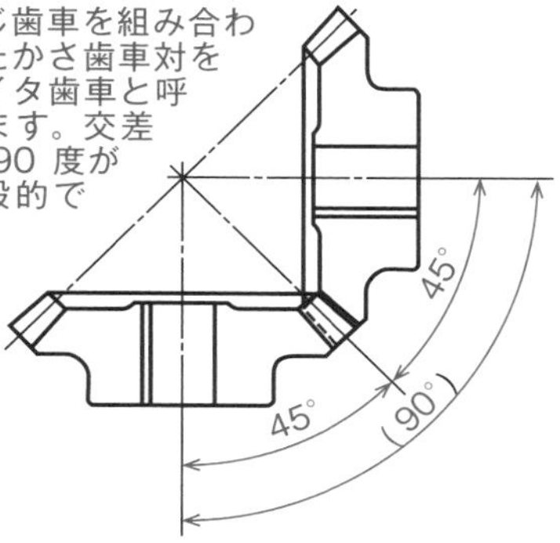

図7-6 すぐばかさ歯車、はすばかさ歯車、まがりばかさ歯車のアニメーション画面

7-4 食い違いと直線の歯車

平行でもなく、交差もしない２軸間で伝動を行ったり、回転運動と直線運動を相互に変換伝動する歯車対を考えます。

ウォームギヤ、ねじ歯車、ピニオンとラック

伝動軸が平行でもなく、交差もしない2軸を**食い違い軸**と呼び、食い違い軸間で伝動を行う歯車対を**食い違い軸歯車対**と呼びます。食い違い軸間の摩擦伝動は、第5章の「図5-7 単双曲線回転面」(p.178) で可能ですが、歯車とするには製作が困難です。図7-7 (a) は、ねじ状の歯を持った円筒歯車の一

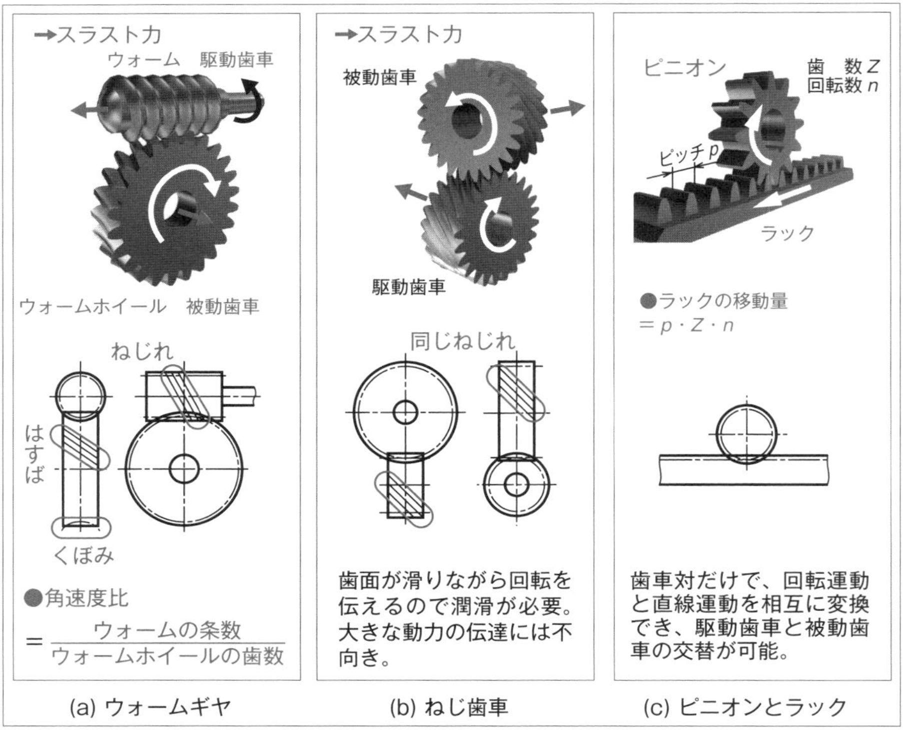

図7-7　ウォームギヤ、ねじ歯車、ピニオンとラック

種の**ウォーム**と、相手歯車となる**ウォームホイール**を対にした**ウォームギヤ**です。ウォームホイールは、ウォームの円形断面と広い面で接触するように、歯先面の中央が円弧状にくぼんだ、はすばを持ちます。ウォームが駆動歯車、ウォームホイールが被動歯車になり、ウォームの**条数**を駆動歯車の歯数として、大きな減速ができます。駆動歯車と被動歯車の交替はできません。

図(b)の、食い違い軸でかみ合い、同じ向きにねじれた歯で歯車対を作るはすば歯車を**ねじ歯車**と呼びます。(a)、(b)ともに接触歯面でのすべりが多く潤滑が必要です。また、ねじ面での接触のため、スラスト力が発生します。

図(c)で、小径の平歯車を**ピニオン**と呼び、ピニオンとかみ合う棒状の歯車を**ラック**と呼びます。ラックは、ピニオンが1回転するとラックのピッチとピニオンの歯数の積だけ移動します。ピニオンとラックは、駆動歯車と被動歯車のどちらにも設定することができ、歯車対だけで回転運動と直線運動を相互に変換することができます。

アニメーションで確認しよう

menu →〔第7章 歯車と歯形曲線〕→〔ウォームギヤ〕、〔ねじ歯車〕、〔ピニオンとラック〕をそれぞれ選択し、[開始] ボタンをクリックすると、図7-8の画面が起動します。

(a) ウォームギヤ　(b) ねじ歯車　(c) ピニオンとラック

図7-8　ウォームギヤ、ねじ歯車、ピニオンとラックのアニメーション画面

7-5 サイクロイド

基準面上をころがり接触する円の、円周上の一点の軌跡をサイクロイドと呼び、歯車の歯形曲線に使用されます。3つのサイクロイドを考えます。

●普通サイクロイド

図7-9 (a) の**ピッチ線**上を転がる**ころがり円**の作るサイクロイドを**普通サイクロイド**と呼びます。ころがり円は、**創成円**ともいいます。

●外転サイクロイド

図 (b) で、ピッチ円の外側を転がるころがり円が作るサイクロイドを**外転サイクロイド**と呼びます。外転サイクロイドは、歯車のピッチ円から先の歯先形状の輪郭になります。

●内転サイクロイド

図 (c) で、ピッチ円の内側を転がるころがり円が作るサイクロイドを**内転サイクロイド**と呼びます。内転サイクロイドは、歯車のピッチ円から内側の歯元形状の輪郭になります。

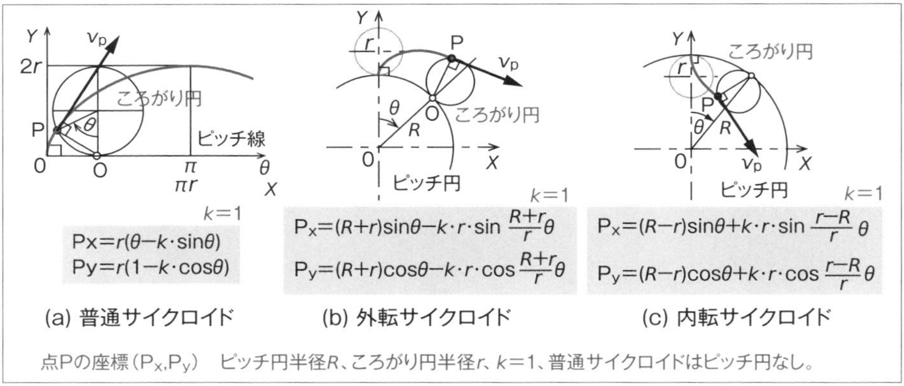

図7-9　サイクロイド

シミュレータで確認しよう

menu →〔**第7章 歯車と歯形曲線**〕→〔**普通サイクロイド**〕、〔**外転サイクロイド**〕、〔**内転サイクロイド**〕をそれぞれ選択し、［**開始**］ボタンをクリックすると、図7-10の画面が起動します。

各シミュレータのスライダ［**k**］は、規定値1で実行してください。後述しますが「k ≠ 1」は、**トロコイド**と呼ばれるころがり円の円周上を外した点の軌跡を生成します。

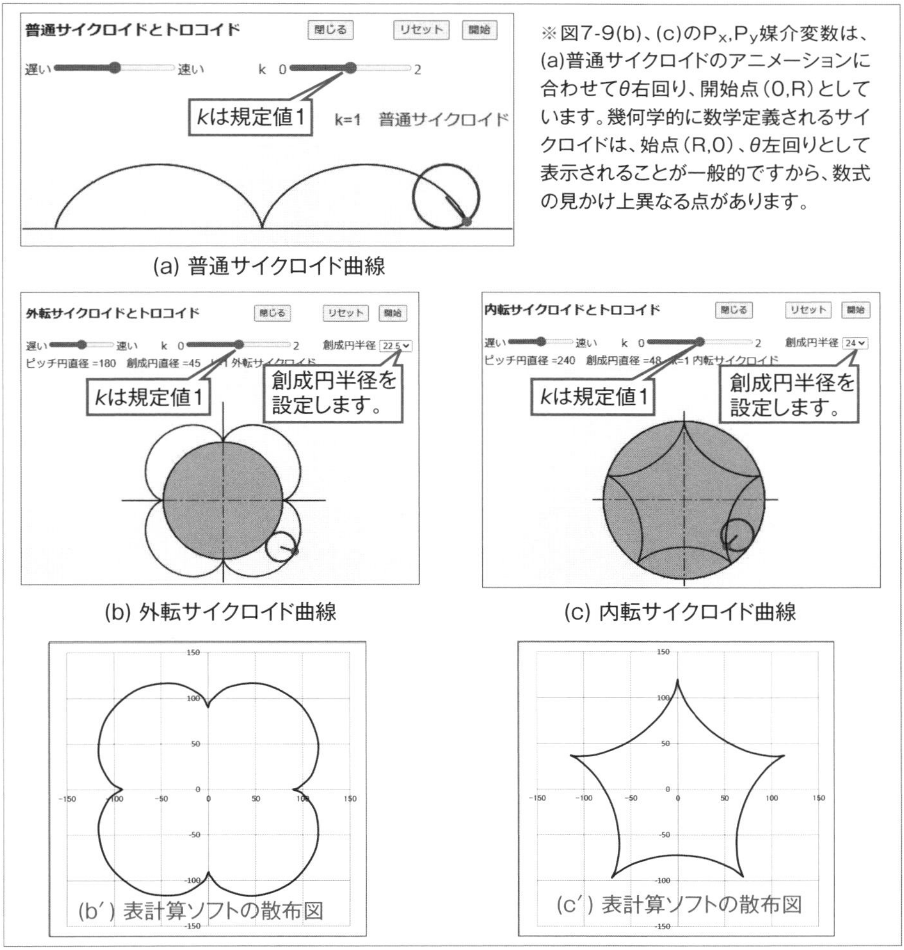

図7-10 3つのサイクロイドのシミュレーション画面
（シミュレータで (b')、(c') は作成できません）

7-6 サイクロイド歯形

内転サイクロイドと外転サイクロイドを組み合わせて作った歯形をサイクロイド歯形と呼びます。

サイクロイド歯形

図7-11 (a) のように、歯車のピッチ円の歯元側輪郭を内転サイクロイド、歯末側輪郭を外転サイクロイドで作った歯形を**サイクロイド歯形**と呼びます。

図 (b) で、内転サイクロイドのころがり円を**内転円**、外転サイクロイドのころがり円を**外転円**とします。ピッチ円C_1、C_2の2つの歯車がかみ合うとき、C_1とC_2は、ピッチ点Pで接します。ピッチ円C_1の歯形曲線をT_1、ピッチ円C_2の歯形曲線をT_2とします。C_1、C_2ともにそれぞれの歯の内転円と外転円が同一である必要はありません。2つの歯形曲線T_1とT_2は互いに相手歯車の歯元部分と歯末部分がかみ合うので、互いの歯形の外転円と内転円が等しいことが条件となります。内転円の径を小さくすると歯元部分を厚くすることができます。

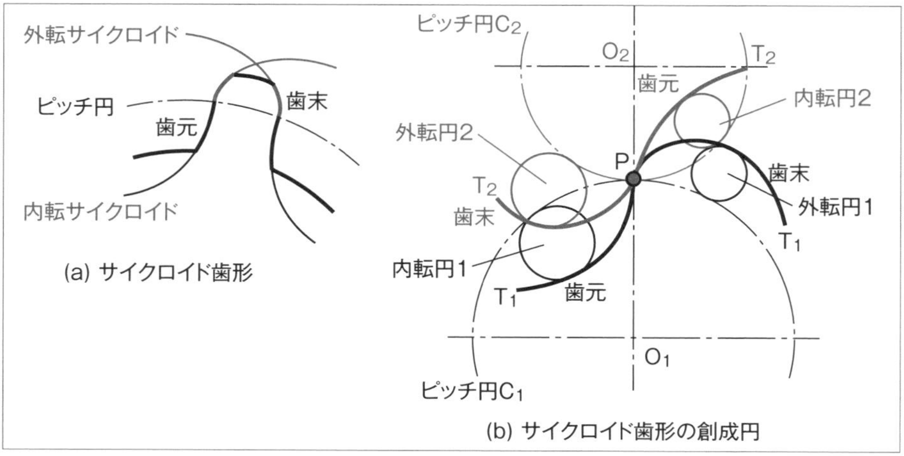

(a) サイクロイド歯形

(b) サイクロイド歯形の創成円

図7-11　サイクロイド歯形

シミュレータで確認しよう

menu →〔第7章 歯車と歯形曲線〕→〔サイクロイド歯形〕を選択し、[開始] ボタンをクリックすると、図7-12の画面が起動します。

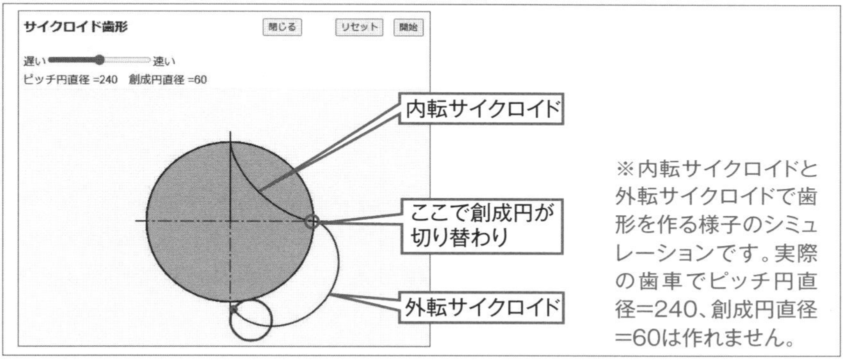

図7-12　サイクロイド歯形のシミュレーション画面

歯形の比較

サイクロイド歯形は、機械式時計などに使用されますが、加工が難しく、高価格機種に限られているようです。サイクロイド歯形に近似したものに、**修正サイクロイド歯形**、**円弧歯形**と呼ばれる歯形や7-8節で説明するインボリュートと組み合わせた歯形などがあります。図7-13 (a) は、置き時計に使用されている歯車の例です。図 (b) の一般の歯車と比べると歯形の違いが明らかです。

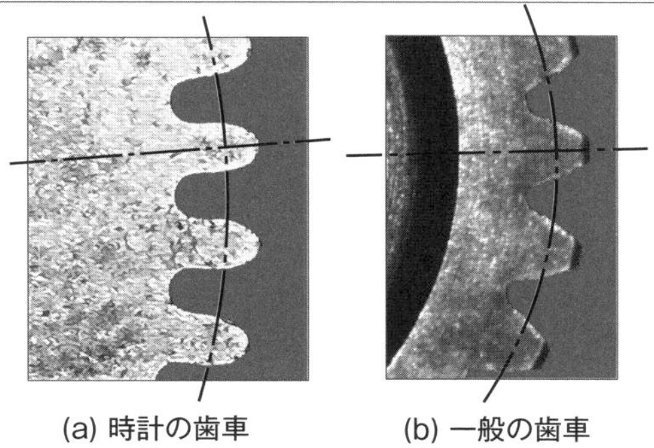

図7-13　歯形の比較

7-7 サイクロイド歯形のかみ合い

サイクロイド歯形はころがり円の軌跡を輪郭とするので、すべりの少ないころがり接触による伝動が可能です。

ころがり接触の条件

図7-2 (b) 歯形の条件で明らかなように、ころがり接触を行う対偶《たいぐう》のピッチ点Pは、作用点Qの法線上にあることが必要です。図7-14 (a) の一対のサイクロイド歯形T_1、T_2で、作用点Qの法線は、ピッチ点Pとの共通法線となり、ピッチ点Pが固定点となるので、ころがりによる角速度比一定の伝動が可能になります。作用点Qは、ひとつのころがり円の一点を歯車対で共有しながら移動するので、摩耗《まもう》の少ない伝動を行うことができます。

サイクロイド歯形のかみ合い

図7-14 (a) では、歯形T_1の内転円とT_2の外転円が共通のころがり円となります。回転が進み、図 (b) では、作用点とピッチ点と一致します。さらに回転が進み、図 (c) では、T_1の外転円とT_2の内転円が共通のころがり円となります。

ピッチ点Pが定点なので、角速度比は、$u = \omega_2 / \omega_1$で一定となり、すべりの少ない伝動が可能になります。

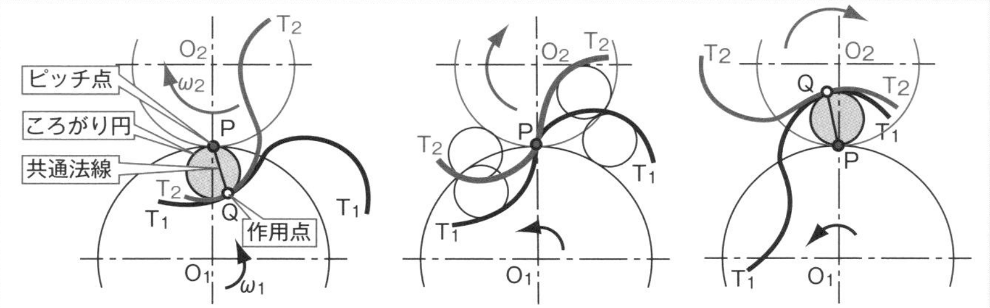

(a) かみ合い初期　(b) 作用点とピッチ点が一致　(c) かみ合い後期

図7-14　ころがり接触の条件とサイクロイド歯形のかみ合い

シミュレータで確認しよう

menu →〔第7章 歯車と歯形曲線〕→〔サイクロイド歯形のかみ合い〕を選択し［**開始**］ボタンをクリックすると、図7-15の画面が起動します。

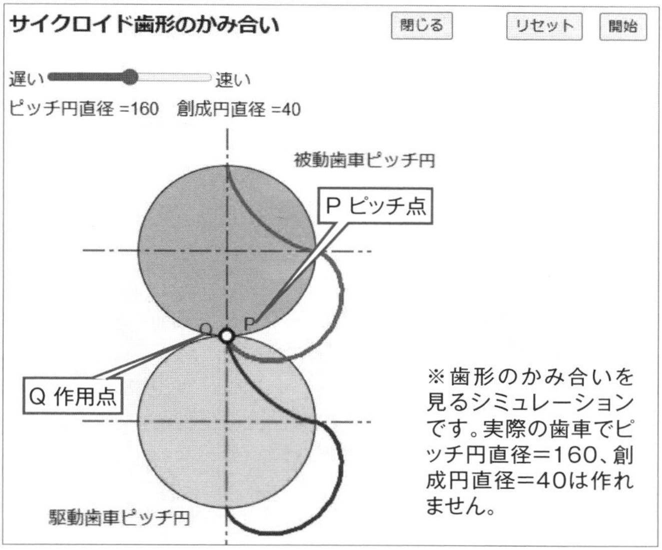

図7-15　サイクロイド歯形のかみ合いシミュレータ起動画面

図7-16は、図7-14の（a）、（b）、（c）に対応したシミュレート結果です。描画速度を遅くして確認してください。

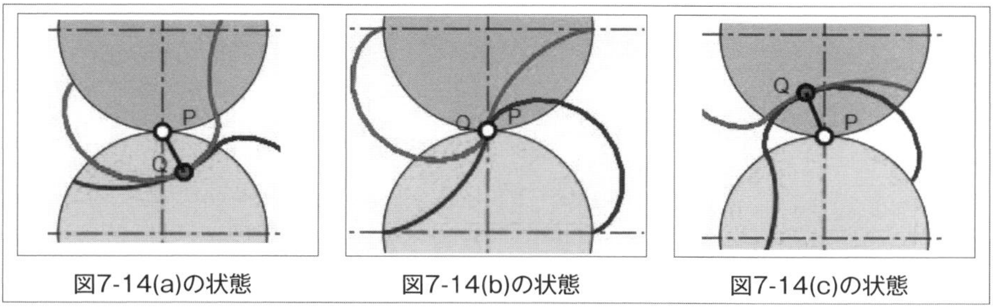

図7-16　シミュレーション画面

7-8 インボリュート

外転サイクロイドの外転円を無限大まで増大させながら軌跡をプロットすると、基礎円から離れてゆく増大する曲線が得られます。

インボリュートとインボリュート歯形

外転サイクロイドのころがり円を無限大まで増大させて得られる軌跡を**インボリュート**と呼び、基礎円に巻きつけたひもを緩ませないように張りながらほどいたときの先端の軌跡と等しくなります。図7-17 (a) で基礎円の半径をrとしたインボリュート上の点Pの座標 (P_x, P_y) は、回転角θとして、

$$P_x = r(\sin\theta - \theta\cdot\cos\theta)$$

$$P_y = r(\cos\theta + \theta\cdot\sin\theta)$$

として求められます。サイクロイドから作るサイクロイド歯形は、複数の曲線を組み合わせるため工作が困難です。

インボリュート歯形は、図 (b) のように一本の曲線で歯形曲線を作ることができるので、広く利用されています。

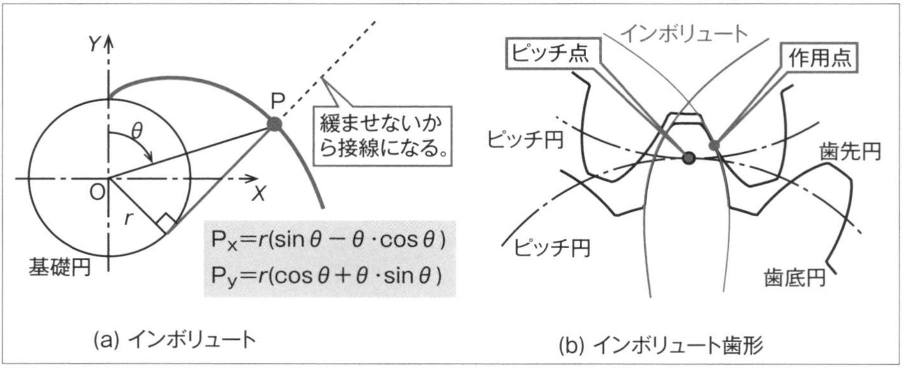

図7-17　インボリュートとインボリュート歯形

シミュレータで確認しよう

menu →〔第7章 歯車と歯形曲線〕→〔インボリュート〕を選択し、[開始] ボタンをクリックすると、図7-18の画面が起動します。

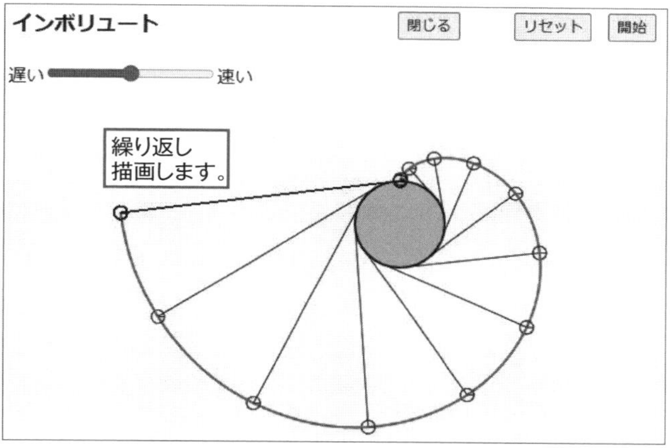

図7-18　インボリュートのシミュレーション画面

サイクロイド歯形とインボリュート歯形

● サイクロイド歯形の特徴

- 2つの曲線から歯形を作るため製作が困難。
- 中心距離に誤差が生じると正しいかみ合いが得られない。
- 歯面のすべりが小さく摩耗が少ない。
- 小さな歯車や少ない歯数の歯車の製作が可能。
- 時計用歯車などに使用される。

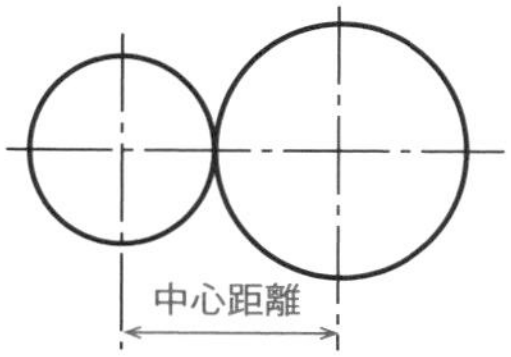

● インボリュート歯形の特徴

- 1つの曲線で歯形を作るため製作が容易。
- 中心距離に誤差が生じても角速度比が安定している。
- 作用点がピッチ点を離れるに従いすべりが大きくなる。
- 動力伝達用の歯車として一般的に使用される。

7-9 インボリュート歯形のかみ合い

インボリュート歯形は歯面にすべり接触をともなって伝動を行います。本章のはじめで紹介したように、すべりをともなう伝動では法線方向に押す力が必要です。

インボリュート歯形の伝動

図7-19で、インボリュート歯車対の作用点Qにおける駆動歯車の速度v_1、被動歯車の速度v_2として、接線TT、法線NN方向にそれぞれの分速を取ると、法線方向の分速Nが等しく、法線方向に押しつける力が発生します。接線方向の分速には、すべりdTが発生します。インボリュート歯形の歯面は作用点とピッチ点が異なるとき、常にすべり接触をともなった伝動を行います。

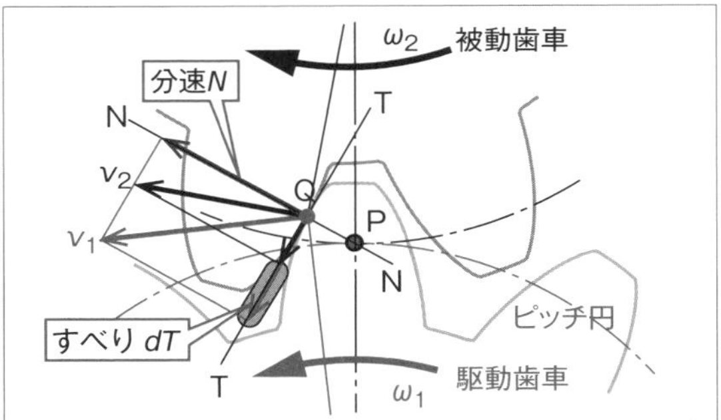

P：ピッチ点、Q：作用点、TT：共通接線、NN：共通法線

図7-19　インボリュート歯形の伝動

インボリュート歯形のかみ合い

図7-20で、ひと組の歯がかみ合ってから離れるまで、作用点の共通法線は常に定点であるピッチ点を含むように接触を続けています。ピッチ点と作用点が一致したとき、すべり速度はゼロになります。

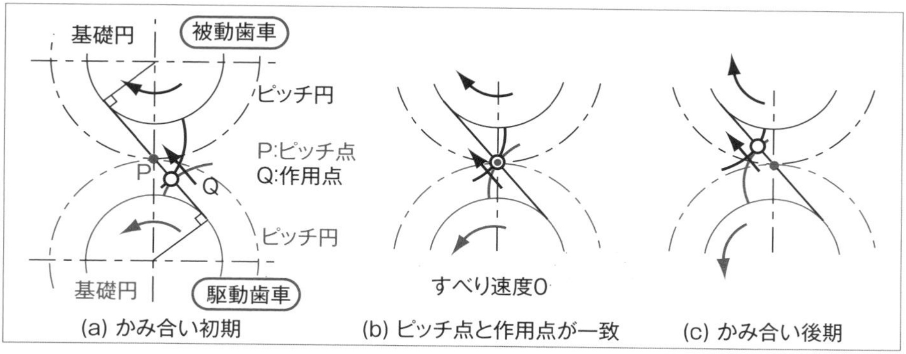

図7-20　インボリュート歯形のかみ合い

シミュレータで確認しよう

menu →〔**第7章 歯車と歯形曲線**〕→〔**インボリュート歯形のかみ合い**〕を選択し、［**開始**］ボタンをクリックすると、図7-21の画面が起動します。

図7-21の (a)、(b)、(c) は、図7-20の (a)、(b)、(c) に対応しています。

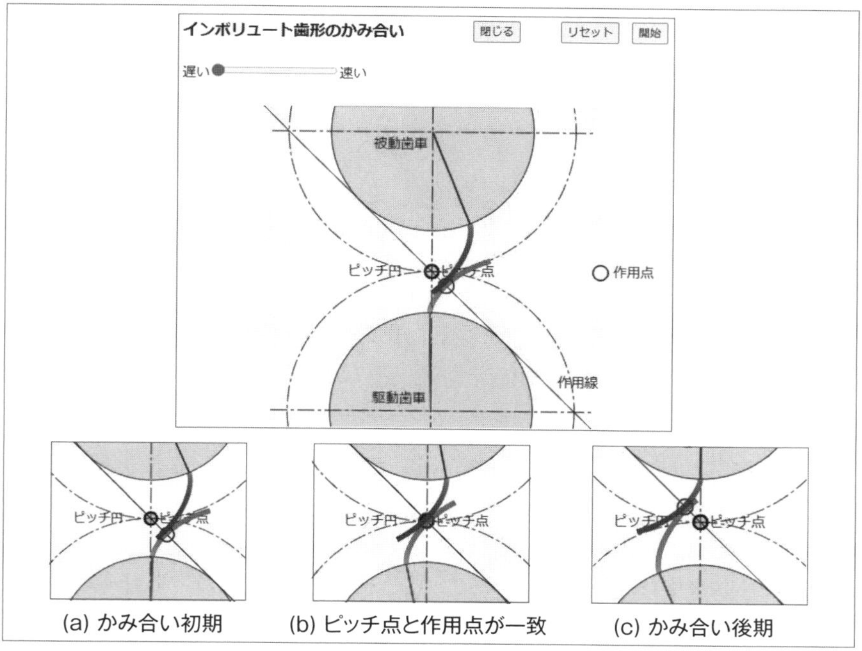

図7-21　インボリュート歯形のかみ合いのシミュレーション画面

7-10 トロコイド

ころがり円の円周上の一点の軌跡で作るサイクロイドと同様に、ころがり円を利用したトロコイドと呼ばれる曲線が実用化されています。

3つのトロコイド

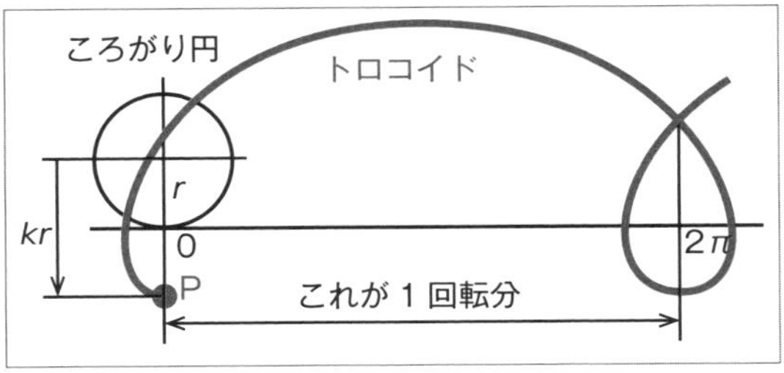

図7-22　トロコイド

ころがり円の円周上を離れて、円の内外に取った一点が作る軌跡を**トロコイド**と呼びます。サイクロイドと同様に、直線のピッチ線上を転がる**普通トロコイド**、ピッチ円の外側を転がる**外転トロコイド**、ピッチ円の内側を転がる**内転トロコイド**があります。7-5節、図7-9（a）、（b）、（c）の式（p.232）で、比例定数*k*は、図7-22のように、ころがり円の半径の*k*倍の位置に取る点Pを決めるものです。

サイクロイドとトロコイドの式

図7-9で、（b）外転サイクロイドと、（c）内転サイクロイドを個別の式で作りましたが、（b）式と（c）式のころがり円半径*r*を－*r*とすると、互いにそれぞれの式ができます。したがって下記の式で、サイクロイドとトロコイドを表すことができます。$r=0$はゼロ除算なので禁止です。$k=1$でサイクロイド、$k=0$とすると、第2項が0になるので軌跡は円（「外転サイクロイド」「内転サイクロイド」で確認できます）になり、*k*が1と0以外でトロコイドが生成できます。

普通サイクロイドとトロコイド

$P_x=r(\theta-k\cdot\sin\theta)$

$P_y=r(1-k\cdot\cos\theta)$

内転・外転サイクロイドとトロコイド

$P_x=(R+r)\sin\theta-k\cdot r\cdot\sin\frac{R+r}{r}\theta$

$P_y=(R+r)\cos\theta-k\cdot r\cdot\cos\frac{R+r}{r}\theta$

$r<0$ 内転、$0<r$ 外転、$r=0$ 禁止
$k=1$ サイクロイド、$k=0$ 円
kが1と0以外 トロコイド

シミュレータで確認しよう

menu →〔第7章 歯車と歯形曲線〕→〔普通サイクロイド〕で「サイクロイドとトロコイド」を操作できます。

また、〔外転サイクロイド〕はタイトルは外転ですが、「外転・内転のサイクロイドとトロコイド」を操作できます。[k] スライダと［創成円半径］を調整して生成される曲線を確認してください。

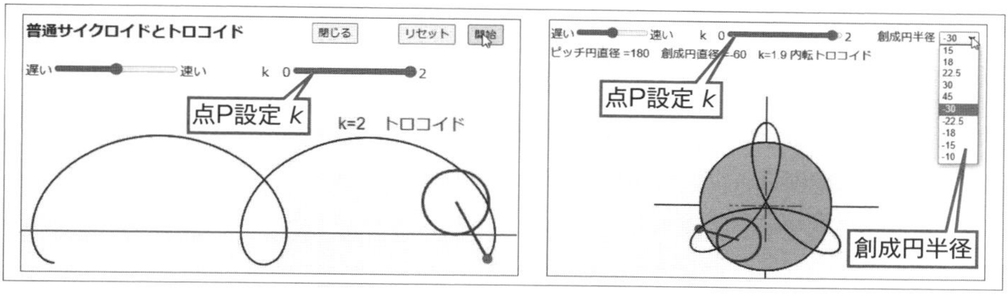

図7-23 トロコイド生成例

トロコイドポンプ

図7-24は、トロコイドを歯形に使った**トロコイド歯車**と**トロコイドポンプ**です。モータやエンジンなどで小歯車を駆動し、ケーシングで保持したリングギヤを回転させます。歯の隙間の容積増加で流体を吸込み、容積減少で吐出します。小型で、回転が滑らかなので、広い範囲で使用されています。

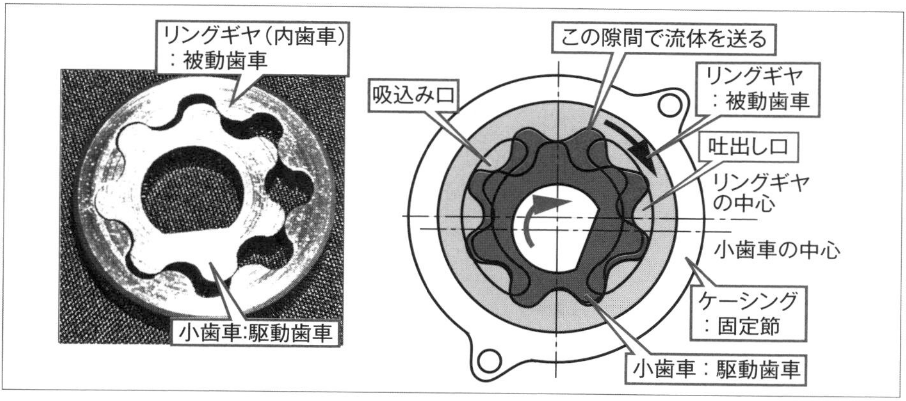

図7-24 トロコイドポンプ

Column 歯車を作るには

歯車の歯を切削《せっさく》によって作る専用機械を**歯《は》切《ぎ》り盤《ばん》**と呼びます。図 (a) は、円筒の表面に歯車の歯とかみ合う刃を付けた**ホブ**と呼ぶ工具と歯車素材の回転を同期させて歯を切る方法で、**ホブ盤**という専用機械で加工します。図 (b) は、**ラック型工具**を歯を切る方向に直線往復運動させ、切り込みを与えて切削を行う**ラック歯切り盤**という専用機械で行う方法です。図 (c) は**ピニオン型カッター**を回転させながら歯を切る方向に往復運動させて、回転を同期させた歯車素材を切削する方法で、**ギヤシェーパ**や**フェロース盤**と呼ばれる工作機械の加工法です。(a)、(b)、(c) のように、工具と素材が一組のかみ合う歯車のように回転しながら歯を切る方法を**創成法《そうせいほう》**と呼びます。(b)、(c) のように直線往復運動させた刃物工具で歯車を加工する機械は、JIS B 0105で**歯車形削り盤**として分類されます。図 (d) は、歯車素材の除去部分とかみ合う形状の刃先を直線上に取り付けた**ブローチ**と呼ばれる工具を往復させて、歯車素材に切り込んで歯をつくる**ブローチ盤**という工作機械の加工法で、**成形法**と呼ばれます。ブローチ盤は、歯車だけでなく、キー溝、四角穴、軸や穴の異形加工などの加工を行う工作機械です。

(a) ホブ

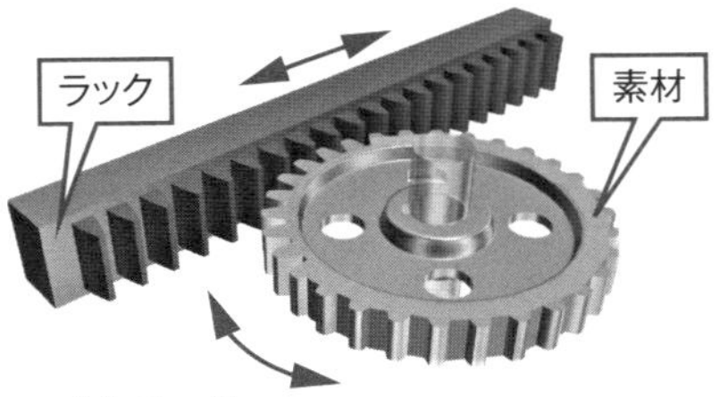

(b) ラック

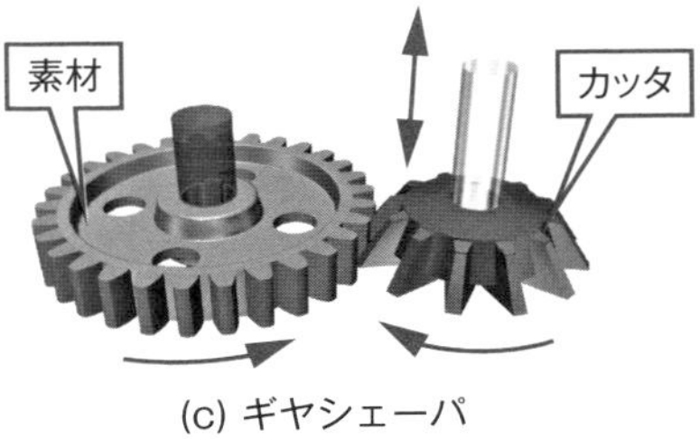

(c) ギヤシェーパ

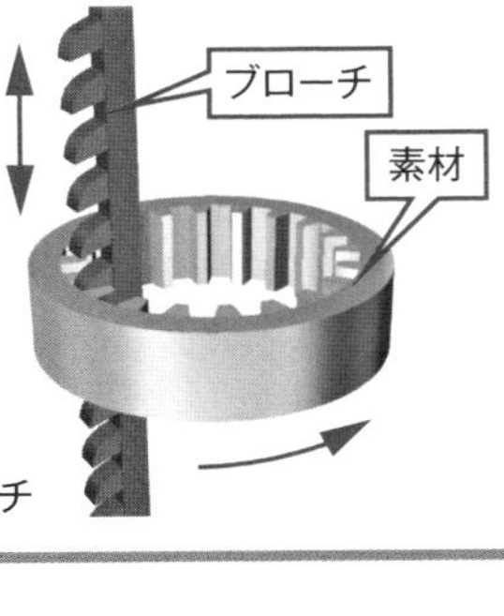

(d) ブローチ

歯車変速装置は歯車を組み合わせた歯車列を主体とします。前章で考えた歯形曲線から作られた歯車を歯車列に用いると、ピッチ円を輪郭とした円板の摩擦伝動として歯車の歯形を考えずに計算することができます。

第8章

歯車列の計算

2 段歯車列

遊星歯車列 1

遊星歯車列 2 差動

差動歯車列

ディファレンシャルギヤ
直進

ディファレンシャルギヤ
差動

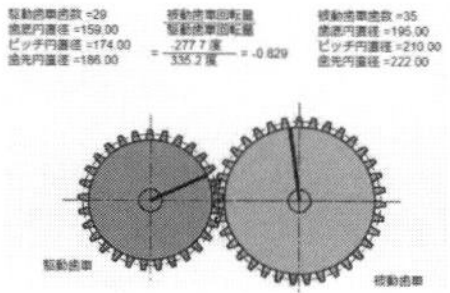

平歯車対

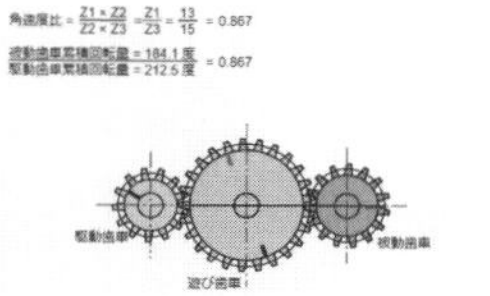

1 段歯車列

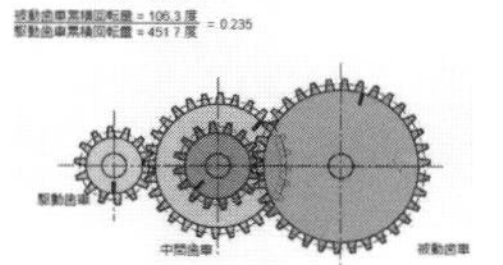

2 段歯車列の計算

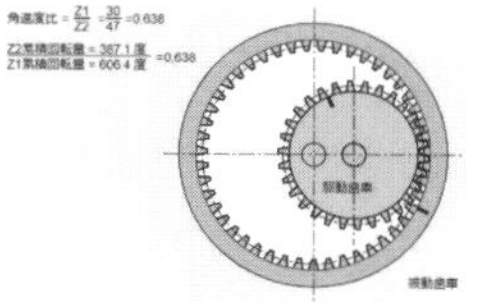

内歯車対

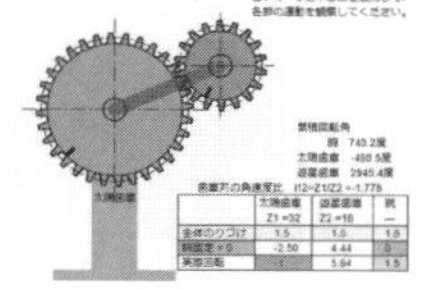

遊星歯車列の計算

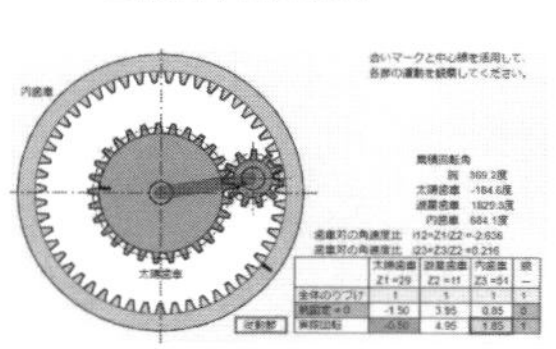

差動歯車列の計算

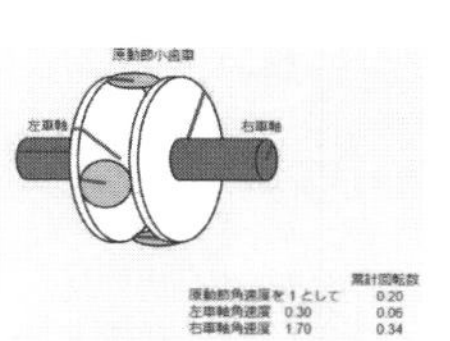

ディファレンシャルギヤ

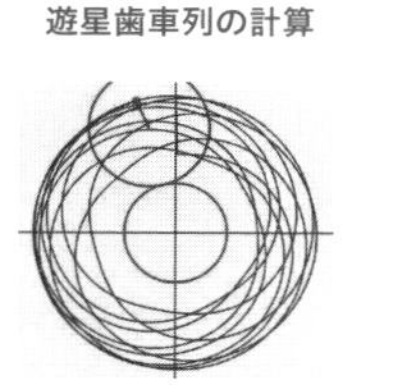

コーヒーカップの軌跡

8-1
歯車装置のあらまし

本章では歯車装置を構成する歯車列の計算を行います。一組の歯車の運動は駆動歯車と被動歯車の1対1の関係に制約されます。この節では本章で扱う歯車装置の概略を示します。

歯車装置の例

図8-1 (a) は扇風機の首振り減速機構、(b) はオートバイの変速機構です。動力源とする回転の速さを目的とする速さに調節するための歯車伝動機構です。

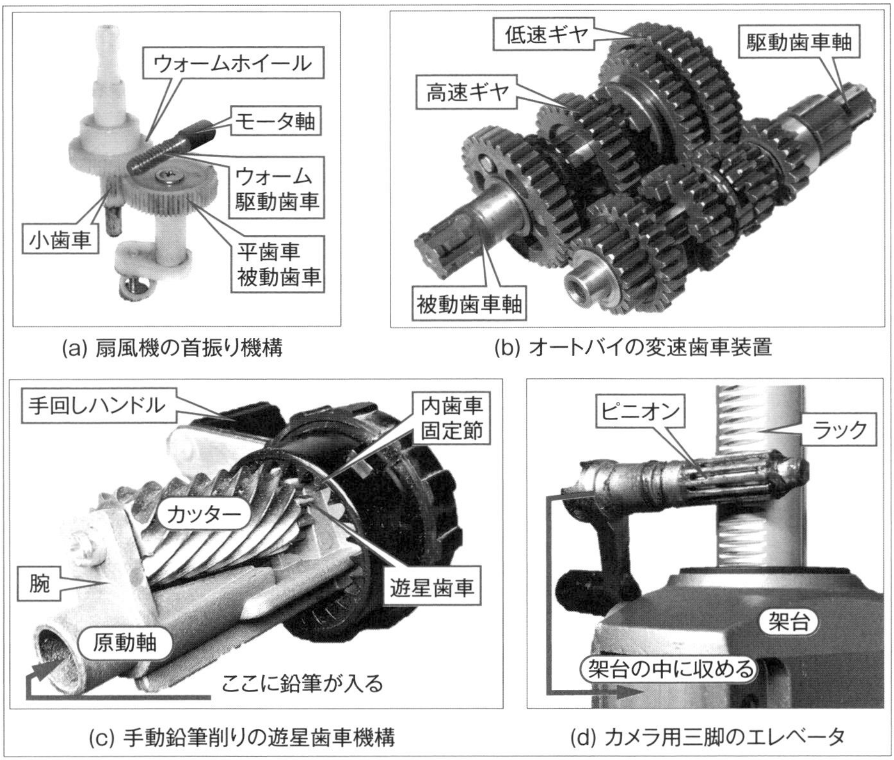

(a) 扇風機の首振り機構

(b) オートバイの変速歯車装置

(c) 手動鉛筆削りの遊星歯車機構

(d) カメラ用三脚のエレベータ

図8-1　いろいろな歯車装置

図（c）は、ハンドルの回転をカッターのクルクルと回る運動に変換し、図（d）は、ハンドルの回転をエレベータの並進運動に変換します。回転運動を別の形に変換する、身近な歯車の利用例です。

歯車列と回転の表し方

動力の伝達や変換を行う複数の歯車の組み合わせを**歯車列**《はぐるまれつ》と呼び、歯車列の運動を次のように表します。

①**速度伝達比**：回転を単位時間あたりの回転数で表すことが多く、おもに機械工作や機械設計の分野で使われます。駆動歯車の回転数n1、歯数z1、被動歯車の回転数n2、歯数z2として、速度伝達比i = n1／n2 = z2／z1とします。

②**角速度比**《かくそくどひ》**・速比**《そくひ》：回転を角速度で表し、おもに機構学の分野で使われます。駆動歯車の角速度ω1、歯数z1、被動歯車の角速度ω2、歯数：z2として、角速度比u = ω2／ω1 = z1／z2とします。速度伝達比と逆数になりますが、どちらの表し方でも統一されていれば、問題ありません。本書では、角速度比を使用します。また、以降角速度比が一定となる歯車列では、速比とも表します。上記以外に、分野により、**変速比**、**ギヤ比**などの表し方も使われています。

本章で考える歯車列

伝動の目的により、いろいろな種類の歯車列ができます。本章では、図8-2に示す歯車列について、アニメーションとシミュレータで確認しながら理解していきます。

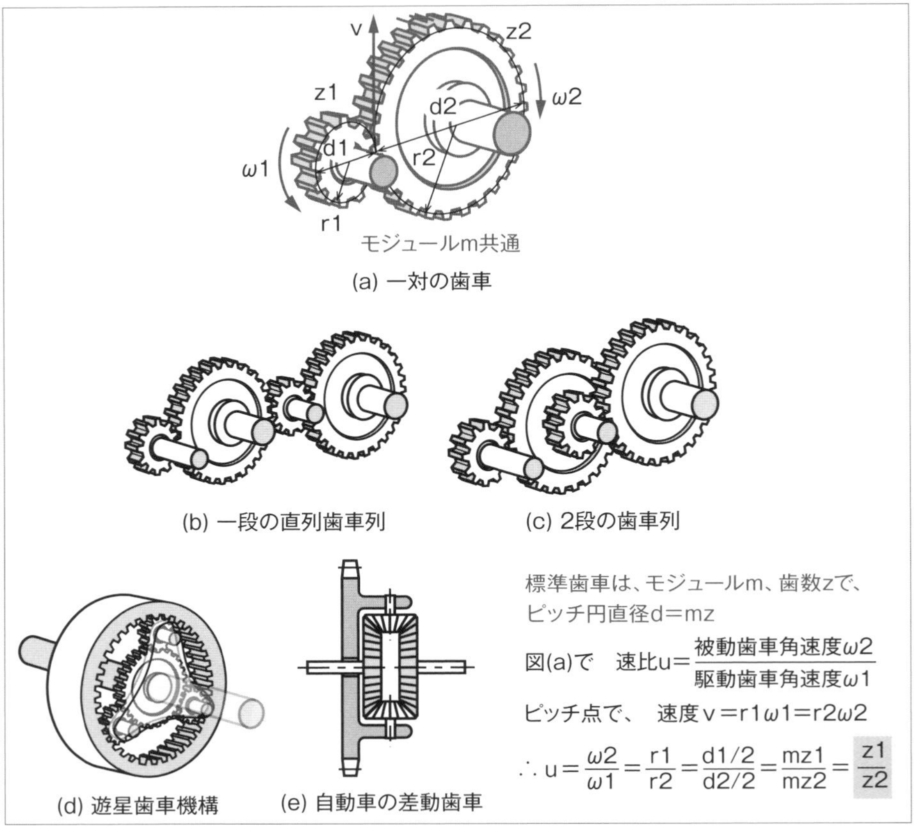

図8-2　本章で考える歯車列

物理量の表記に関して

8章の物理量の表記はシミュレータの画面に合わせた方がわかりやすいため、本文中の表記を立体活字としました（添え字もシミュレータの画面に合わせました）。

8-2 平歯車対

代表的な円筒歯車である平歯車２枚を組み合わせた平歯車対で、歯車伝動の基本を考えます。

平歯車対

図8-3の2つの平歯車の組み合わせは、平行軸間で動力を伝達するもっとも基本的な方法です。組み合わされる歯車の歯の大きさを決定するモジュールは歯数の大小にかかわらず等しいことが必要です。

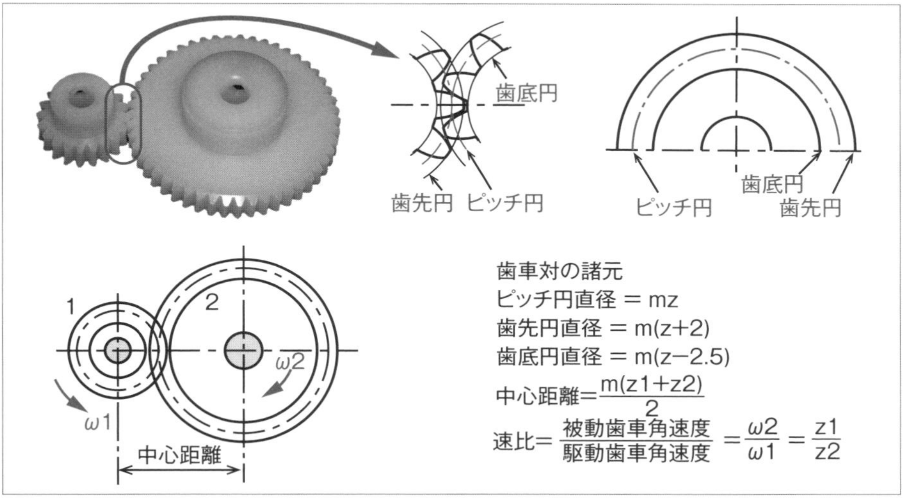

図8-3　平歯車対

歯車の回転量

歯車対の運動は、速比u、角速度ω、歯数zの変数で関連付けられるので、未知数となるいずれかの値は、簡単な代数計算で求めることができます。シミュレータでは、駆動歯車の回転を基準、両歯車の歯数を設定し、被動歯車の運動をω2＝uω1として、シミュレーション中の両歯車の累計回転量を度単位で表示しています。

歯車の速度線図（クッツバッハ図法）

図8-4 (a) で、ピッチ点速度vと両歯車の回転中心1、2とを結ぶ三角形を作り、**ピッチ点速度線図**とします。図 (b) で、任意の線分opの点pに垂線を取り、点oから取ったv1、v2との平行線の交点を1、2とするとp1：p2＝ω1：ω2となります。図 (b) を**速度線図**または、**回転数線図**と呼びます。歯車対の回転を視覚的に示すこの方法を**クッツバッハ図法**と呼びます。

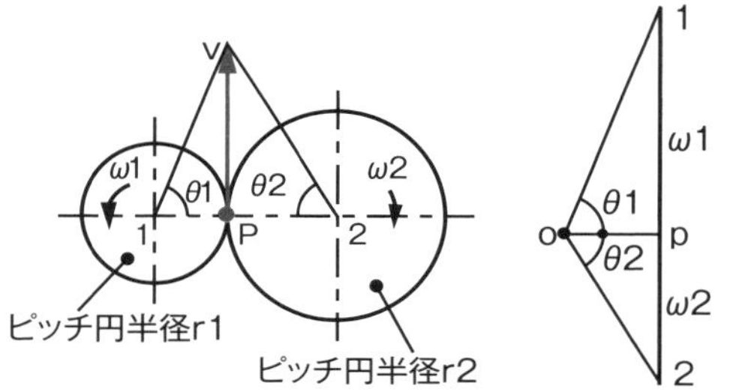

(a)ピッチ点速度線図　(b)速度線図

①ピッチ点に周速度vを任意の大きさで取る。
②回転中心1、2を結ぶ直線と平行に任意の直線opを取り、点pに垂直線を作る。
③点oからθ1、θ2で線分を引き,p点の垂直線との交点を1、2とする。
④線分p1：線分p2＝ω1：ω2となる。
⑤ω1とω2は逆回転なので、点1、2はpを挟んで正負の位置になる。

ピッチ点の速度vは歯車1,2で等しいから　$v = r1 \cdot \omega 1 = r2 \cdot \omega 2$

図(a)から

$$\begin{cases} \tan\theta 1 = \dfrac{v}{r1} = \dfrac{r1 \cdot \omega 1}{r1} = \omega 1 \\ \tan\theta 2 = \dfrac{v}{r2} = \dfrac{r2 \cdot \omega 2}{r2} = \omega 2 \end{cases}$$

図(b)から

$$\begin{cases} \tan\theta 1 = \dfrac{p1}{op} = \omega 1 \\ \tan\theta 2 = \dfrac{p2}{op} = \omega 2 \end{cases}$$

$$\therefore \omega 1 : \omega 2 = \frac{p1}{op} : \frac{p2}{op} = p1 : p2$$

※回転数nは、ωに比例するから
n1：n2＝p1：p2とも言えます。

図8-4　クッツバッハ図法

アニメーション、シミュレータで確認しよう

menu →〔第8章 歯車列の計算〕→〔平歯車対〕を選択、［開始］ボタンをクリックすると、図8-5の画面が起動します。

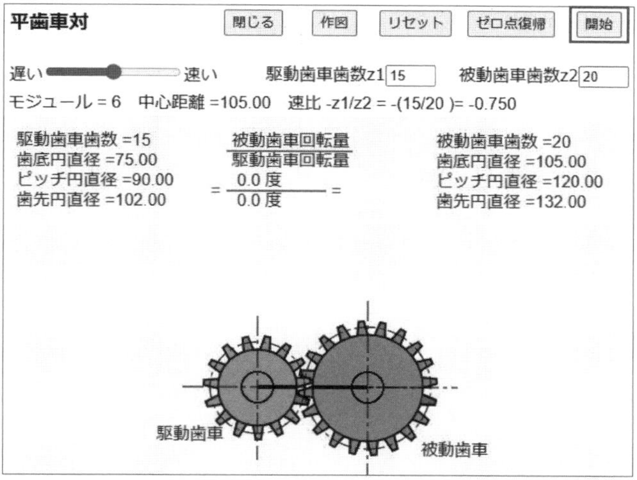

図8-5　平歯車対のアニメーション、シミュレータの起動画面

回転の観察

図8-6に示すシミュレータの入力項目は、駆動歯車歯数z1、被動歯車歯数z2で、両歯車とも最小13、最大35に設定しています。両歯車の諸元、中心距離とシミュレーション中の累計回転量を度単位で表示します。

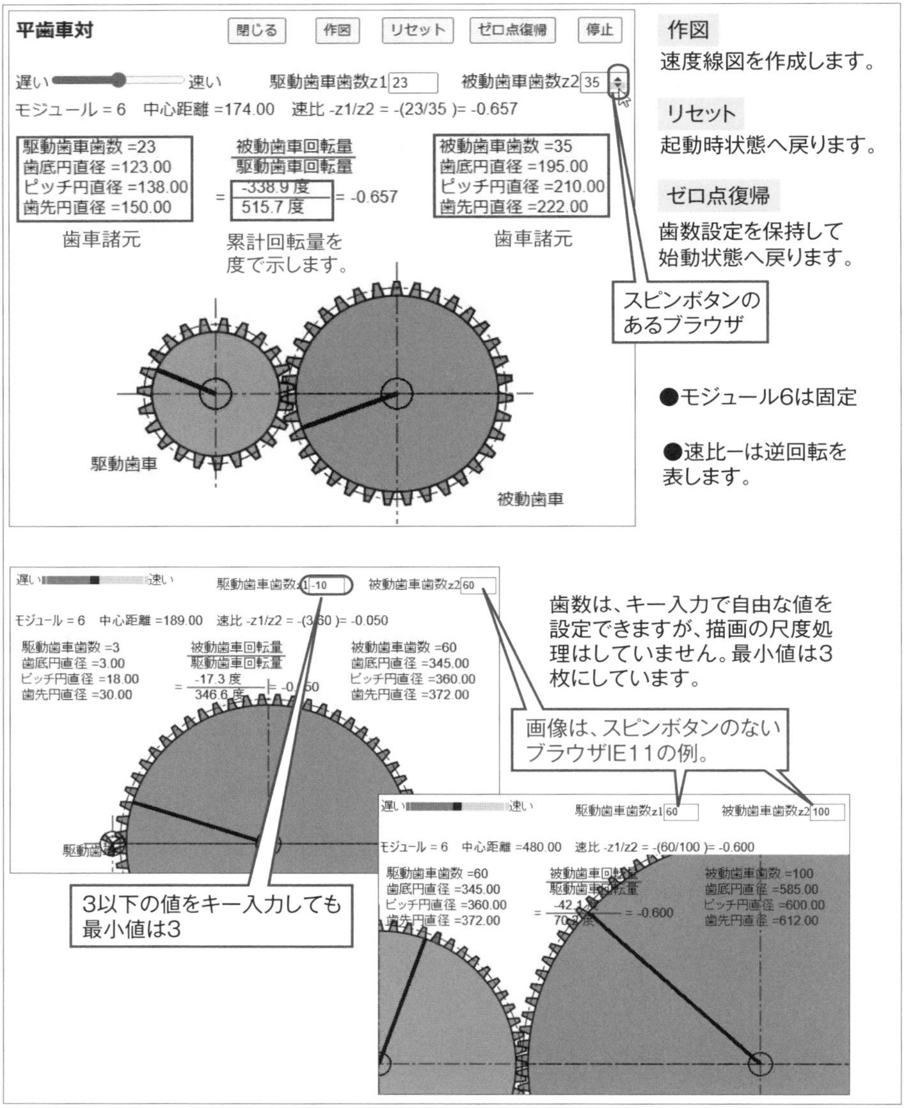

図8-6　回転の観察

速度線図の観察

［作図］ボタンをクリックすると、図8-7の画面となり、速度線図を作成できます。**［駆動歯車歯数z1］**枠の右横のスピンボタン（▲/▼）、**［被動歯車歯**

数z2］枠の右横のスピンボタン（▲/▼）をクリックしてください。

［運動］ボタンをクリックすると、アニメーション画面へ戻ります。歯数設定は両画面で、いつでも可能です。

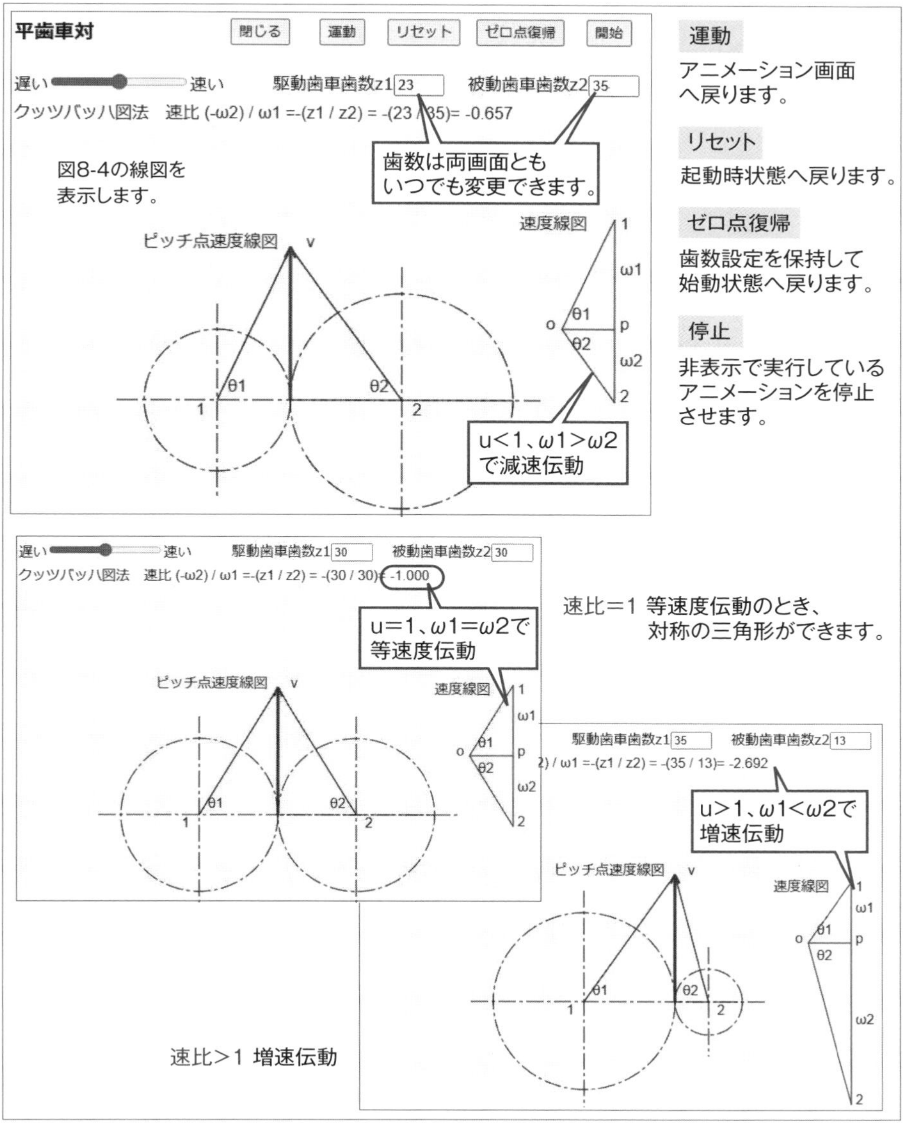

図8-7　速度線図の観察

8-3
1段歯車列

第5章の中間車を持つ円筒摩擦車を発展させて、平歯車対を連続させた3つ以上の歯車による歯車列を考えます。

遊び歯車

図8-8のように、歯車1、2、3の組み合わせで、1を駆動歯車とすれば、2が被動歯車となり、同時に歯車2が駆動歯車で3が被動歯車となります。この関係はいくつの歯車が連続しても成り立ちます。ここで、歯車1と3の速比に注目すると、図のように歯車2の歯数は影響しません。このように、機構の速比に影響しない中間歯車を**遊《あそ》び歯《は》車《ぐるま》**と呼びます。奇数個の中間歯車があるとき、駆動歯車と最終被動歯車は同じ向きに回転します。

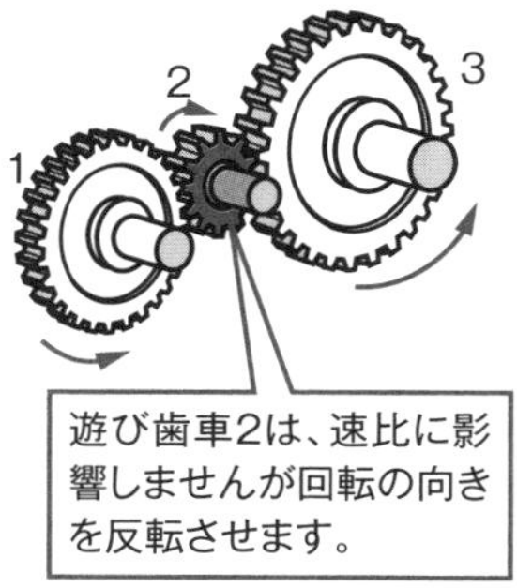
1
2
3
遊び歯車2は、速比に影響しませんが回転の向きを反転させます。

歯車1、2、3の歯数をz1、z2、z3、角速度をω1、ω2、ω3とします。各組み合わせの速比は、

$$u12=\frac{\omega 2}{\omega 1}=\frac{z1}{z2} \qquad u23=\frac{\omega 3}{\omega 2}=\frac{z2}{z3}$$

ここで歯車1を駆動歯車、歯車3を被動歯車として、1と3のみの速比を求めると、

$$u13=u12\times u23=\frac{\omega 2}{\omega 1}\times\frac{\omega 3}{\omega 2}=\frac{\omega 3}{\omega 1}$$

$$=\frac{z1}{z2}\times\frac{z2}{z3}=\frac{z1}{z3}$$

1と3だけに注目すると、2の歯数と角速度は速比に影響しません。歯車2を遊び歯車と呼びます。

図8-8　遊び歯車

1段歯車列の速度線図

図8-9で、歯車1と2のピッチ点に適当な大きさの速度ベクトルv12を決定します。歯車の中心は瞬間中心であり、永久中心なのでv12の長さから歯車2と3のピッチ点にv12と等しい長さで速度v23を求めることができます。こうして作られた各三角形の斜辺との平行線を利用して速度線図を求めます。同じ向きに回転する歯車1と3の位置を正とすれば、遊び歯車2は逆向きの回転なので、負の位置に求められます。

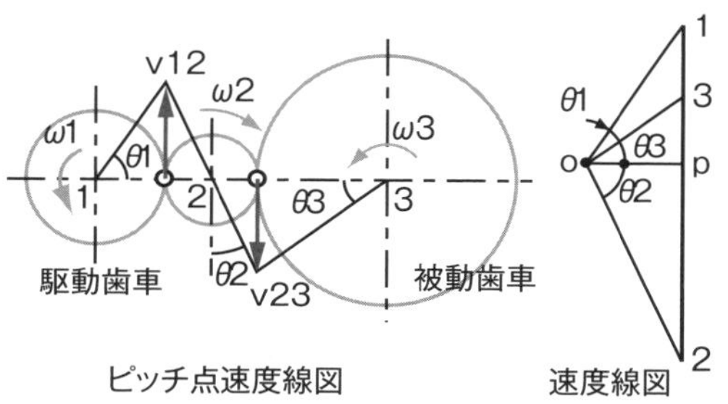

v12を適当に定めてピッチ点速度線図と速度線図を作ります。ω1：ω2：ω3=p1：p2：p3となります。歯車1、3は同じ向きの回転なので、速度線図の点1、点3はpを原点として同じ向きに作られます。歯車2は歯車1、3と逆向きに回転するので、点2はp点を基準として点1、3と逆の位置に作られます。

図8-9　1段歯車列の速度線図

アニメーション、シミュレータで確認しよう

menu →〔**第8章 歯車列の計算**〕→〔**1段歯車列**〕を選択します（[**開始**]ボタンをクリックすると開始します）。図8-10はアニメーション、シミュレーションの実行画面です。

[**作図**] ボタンをクリックすると、図8-10 (b) の画面となり、速度線図を作成できます。[**z1**]、[**z2**]、[**z3**] 枠の右横のスピンボタン (▲/▼)、をクリックしてください。

[**運動**] ボタンをクリックすると、アニメーション画面へ戻ります。歯数設定は両画面で、いつでも可能です。

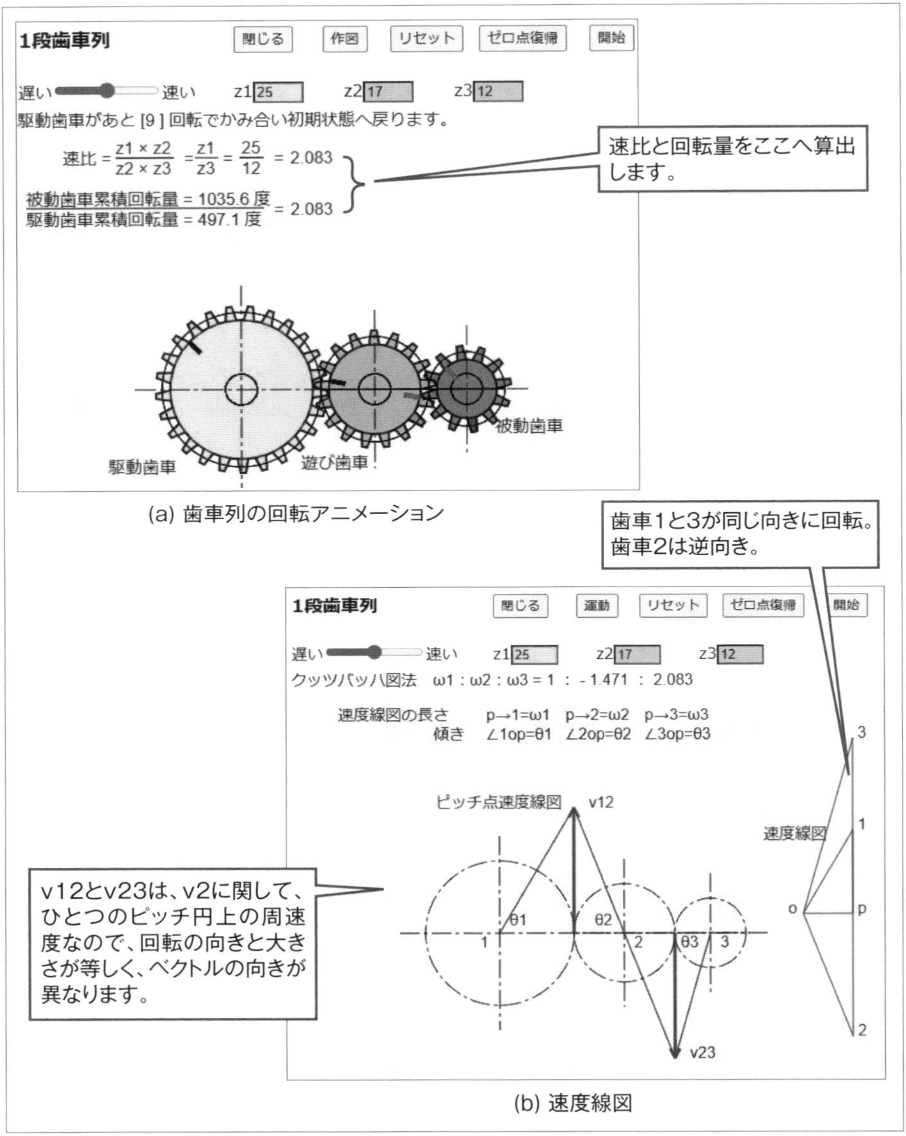

(a) 歯車列の回転アニメーション

(b) 速度線図

図8-10　1段歯車列のアニメーション、シミュレーション画面

8-4 2段歯車列

歯車対を複数段組み合わせることで大きな角速度変化を作ることができます。2段歯車列機構をアニメーションとシミュレータで理解します。

2段歯車列の速比と速度線図

図8-11 (a) は、歯車対1、2と歯車対3、4の歯車2と3を同軸で連結した歯車列で**2段歯車列**と呼びます。各歯車の歯数をz1、z2、z3、z4とします。歯車2と3は同じ角速度で回転します。このときの速比は、

u = (z1 × z3) ／ (z2 × z4)

となり、駆動歯車歯数の積／被動歯車歯数の積となります。図 (b) は、各歯車に歯数を与えて作った速度線図の例です。シミュレータで確認してみましょう。

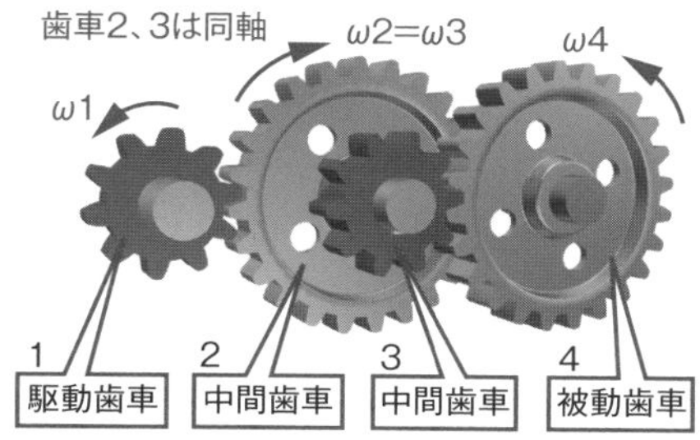

歯車1、2、3、4の歯数をz1、z2、z3、z4、角速度をω1、ω2、ω3、ω4とします。各歯車対の速比は、

$$u12 = \frac{\omega 2}{\omega 1} = \frac{z1}{z2} \quad u34 = \frac{\omega 4}{\omega 3} = \frac{z3}{z4}$$

ここで駆動歯車1と被動歯車4の速比を求めると、

$$u14 = u12 \times u34 = \frac{\omega 2}{\omega 1} \times \frac{\omega 4}{\omega 3} = \frac{\omega 4}{\omega 1}$$

$$= \frac{z1}{z2} \times \frac{z3}{z4}$$ ＜ 各段駆動歯車歯数の積／各段被動歯車歯数の積

(a) 2段歯車列の速比

v12とv34のピッチ円径が異なるので、2点の速度ベクトルの大きさは、永久中心からの距離に比例します。

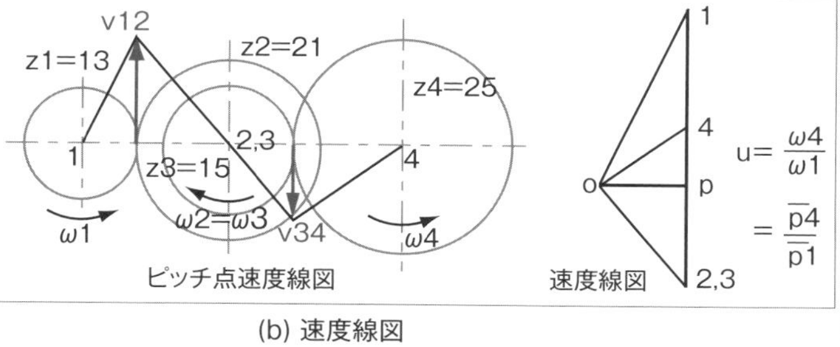

(b) 速度線図

図8-11　2段歯車列の速比

アニメーションで確認しよう

menu →〔**第8章 歯車列の計算**〕→〔**2段歯車列**〕を選択します（[**開始**] ボタンをクリックすると開始します）。図8-12は、アニメーション起動画面です。各歯車の歯数をz1=10、z2=24、z3=10、z4=24とすると、速比は0.174となります。

図8-12　2段歯車列のアニメーション画面

シミュレータで確認しよう

menu →〔**第8章 歯車列の計算**〕→〔**2段歯車列の計算**〕を選択します。図8-13はシミュレート画面です。

[**z1**]、[**z2**]、[**z3**]、[**z4**] 枠の右横のスピンボタン（▲/▼）、をクリックしてください。[**開始**] ボタンをクリックすると開始します。

[**作図**] ボタンをクリックすると図8-13（b）の画面になります。

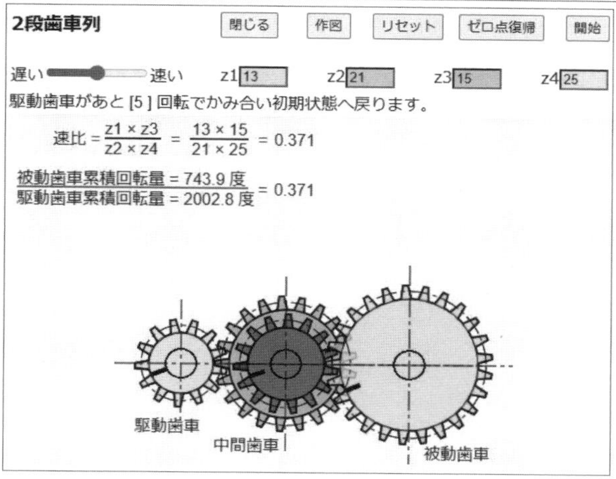

(a) 2段歯車列の速比シミュレーション

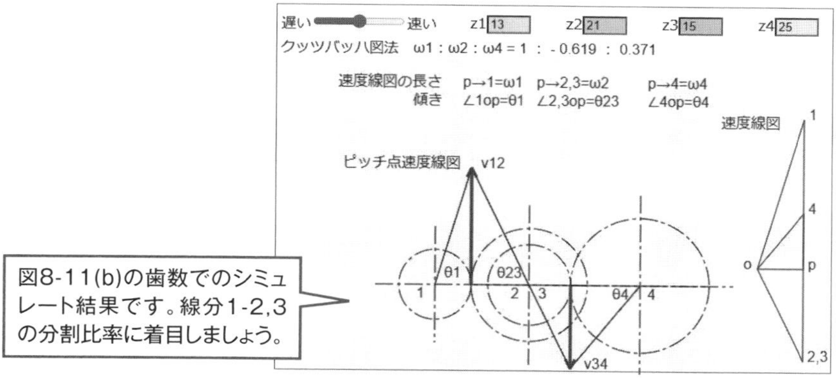

(b) 2段歯車列の速度線図シミュレーション

図8-13 2段歯車列の計算（シミュレート画面）

8-5
内歯車対

平歯車列や段歯車列で大きな角速度変化を作ると装置が大きくなります。円環の内側に歯を付けた内歯車と小歯車を組み合わせてコンパクトな変速装置を作ることができます。

内歯車対の速比と速度線図

図8-14で、円環の内側に歯を持つ歯車を**内《うち》歯《は》車《ぐるま》**と呼びます。内部でかみ合う小歯車と内歯車は同じ向きに回転し、歯車装置全体を小さく作ることができます。本章の図8-1（c）の鉛筆削りの遊星歯車機構では、内歯車が重要な働きをします。鉛筆削り器が身近にあれば、内部のクリーニングを兼ねて観察することをお勧めします。

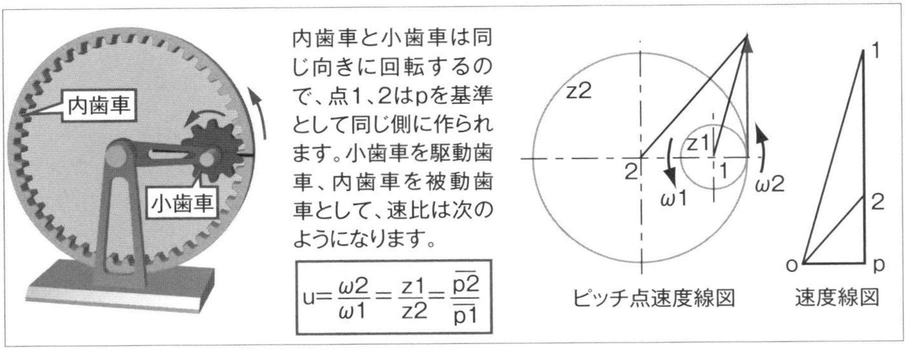
内歯車
小歯車
内歯車と小歯車は同じ向きに回転するので、点1、2はpを基準として同じ側に作られます。小歯車を駆動歯車、内歯車を被動歯車として、速比は次のようになります。
$u=\frac{\omega 2}{\omega 1}=\frac{z1}{z2}=\frac{\overline{p2}}{\overline{p1}}$
z2
z1
2
1
ω1
ω2
ピッチ点速度線図
1
2
o
p
速度線図

図8-14　内歯車対の速比と速度線図

シミュレータで確認しよう

menu →〔第8章 歯車列の計算〕→〔内歯車対〕を選択します。図8-15は、シミュレーション画面です（[開始] ボタンをクリックすると開始します）。シミュレータは、小歯車を駆動歯車z1、内歯車を被動歯車z2とし、10≦z1≦40、30≦z2≦50、z1≦0.8z2と制限しています。

［**作図**］ボタンをクリックすると図8-15（b）の画面になります。［**干渉**］ボタンは「歯の干渉」の説明をお読みください。

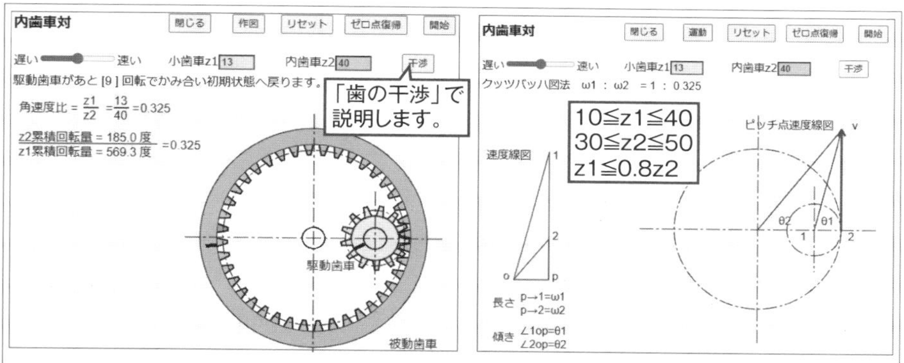

(a) 内歯車対の回転アニメーション　(b) 内歯車対の速度線図

図8-15　内歯車対のシミュレーション画面

歯の干渉

図8-16（a）のように、小歯車歯数が少ないとき、小歯車の歯元に内歯車の歯先が食い込み、回転できなくなることがあります。これを**インボリュート干渉《かんしょう》**と呼びます。図（b）のように、内歯車と小歯車の歯数差が小さいと、かみ合い前後の小歯車歯先と内歯車歯先が接触し、回転できなくなることがあり、これを**トロコイド干渉**と呼びます。シミュレータの歯形は厳密なものではないので、図はイメージとしてとらえてください。図（b）は、［**干渉**］ボタンを押して、歯数の制限を解除し、z1 = 40、z2 = 43としました。［**正常**］ボタンで歯数制限を有効に戻します。

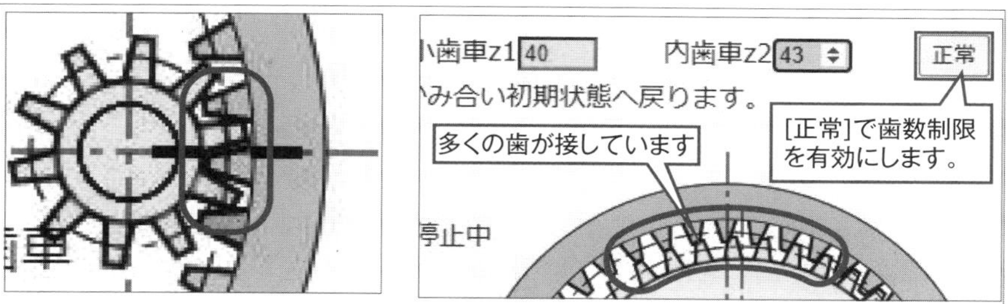

(a) 歯数の少ないとき：z1=10、z2=40　(b) [干渉]で歯数制限を外して：z1=40、z2=43

図8-16　歯の干渉のイメージ

8-6

遊星歯車列 1

平歯車列の一方の歯車を中心として、その周囲に相手歯車を回転させると、回りながら回るという遊星歯車機構ができます。

アニメーションで確認しよう

初めに動きを見ておきましょう。

menu →〔**第 8 章 歯車列の計算**〕→〔**遊星歯車列 1**〕を選び、［**開始**］ボタンをクリックします。図8-17は、アニメーションの実行画面です。

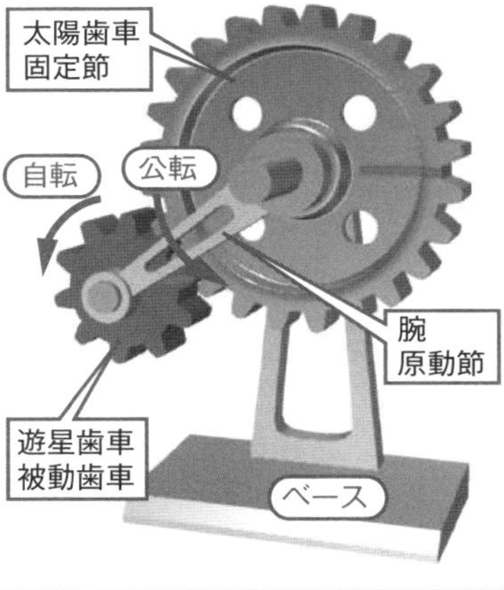

	太陽歯車 z1=24	遊星歯車 z2=10	腕 —
①全体のりづけ	1	1	1
②腕固定	-1	2.4	0
③実際回転	0	3.4	1

本書では、この表を「のりづけ表」と呼ぶことにします。

●太陽歯車 : 歯数z1、回転数n1
●遊星歯車 : 歯数z2、回転数n2
●腕 : 回転数nA
とします。

図 8-17　遊星歯車列 1 の実行画面

遊星歯車列の考え方

図8-17で、中心の歯車を**太陽歯車**、その相手歯車を**遊星《ゆうせい》歯《は》車《ぐるま》**、2つの歯車を結ぶ中間節を**腕**と呼び、太陽歯車を回転しない固定節、腕を回転の原動節、遊星歯車を被動歯車とする機構を**遊星《ゆうせい》歯《は》車列《ぐるまれつ》**と呼びます。遊星歯車には、腕の回転による**公転**と太陽歯車との歯車対による**自転**が生まれます。回転の表

し方に、角速度に加えて左回りを正として、各節が回転した数で表す**回数数**を考えます。

のりづけ法

図8-17ののりづけ表は、「腕を＋1回転させたときに、遊星歯車がベースに対して何回転するか」を求めたものです。遊星歯車の回転は、公転を**①全体のりづけ**、太陽歯車との歯車列による自転を**②腕固定**と仮定して、①と②の合計を**③実際回転**として求めます。図8-18（p.264）の手順で作表してみましょう。のりづけ表は、はじめに③行目に既知の条件を記入してから、縦の列が①＋②＝③となるように作ります。

Column　のりづけ法

歯車の運動は、直接接触する歯車とそれを支持する固定節で考えます。遊星歯車では固定節として歯車を支持する節自体が回転するために、これを固定節と仮定して以下ののりづけ法と呼ぶ手順で運動を考えます。

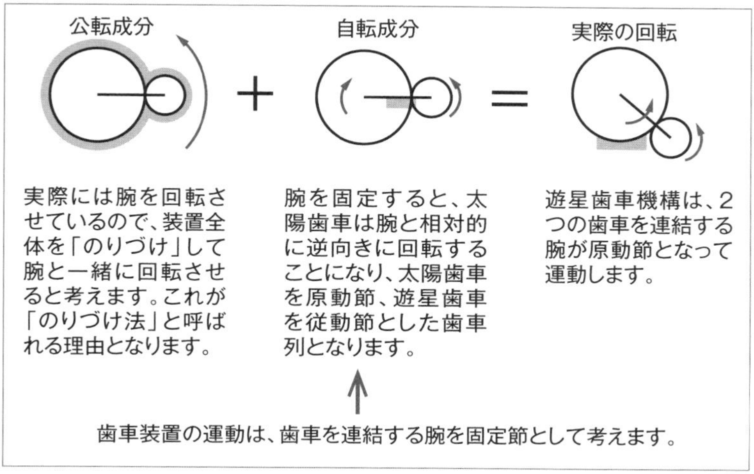
公転成分
自転成分
実際の回転
実際には腕を回転させているので、装置全体を「のりづけ」して腕と一緒に回転させると考えます。これが「のりづけ法」と呼ばれる理由となります。
腕を固定すると、太陽歯車は腕と相対的に逆向きに回転することになり、太陽歯車を原動節、遊星歯車を従動節とした歯車列となります。
遊星歯車機構は、2つの歯車を連結する腕が原動節となって運動します。
歯車装置の運動は、歯車を連結する腕を固定節として考えます。

⓪準備　条件記入	①全体のりづけ（公転分）	②腕固定（自転分）	③実際の回転

はじめに③行目の既知の条件を記入します。遊星歯車列では、太陽歯車n1=0と腕の回転数nAが既知で、遊星歯車の回転数が未知数です。

●太陽歯車
歯数z1、回転数n1
●遊星歯車
歯数z2、回転数n2
●腕回転数nA

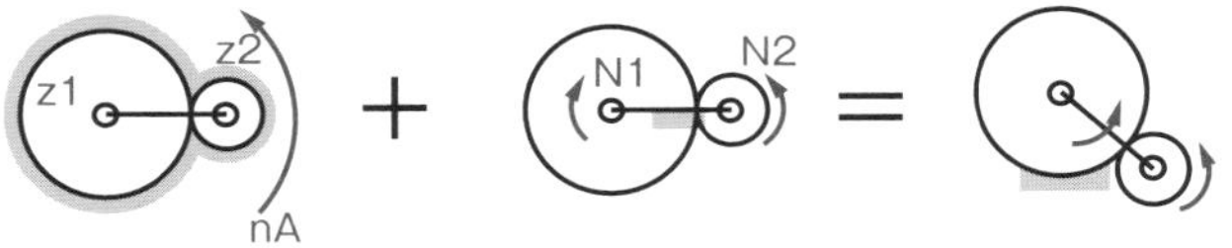

①行目全てnA（仮定）
装置全体をのりづけして腕の回転数nAだけ回転したと考え、①行を全てnAとします。これが「のりづけ法」と呼ばれる理由です。

②行目=③−①（仮定）
腕の回転数ゼロ。太陽歯車N1=n1-nA。太陽歯車が駆動歯車、遊星歯車が被動歯車の歯車列となり、回転の向きを含めてN1z1=-N2z2から遊星歯車N2を算出します。

③行目=①+②
一点だけ未知数だった遊星歯車の回転数が算出できます。

腕の回転数nA=+1、太陽歯車回転数n1=0として遊星歯車の回転数を求めます。

【0】③の条件値を記入します。

n1=0、nA=+1 n2未知数	太陽歯車 z1=24	遊星歯車 z2=10	腕 —
①全体のりづけ			
②腕固定			
③実際回転	0 n1	n2未記入	1 nA

【1】①のすべてにnA=+1を記入します。

	太陽歯車 z1=24	遊星歯車 z2=10	腕 —
①全体のりづけ	1 nA=+1	1	1
②腕固定	N1とする	N2とする	
③実際回転	0	n2	1

【2】②=③−①　N1=n1−nA、N2=−N1×(z1/z2)

歯車1、2の歯車列と考える	太陽歯車 z1=24	遊星歯車 z2=10	腕 —
①全体のりづけ	1	1	1
②腕固定	N1=0-1=-1	2.4	1-1=0
③実際回転	0	n2	1

【3】③=①+②　n2=nA+N2　のりづけ表完成

	太陽歯車 z1=24	遊星歯車 z2=10	腕 —
①全体のりづけ	1	1	1
②腕固定	−1	2.4	0
③実際回転	0	1+2.4=3.4	1

$N1z1=-N2z2 \therefore N2=-N1\frac{z1}{z2}=-(-1)\frac{24}{10}=2.4$　- は、N1とN2の回転が逆向きのため必要です。

図8-18　のりづけ法（図8-17の作表例）

のりづけ表の例と回転数線図

●【例題】

太陽歯車z1 = 30、遊星歯車z2 = 10、腕nA = + 2回転の遊星歯車列の回転を求めます。

●【解】

遊星歯車列では、太陽歯車回転数n1 = 0です。図8-19で、のりづけ表と回転数線図を作ります。

	太陽歯車 z1=30	遊星歯車 z2=10	腕 ―
①全体のりづけ	2	2	2
②腕固定	0-2=-2	$-(-2)\frac{30}{10}=6$	2-2=0
③実際回転	0	2+6=8	2

この順で作成

- 既知の条件を記入
- 公転分nA記入
- 歯車対と仮定した回転数　②=③−①
- 自転分　$N2=-N1\frac{z1}{z2}$
- 最終の実際回転数　③=①+②

(a) のりづけ表

のりづけ表から遊星歯車の実際の回転数n2の一般式を作ると

$$n2=nA+nA\frac{z1}{z2}=nA\left(1+\frac{z1}{z2}\right)$$

太陽歯車ピッチ円半径r1、遊星歯車ピッチ円半径r2とすれば、

$$n2=nA\left(1+\frac{r1}{r2}\right)$$

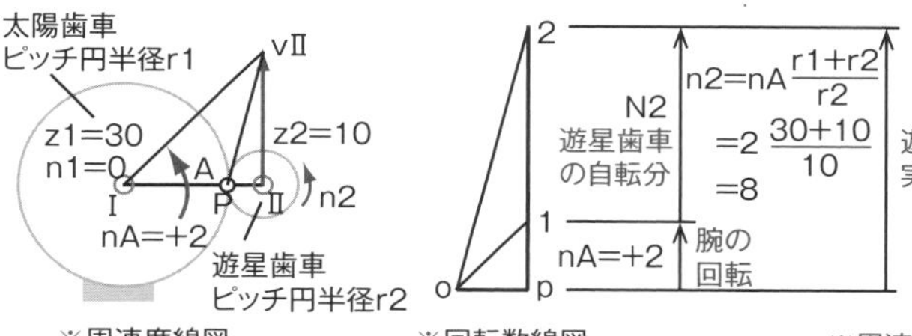

※周速度線図　※回転数線図

z1:z2=30:10から、r1:r2=3:1の円を描く。
腕先端・遊星歯車中心点Ⅱに適当な大きさで周速度vⅡを取る。
太陽歯車と遊星歯車のピッチ点Pは瞬間中心なので速度vP=0。
線分opを適当に取り、点pに垂線を作る。
vⅡの先端から線分vⅡI、vⅡPを作り、opの点oから取ったvⅡI、vⅡPの平行線と点pの垂線上に交点1、2を求める。
線分o1//IvⅡなので、p→1が腕の回転数nA。
線分o2//PvⅡなので、p→2が遊星歯車の実際回転数n2。
1→2が遊星歯車の自転分N2。

※周速度線図
ピッチ点だけでなく腕先端の周速度も取るので、周速度線図とします。

※回転数線図
運動を回転数表記するので、回転数線図とします。回転数を角速度と読み替えても、作図は同一です。

【作図法を検証する】

△IⅡvⅡ∽△op1、△PⅡvⅡ∽△op2

2つの式は等しい

$$p2=p1\frac{IⅡ}{PⅡ}=p1\frac{r1+r2}{r2}\quad\therefore\ p2=nA\left(1+\frac{r1}{r2}\right)=n2$$

(b) 回転数線図

図8-19　のりづけ表の例と回転数線図

シミュレータで確認しよう

menu →〔第8章 歯車列の計算〕→〔遊星歯車列の計算〕を選び、[開始]ボタンをクリックします。図8-20 (a) は起動画面です。z1、z2、nAを設定（枠

の右横のスピンボタン（▲/▼）をクリック）して確認してみましょう。

ここで［**作図**］ボタンをクリックすると、作図画面となります。［**z1**］［**z2**］［**n1**］［**nA**］枠の右横のスピンボタン（▲/▼）をクリックしてください。［**運動**］ボタンをクリックすると、アニメーション画面へ戻ります。

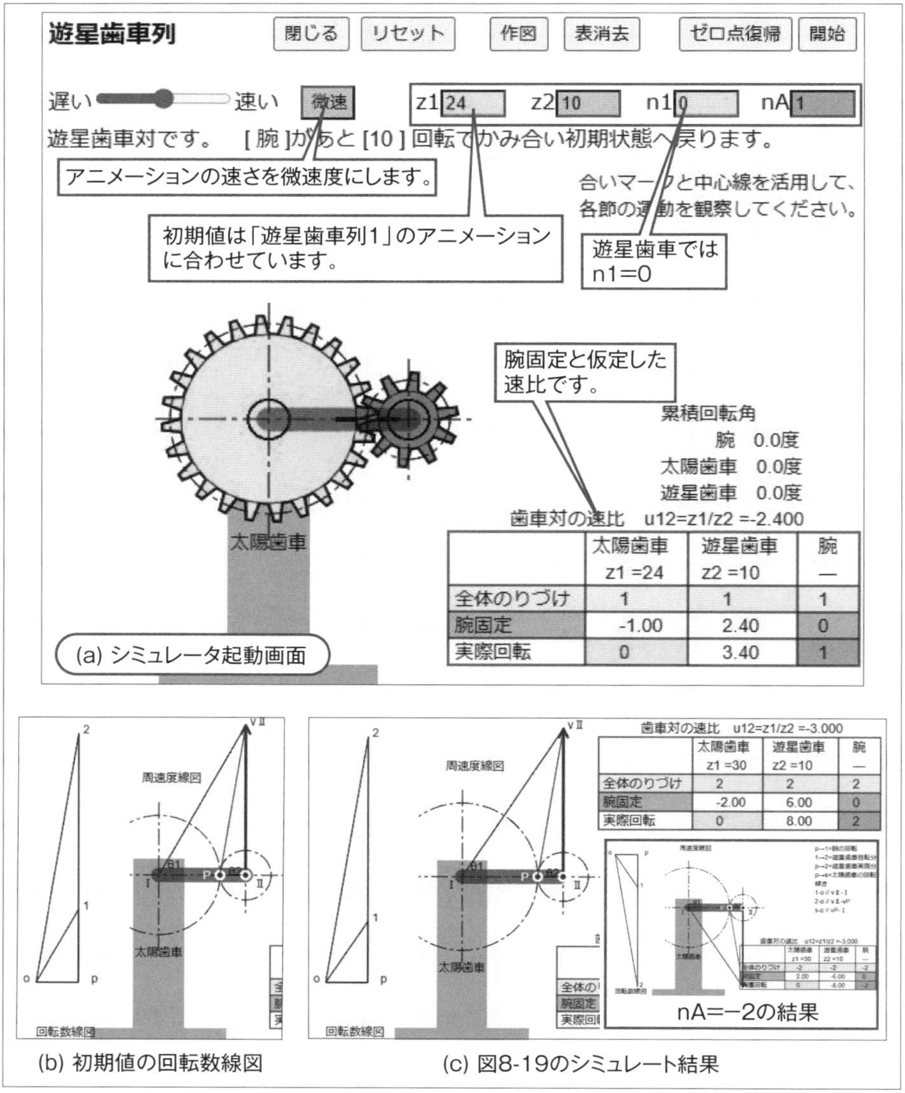

(a) シミュレータ起動画面

(b) 初期値の回転数線図

(c) 図8-19のシミュレート結果

図8-20　遊星歯車列の計算（シミュレータ）

8-7
遊星歯車列２（差動歯車列）

「差動」という用語には、複数の入力を加えて１つの出力を得るという使われ方があります。遊星歯車列に２つの入力を与えた機構を差動歯車列と呼びます。

アニメーションで確認しよう

menu →〔第８章 歯車列の計算〕→〔遊星歯車列２差動〕を選び、［開始］ボタンをクリックします。図8-21はアニメーションの実行画面です。

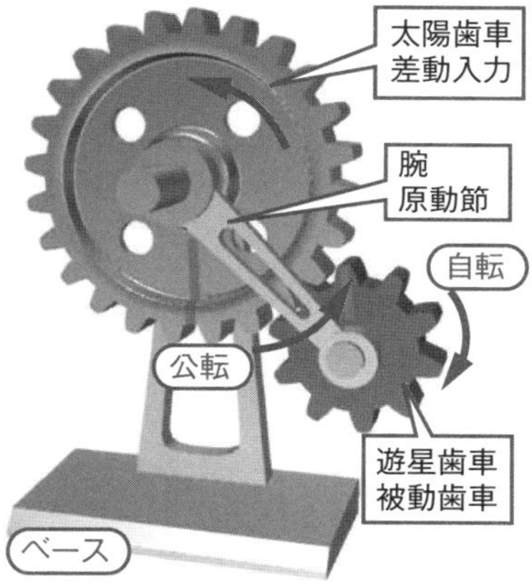

	太陽歯車 z1=24	遊星歯車 z2=10	腕 —
①全体のりづけ	1	1	1
②腕固定	1	-2.4	0
③実際回転	2	-1.4	1

遊星歯車は、腕とともに左回りに1回転する間に遊星歯車そのものは、ベースに対して右回りに1.4回転します。歯車の赤線のマーカーで確認しましょう。

図8-21　遊星歯車列２差動の実行画面

遊星歯車列と差動歯車列

機構を構成する複数の節の運動を合成して得られる動きを**差動**《さどう》と呼び、遊星歯車列で腕を回転させると同時に太陽歯車も回転させると、太陽歯車の回転と腕の回転を合成した運動が遊星歯車に生じます。太陽歯車、遊星歯車、腕の3節のうち、2節に入力を与える歯車列を**差動歯車列**と呼びます。

のりづけ表と回転数線図

図8-22 (a) の、のりづけ表は図8-21のもので、太陽歯車に差動入力を与えて遊星歯車列と同様の手順で作成します。図 (b) の回転数線図は、初めにvⅡを任意の長さに設定し、vPの長さをvⅡとの比率で決定してから各瞬間中心と速度ベクトルの先端を結びます。

	太陽歯車 z1=24	遊星歯車 z2=10	腕 —
①全体のりづけ	1	1	1
②腕固定	2-1=1	$-1\frac{24}{10}=-2.4$	1-1=0
③実際回転	2	1-2.4=-1.4	1

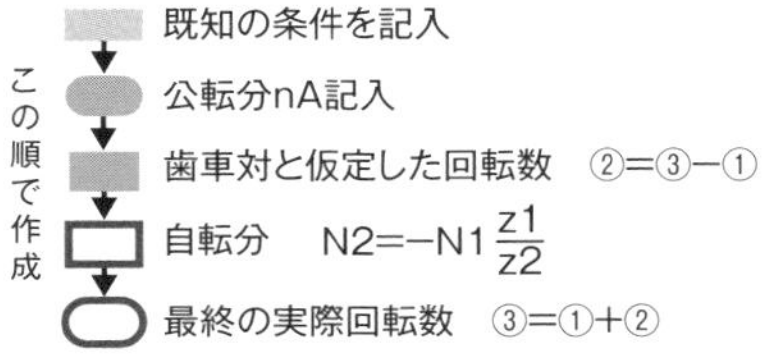

(a) のりづけ表

のりづけ表から遊星歯車の実際回転数n2の一般式を作ると

$$n2=nA-(n1-nA)\frac{z1}{z2}$$

太陽歯車ピッチ円半径r1、遊星歯車ピッチ円半径r2とすれば、

$$n2=nA-(n1-nA)\frac{r1}{r2}$$

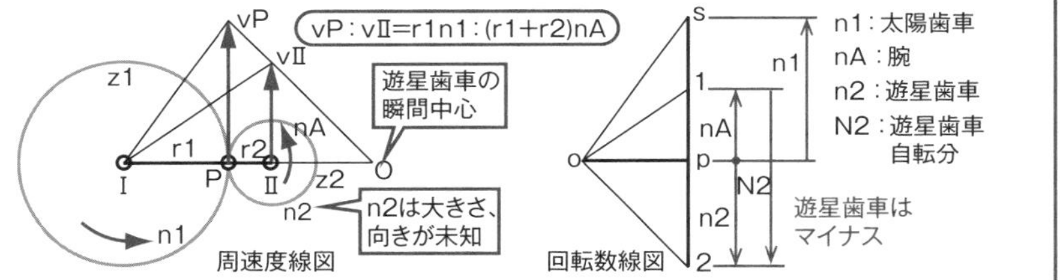

z1 : z2=24 : 10から、r1 : r2=24 : 10の円を描く。
腕先端･遊星歯車中心点Ⅱに適当な長さで周速度vⅡを取る。
太陽歯車と遊星歯車のピッチ点Pの速度vPの長さをvⅡとの比率で決定する。→
線分opを適当に取り、点pに垂線を作る。
vPとvⅡを含む線分と線分IⅡの延長線の交点Oが遊星歯車の回転中心。
点oにvPI、vⅡI、vP0の平行線を取り、点pの垂線上に交点1、2、sを求める。
線分o1//IvⅡなので、p→1が腕の回転数nA。
線分os//IvPなので、p→sが太陽歯車の回転数n1。
線分o2//vP0なので、p→2が遊星歯車の実際回転数n2。
1→2が遊星歯車の自転分N2。

vPの長さをvⅡとの比率で表す。

$$vP=n1\frac{z1}{z1+z2}v\text{Ⅱ}$$
$$=2\frac{24}{24+10}v\text{Ⅱ}$$
$$=1.412v\text{Ⅱ}$$

【作図法を検証する】

2つの三角形が反転しているので高さ方向をマイナスと考える。

△IⅡvⅡ∽△op1からp1=nA、△IPvP∽△opsからps=n1、△OⅡvⅡ∽(−)△op2から $p2=(-)p1\frac{\text{IⅡ}}{\text{OⅡ}}$ *1

$(vP-v\text{Ⅱ}) : r2=v\text{Ⅱ} : \text{OⅡ}$　$\therefore \text{OⅡ}=\frac{r2v\text{Ⅱ}}{vP-v\text{Ⅱ}}=\frac{r2nA(r1+r2)}{r1n1-nA(r1+r2)}$

2つの式は等しい

*1式を整理して $p2=-p1\frac{\text{IⅡ}}{\text{OⅡ}}=-nA\frac{(r1+r2)(r1n1-nA(r1+r2))}{r2nA(r1+r2)}=-n1\frac{r1}{r2}+nA\left(1+\frac{r1}{r2}\right)=nA-(n1-nA)\frac{r1}{r2}=n2$

(b) 回転数線図

図8-22　のりづけ表と回転数線図

シミュレータで確認しよう

menu →〔第8章 歯車列の計算〕→〔遊星歯車列の計算〕で太陽歯車の差動入力n1を設定すると差動歯車列のシミュレートができます。図8-23は、zとnの条件を前ページの差動歯車列に合わせた例です（図8-23は［**作図**］ボタンをクリックした作図画面です）。［**z1**］［**z2**］［**n1**］［**nA**］枠の右横のスピンボタン（▲/▼）をクリックしてください。［**運動**］ボタンをクリックすると、アニメーション画面へ戻ります。

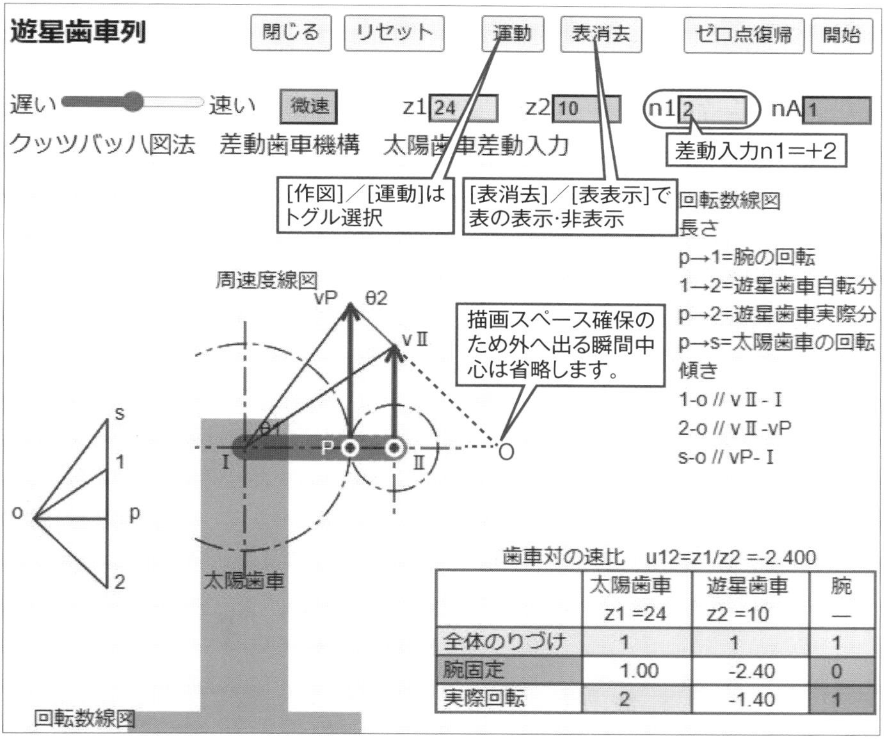

図8-23　差動歯車列のシミュレート例

設定を変えてシミュレートしましょう

歯数と回転数を設定して、ご自分で計算した後にシミュレータで確認することをお勧めします。描画とのりづけ表が重なり見にくい場合は、［**表消去**］

で、表を非表示にできます。アニメーションが速すぎる場合は、[**微速**] で1／10の速さに変更できます。

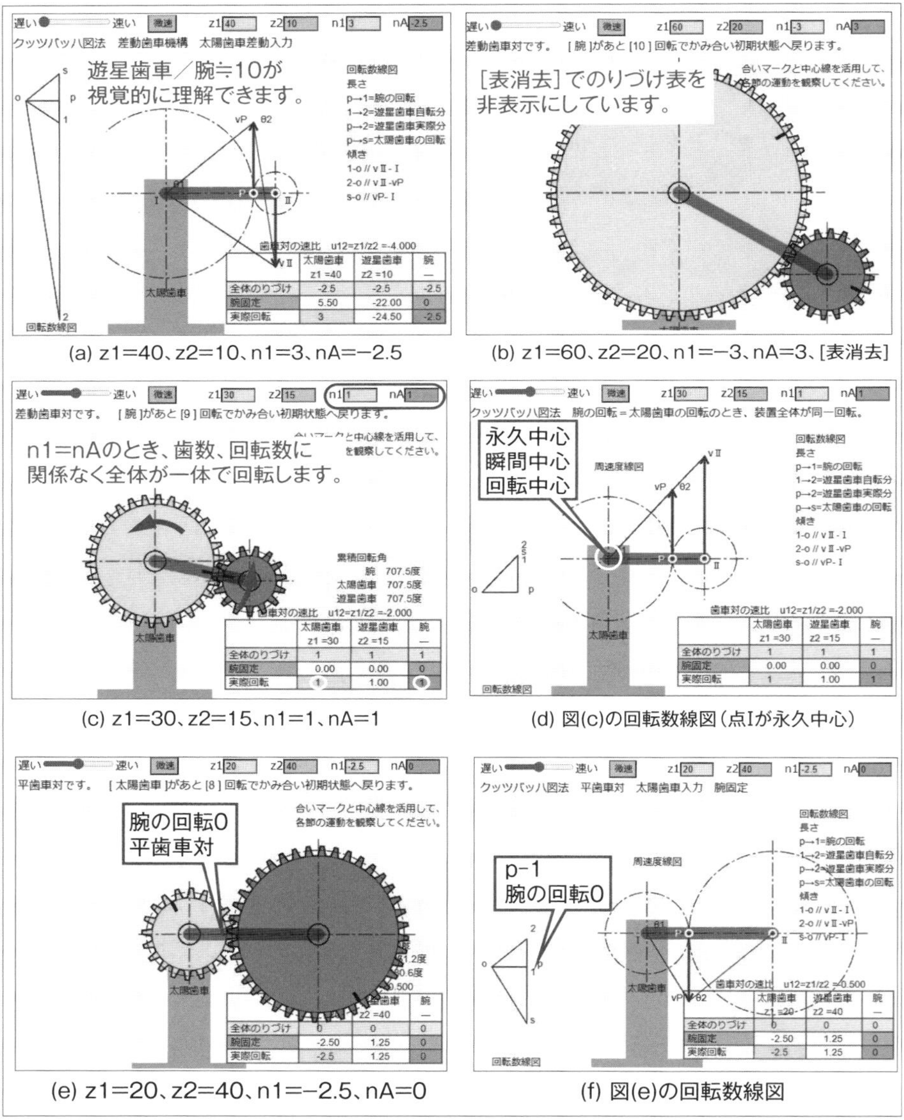

図8-24　差動歯車列のシミュレート例

8-8 差動歯車変速機構

歯車変速装置をコンパクトに構成するために、内歯車と遊星歯車の差動動作を利用した歯車機構が実用化されています。

差動歯車列の実用的な構成

内歯車の内部に差動歯車列を組み込んだ変速機構が広く使われています。この機構の特徴は、内歯車の内部に構成部品が収められ、コンパクトな構成が可能で、速比と駆動節、被動節を自由に設定できる点にあります。

アニメーションで確認しよう

menu →〔**第8章 歯車列の計算**〕→〔**差動歯車列**〕を選びます（[**開始**] ボタンをクリックすると開始します）。

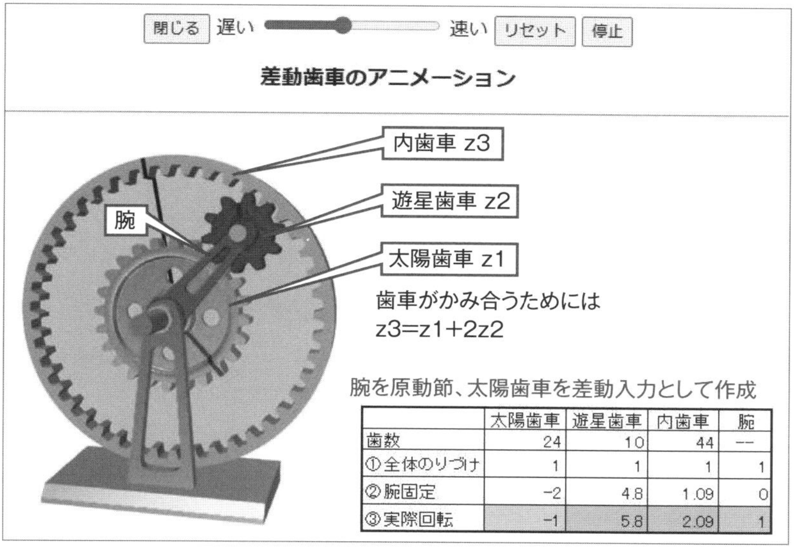

	太陽歯車	遊星歯車	内歯車	腕
歯数	24	10	44	---
①全体のりづけ	1	1	1	1
②腕固定	−2	4.8	1.09	0
③実際回転	−1	5.8	2.09	1

図8-25　差動歯車列のアニメーション

のりづけ表と回転数線図

図8-26に図8-25ののりづけ表と回転数線図を示します。

歯車がかみ合うためには、z3=z1+2z2

	太陽歯車 z1=24	遊星歯車 z2=10	内歯車 z3=z1+2z2=44	腕 —
①全体のりづけ	1	1	1	1
②腕固定	-1-1=-2	$-(-2)\frac{24}{10}=4.8$	$-(-2)\frac{24}{44}=1.09$	0
③実際回転	-1	1+4.8=5.8	1+1.09=2.09	1

この順で作成

- 既知の条件を記入
- 公転分nA記入
- 歯車列と仮定した回転数 ②=③−①
- ※N2自転分、N3被動分
- 最終の実際回転数 ③=①+②

(a) のりづけ表

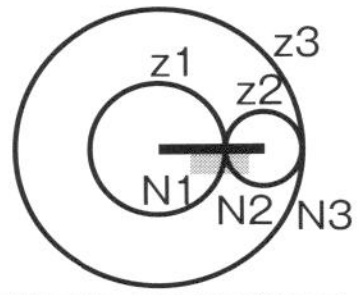

遊星歯車は遊び歯車になる。

※N2自転分とN3被動分は、腕を固定節と仮定した1段歯車列として求める。

②腕固定と仮定したときの太陽歯車回転数 N1として

遊星歯車自転分　$N2=-N1\frac{z1}{z2}$　この例では、$N2=-(-2)\frac{24}{10}=4.8$

内歯車被動分　$N3=-N1\frac{z1}{z3}$　同様に、$N3=-(-2)\frac{24}{44}=1.09$

内歯車実際回転分n3の一般式は $n3=nA-(n1-nA)\frac{z1}{z3}$　遊星歯車を遊び歯車と考えます。

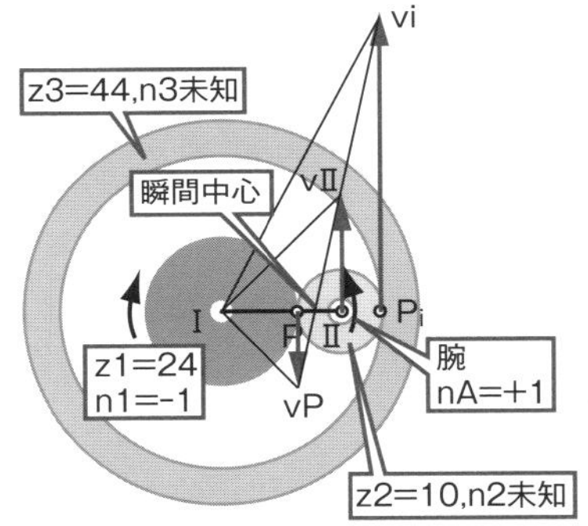

周速度線図

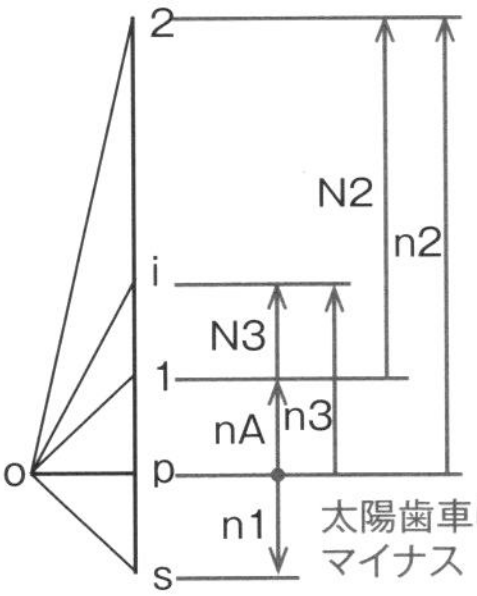

回転数線図

n1：太陽歯車
n2：遊星歯車
N2：遊星歯車自転分
n3：内歯車
N3：内歯車被動分
nA：腕

z1：z2：z3=24：10：44から、r1：r2：r3=24：10：44の円を描く。
腕先端・遊星歯車中心点Ⅱに適当な長さで周速度vⅡを取る。
太陽歯車と遊星歯車のピッチ点Pの速度vPの長さをvⅡとの比率で決定する。→
遊星歯車と内歯車のピッチ点Piの速度をviとする。
ⅠⅡとvPvⅡの交点が遊星歯車の瞬間中心となるから、vPvⅡの延長線と
点Piの垂線との交点にviを決定する。
線分opを適当に取り、点pに垂線を作る。
点oにvPⅠ、vⅡⅠ、viⅠ、vPviの平行線を取り、点pの垂線上に交点s、1、i、2を求める。
線分o1//ⅠvⅡなので、p→1が腕の回転数nA。
線分os//ⅠvPなので、p→sが太陽歯車の回転数n1。
線分oi//Ⅰviなので、p→iが内歯車の回転数n3。
　　1→iが内歯車の被動分N3。
線分o2//vPviなので、p→2が遊星歯車の実際回転数n2。
　　1→2が遊星歯車の自転分N2。

vPの長さをvⅡとの比率で表す。

$$vP=n1\frac{z1}{z1+z2}vⅡ$$
$$=-1\frac{24}{24+10}vⅡ$$
$$=-0.706vⅡ$$

(b) 回転数線図

図8-26　のりづけ表と回転数線図

シミュレータで確認しよう

menu →〔第8章 歯車列の計算〕→〔差動歯車列の計算〕を選択すると、差動歯車列のシミュレータが起動します（[開始] ボタンをクリックすると開始します）。

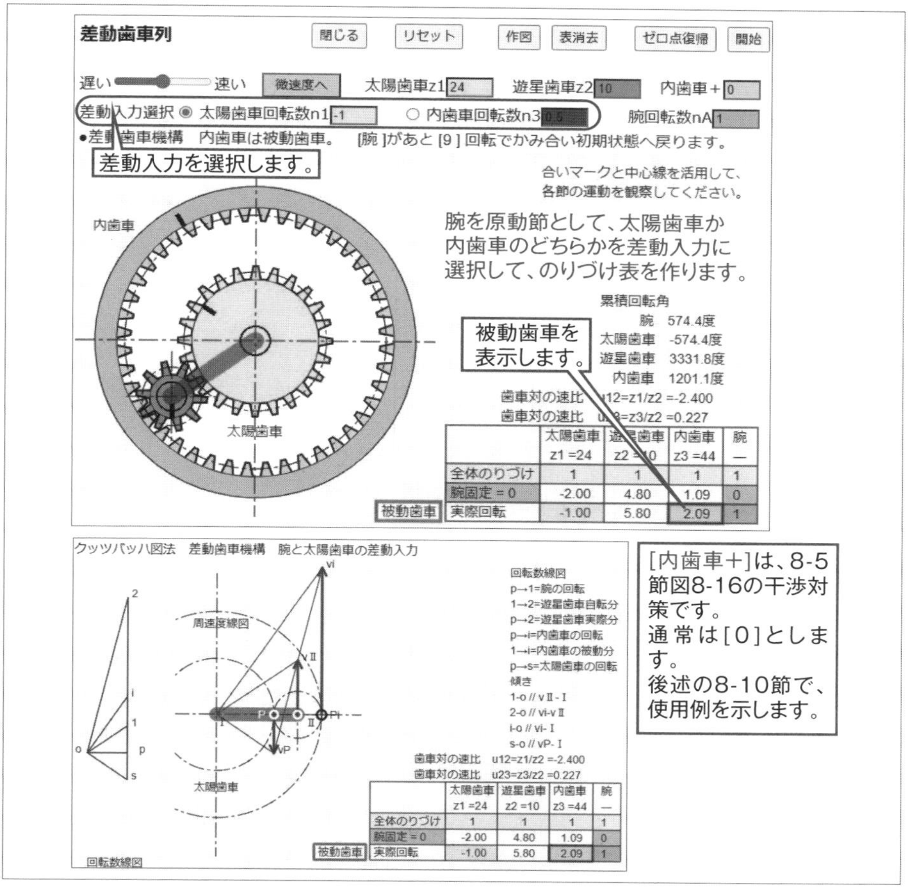

図8-27　差動歯車列のシミュレート例

設定を変えてシミュレートしてみよう

8-6節以降ののりづけ法は、基本的な考え方は一つです。次にあげる条件でのりづけ表を完成させて、シミュレータで確認してみましょう。図8-28は解答例です。ご自分で作表の後に照合してください。

[z1] [z2] [n1] [n3] [nA] 枠の右横のスピンボタン（▲/▼）で数値を入力できます。

(a) z1 = 30、z2 = 10、n3 = − 0.5、nA = 1

(b) z1 = 25、z2 = 10、n3 = 0、nA = 2

(c) z1 = 25、z2 = 10、n1 = − 1、nA = 2

(d) z1 = 18、z2 = 25、n1 = − 1、nA = − 0.5

	太陽歯車 z1=30	遊星歯車 z2=10	内歯車 z3=z1+2z2=50	腕 —
①全体のりづけ	1	1	1	1
②腕固定	$-(-1.5)\frac{50}{30}=2.5$	$-1.5\frac{50}{10}=-7.5$	-0.5-1=-1.5	0
③実際回転	1+2.5=3.5	1-7.5=-6.5	-0.5	1

(a) z1=30、z2=10、n3=-0.5、nA=1

	太陽歯車 z1=25	遊星歯車 z2=10	内歯車 z3=z1+2z2=45	腕 —
①全体のりづけ	2	2	2	2
②腕固定	$-(-2)\frac{45}{25}=3.6$	$-2\frac{45}{10}=-9$	0-2=-2	0
③実際回転	2+3.6=5.6	2-9=-7	0	2

(b) z1=25、z2=10、n3=0、nA=2

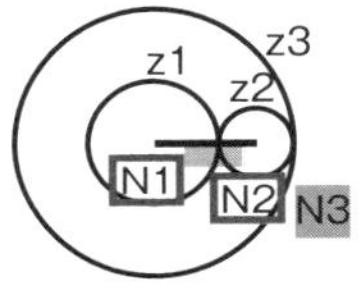

②腕固定で内歯車を駆動歯車として、回転数N3から

遊星歯車 $N2=N3\frac{z3}{z2}$

太陽歯車 $N1=-N3\frac{z3}{z1}$

遊星歯車を遊び歯車とします。

	太陽歯車 z1=25	遊星歯車 z2=10	内歯車 z3=z1+2z2=45	腕 —
①全体のりづけ	2	2	2	2
②腕固定	-1-2=-3	$-(-3)\frac{25}{10}=7.5$	$-(-3)\frac{25}{45}=1.67$	0
③実際回転	-1	2+7.5=9.5	2+1.67=3.67	2

(c) z1=25、z2=10、n1=-1、nA=2

	太陽歯車 z1=18	遊星歯車 z2=25	内歯車 z3=z1+2z2=68	腕 —
①全体のりづけ	-0.5	-0.5	-0.5	-0.5
②腕固定	-1-(-0.5)=-0.5	$-(-0.5)\frac{18}{25}=0.36$	$-(-0.5)\frac{18}{68}=0.13$	0
③実際回転	-1	-0.5+0.36=-0.14	-0.5+0.13=-0.37	-0.5

(d) z1=18、z2=25、n1=-1、nA=-0.5

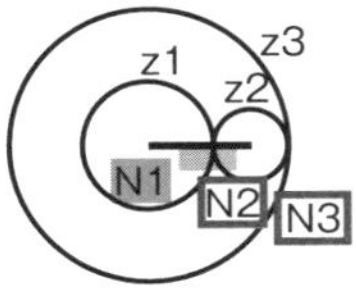

②腕固定で太陽歯車を駆動歯車として、回転数N1から

遊星歯車 $N2=-N1\frac{z1}{z2}$

内歯車 $N3=-N1\frac{z1}{z3}$

遊星歯車を遊び歯車とします。

図8-28　差動歯車列のりづけ表の例

8-9 自動車の差動歯車装置

自動車のディファレンシャルギヤ（略してデフ）は差動歯車装置の意味です。自動車の旋回に必要な内側と外側のタイヤの回転速度の差動動作を歯車装置で実現するものです。

自動車の差動歯車の働き

自動車が旋回する場合、図8-29のように外側のタイヤは、内側のタイヤよりも多く回転しなければなりません。駆動輪で動力を伝動しながら一方のタイヤの変化分を他方へ伝達する差動動作を自動的に行う装置が差動歯車装置です。自動車の差動歯車装置は、運転者のハンドル操作による旋回だけでなく、雪や砂、水などの路面状態により左右のタイヤに働く抵抗力に差ができた場合などに差動動作を行います。

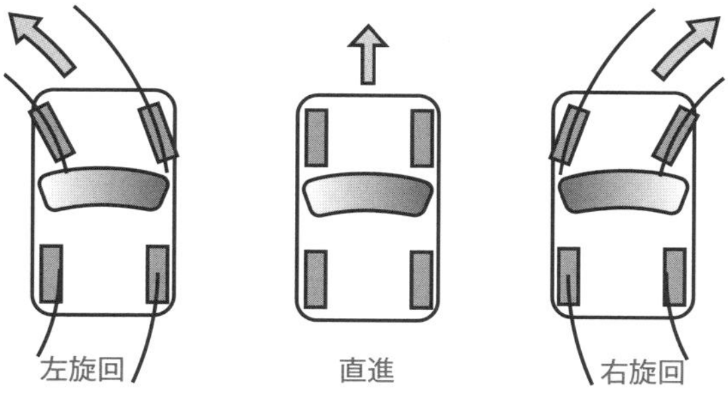

旋回時は外側のタイヤの移動距離が増すため内側タイヤの回転数が減り、外側タイヤの回転数が増加します。
駆動輪でこの動作を行う装置が差動歯車装置です。

(a) 自動車の差動装置の働き

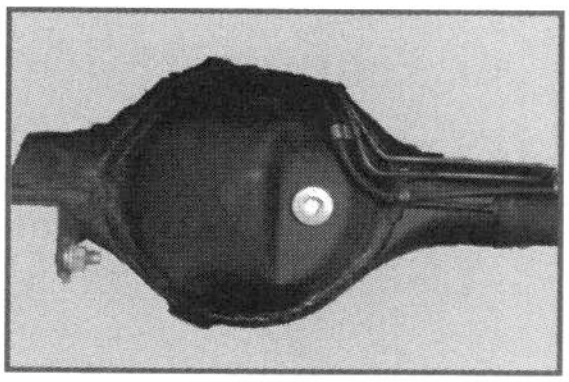

トラックの荷台の下に見える2つのお椀を合わせたような形をしたものが差動歯車装置です。図は、4輪駆動軽自動車の前輪側の差動歯車装置です。

(b) 自動車の差動歯車装置

図8-29　自動車の差動動作

自動車の差動歯車装置のしくみ

図8-30 (a) で、対向する歯車の歯数を等しくします。原動節小かさ歯車は

軸と回り対偶を作り、原動節と一緒に回転します。図 (b) の直進時には、左右のタイヤで負荷のバランスがとれていて、すべての歯車は原動節の回転と一体となって回転します。

図 (c) で自動車が旋回するときは、はじめにハンドル操作を行い、前輪が向きを変えることで左右のタイヤの負荷にわずかなアンバランスが発生します。ハンドルを左に操作して左車軸の回転がわずかに減少すると減少分の回転が原動節小かさ歯車を介して右車軸の回転を増加させる向きへ伝動し、右車軸の回転数が増加します。左車軸のかさ歯車を原動歯車とすると、小かさ歯車が遊び歯車、右車軸のかさ歯車が被動歯車と考えられ、対向する両歯車の歯数が等しいので速比1となって、左車軸の減少分が右車軸に加算されるのです。

図 (d) の右旋回の場合は、右車軸の回転が減少し、左車軸の回転が増加するように差動動作を行います。

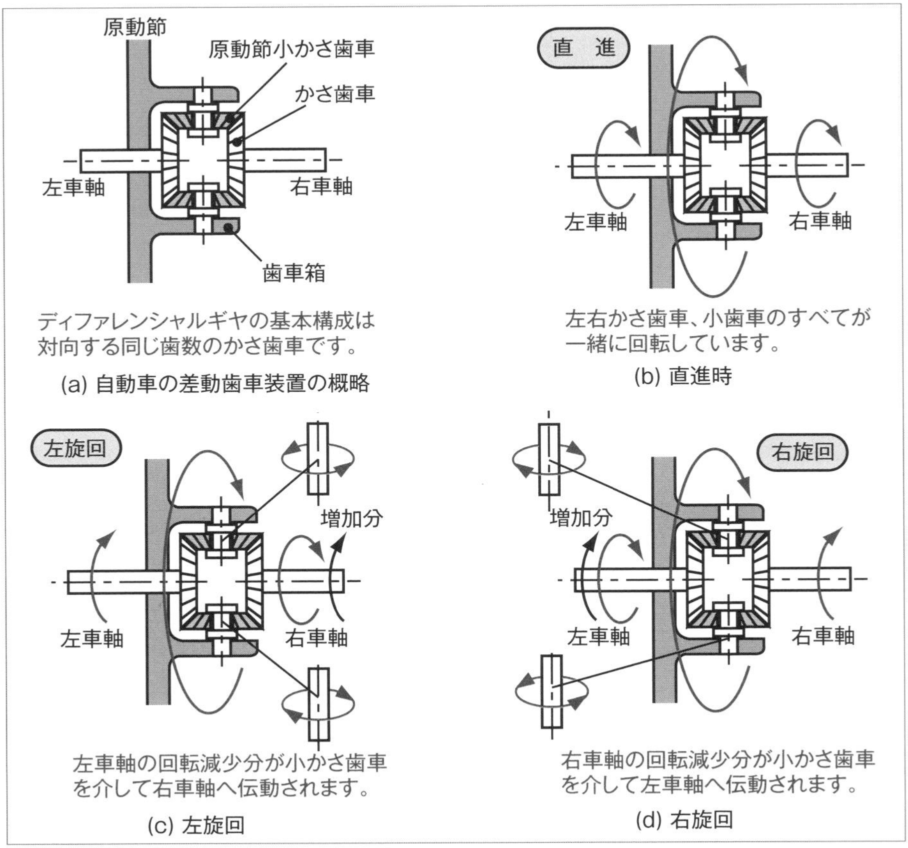
原動節
原動節小かさ歯車
かさ歯車
左車軸
右車軸
歯車箱
ディファレンシャルギヤの基本構成は
対向する同じ歯数のかさ歯車です。
直　進
左車軸
右車軸
左右かさ歯車、小歯車のすべてが
一緒に回転しています。
左旋回
増加分
左車軸
右車軸
左車軸の回転減少分が小かさ歯車
を介して右車軸へ伝動されます。
右旋回
増加分
左車軸
右車軸
右車軸の回転減少分が小かさ歯車
を介して左車軸へ伝動されます。

(a) 自動車の差動歯車装置の概略

(b) 直進時

(c) 左旋回

(d) 右旋回

図8-30　自動車の差動歯車装置のしくみ

アニメーションで確認しよう

menu →〔**第8章 歯車列の計算**〕→〔**ディファレンシャルギヤ直進**〕、〔**ディファレンシャルギヤ差動**〕を選びます（どちらも［**開始**］ボタンをクリックすると開始します）。図8-31は、アニメーションの実行画面です。

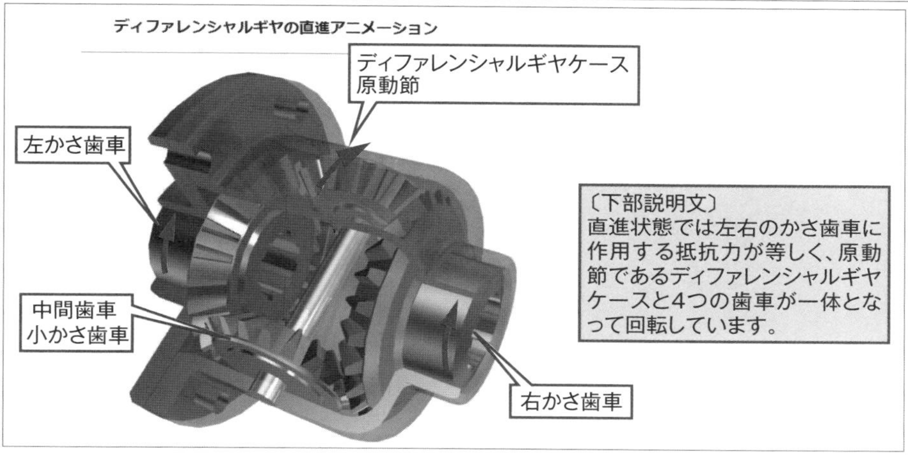
ディファレンシャルギヤの直進アニメーション
ディファレンシャルギヤケース
原動節
左かさ歯車
〔下部説明文〕
直進状態では左右のかさ歯車に作用する抵抗力が等しく、原動節であるディファレンシャルギヤケースと4つの歯車が一体となって回転しています。
中間歯車
小かさ歯車
右かさ歯車

(a) ディファレンシャルギヤ直進のアニメーション

ディファレンシャルギヤの差動アニメーション
連続回転描画　2回転で左右かさ歯車が初期状態へ戻ります
マーカーのズレで
回転差を観察して
ください。
〔下部説明文〕
左かさ歯車に作用する抵抗力が増加して、ギヤケース1回転に対して0.5回転減少したと設定します。
減少分はギヤケースと一体で公転している小かさ歯車を介して、右のかさ歯車へ伝達されます。
その結果、ディファレンシャルギヤケース1回転、左かさ歯車0.5回転、右かさ歯車1.5回転の差動動作が行われます。赤いマーカー線とケース断面を利用して動作を確認してください。

(b) ディファレンシャルギヤ差動のアニメーション

図8-31　差動歯車列のアニメーション

シミュレータで確認しよう

menu →〔第8章 歯車列の計算〕→〔ディファレンシャルギヤ〕を選択します（**[開始]** ボタンをクリックすると開始します）。図8-32は、シミュレーションの実行画面です。

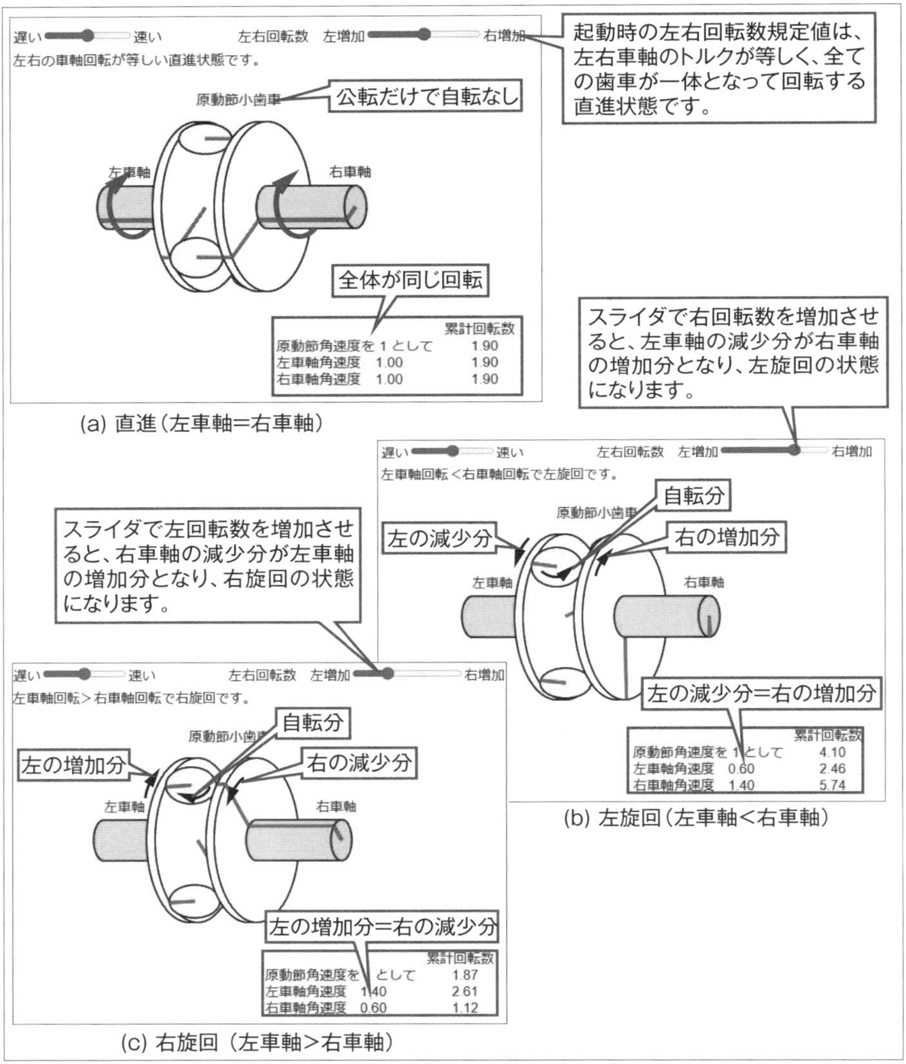

図8-32 ディファレンシャルギヤのシミュレーション実行画面

8-10 遊星歯車機構の利用例

遊星歯車機構の利用例を考えましょう。

電動ドリルドライバ

図8-33 (a) は電動ドリルドライバの構成、図 (b) は遊星歯車機構の主要部品です。モータとチャックの中心軸が同一直線になり、小さなスペースで大きな減速ができる遊星歯車機構が使われています。

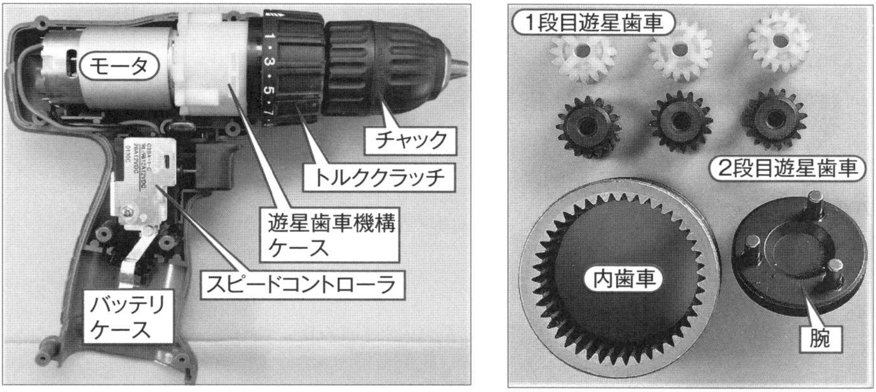

(a) 電動ドリルドライバ　　(b) 遊星歯車機構主要部品

図8-33　電動ドリルドライバ

遊星歯車機構の構成

当該機種は、図8-34 (a) のように内歯車の中で2段の遊星歯車列を構成していました。1段目のモータ側は樹脂製歯車、2段目の出力側は金属製歯車です。1段目の腕プレートの裏側に付いた小歯車が2段目の駆動歯車になります。図 (b)、(c) が歯車列の詳細です。

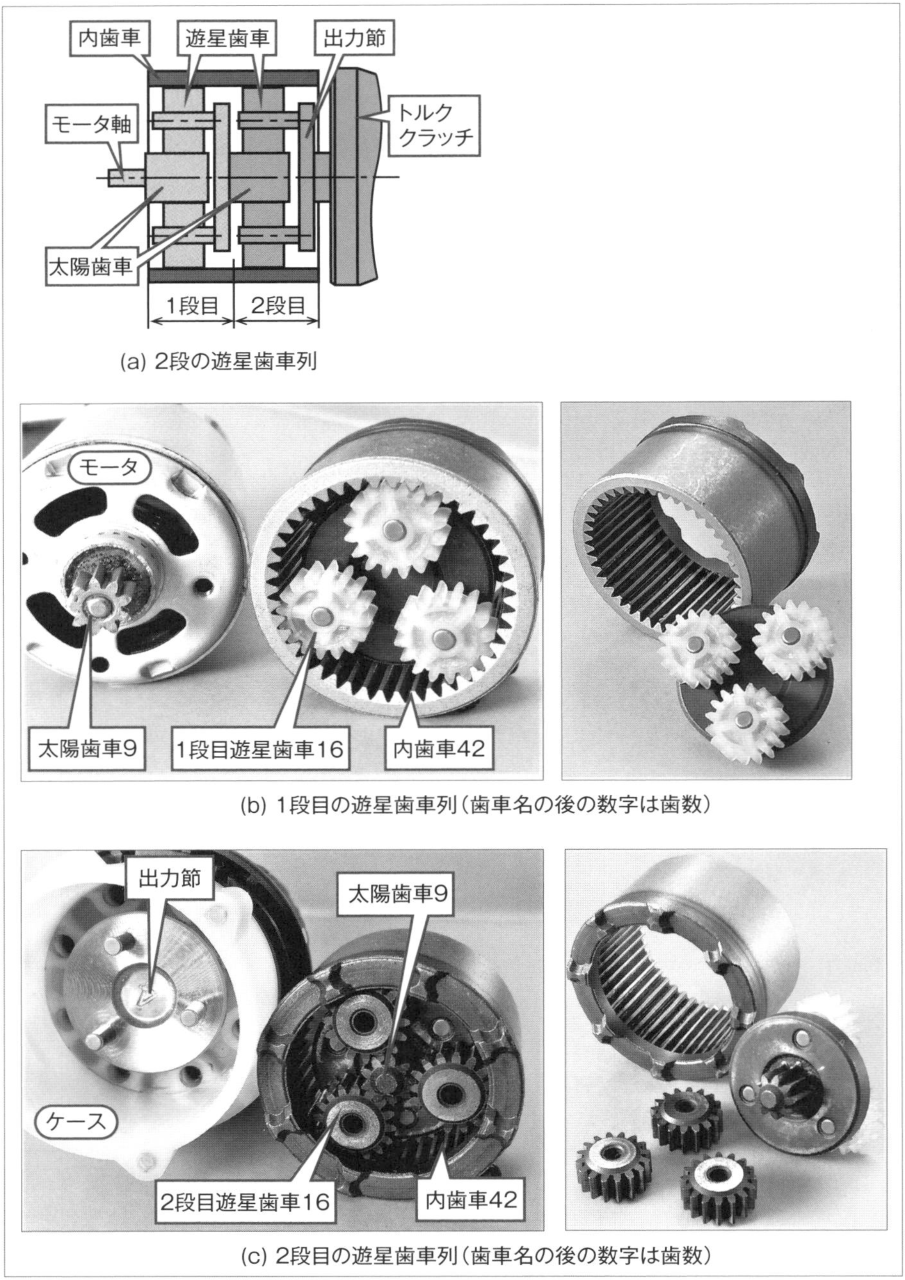

(a) 2段の遊星歯車列

(b) 1段目の遊星歯車列（歯車名の後の数字は歯数）

(c) 2段目の遊星歯車列（歯車名の後の数字は歯数）

図8-34　遊星歯車機構の構成

キッチンの遊星歯車

キッチンを見回すと、ジューサーやミキサーなどモータを使った器具の多くに遊星歯車が使われていそうです。図8-35は、ハンドブレンダーで、外観はほとんどドリルドライバと同じです。残念ながら、分解の許可がもらえませんでした。

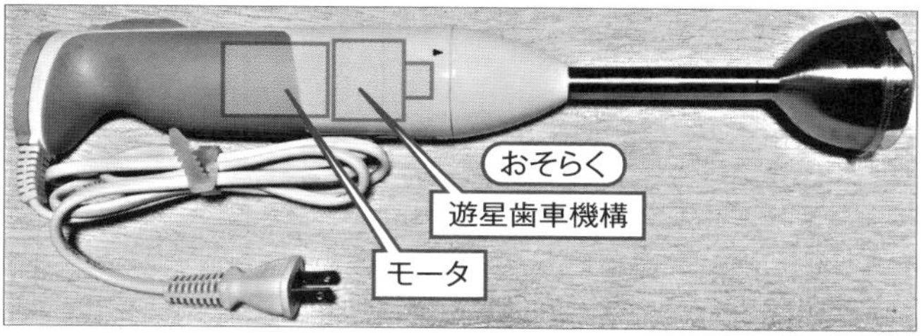

図8-35　調理器具ハンドブレンダー

機構の速比（内歯車＋）

図8-34の歯数を計算すると、太陽歯車歯数が－1、または内歯車歯数が＋1となります。モジュールが小さく、太陽歯車の歯数が少ないので、歯の干渉をさけるためと考えられます。

では、〔**差動歯車列の計算**〕シミュレータの規定値で、図8-36（a）のようにz1 = 9、z2 = 16、n3 = 0、nA = 1と入力してください（**[z1]** は直接「9」を入力、**[z2]** **[n3]** **[nA]** 枠の右横のスピンボタン（▲／▼）をクリックで入力）。するとz3 = 41となり、腕1に対して太陽歯車n1 = 5.56という結果を得ることが確認できます。ここで、［内歯車＋］を［1］とすると、図（b）のように、z3 = 42となり、n1 = 5.67となります。

図（c）の作表では、n1は遊び歯車を除いて計算しています。図（d）で、n1 = 5.67、nA = 1、n1を駆動歯車、nAを被動節とすると、1段の遊星歯車列で速比＝nA／n1が得られることになります。1段目と2段目は同じ歯車列なので、それぞれの速比をu1、u2とすれば、u1 = u2で、総合の速比は、u = u1u2 = u12となります。

	太陽歯車 z1 =9	遊星歯車 z2 =16	内歯車 z3 =41	腕 —
全体のりづけ	1	1	1	1
腕固定 = 0	4.56	-2.56	-1.00	0
実際回転	5.56	-1.56	0.00	1

(a) シミュレータ　z3=z1+2Z2=41

	太陽歯車 z1 =9	遊星歯車 z2 =16	内歯車 z3 =42	腕 —
全体のりづけ	1	1	1	1
腕固定 = 0	4.67	-2.63	-1.00	0
実際回転	5.67	-1.63	0.00	1

(b) シミュレータ　[内歯車+1]　z3=42

	太陽歯車 z1=9	遊星歯車 z2=16	内歯車 z3=42	腕 —
①全体のりづけ	1	1	1	1
②腕固定	$-(-1)\frac{42}{9}=4.67$	$-1\frac{42}{16}=-2.63$	0-1=-1	0
③実際回転	1+4.67=5.67	1-2.63=-1.63	0	1

②腕固定の太陽歯車回転数N1

$$N1=-N3\frac{z3}{z1}$$

として、遊び歯車を除きました。

(c) のりづけ表

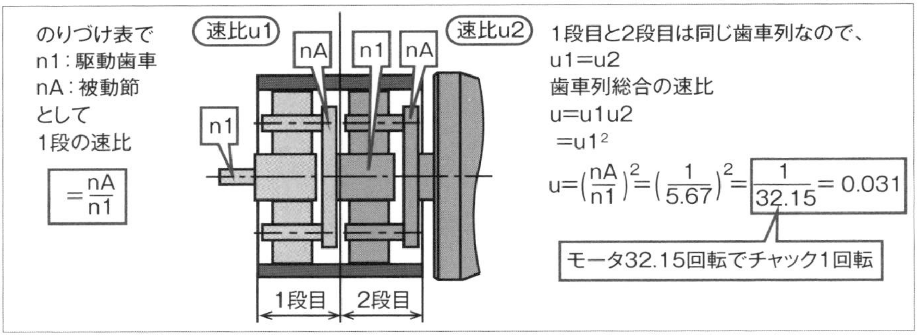

のりづけ表で
n1：駆動歯車
nA：被動節
として
1段の速比
$=\frac{nA}{n1}$
速比u1
速比u2
nA
n1
nA
n1
1段目
2段目
1段目と2段目は同じ歯車列なので、
u1=u2
歯車列総合の速比
u=u1u2
=u1²
$u=\left(\frac{nA}{n1}\right)^2=\left(\frac{1}{5.67}\right)^2=\frac{1}{32.15}=0.031$
モータ32.15回転でチャック1回転

(d) 2段遊星歯車列の速比

図8-36　ドリルドライバ遊星歯車機構の速比

風力発電の増速機

図8-37は、風力発電設備の概略です。タワーに支えられた**ナセル**と呼ぶ筐《きょう》体《たい》の中に、**増速機**《ぞうそくき》、ブレーキ、発電機などが組み込まれています。設置場所や電力システムにより、増速機の速比は異なり、また増速機を使わない構造もあります。

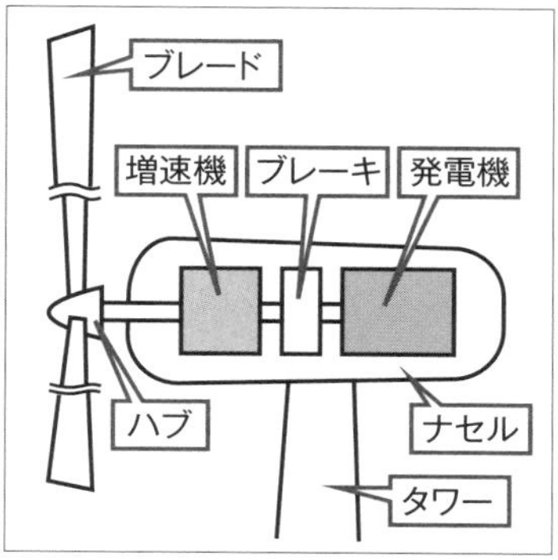

図8-37　風力発電設備の概略

歯車増速機構の構成

現在主流の増速機は、歯車列を利用したものです。第6章図6-3で紹介した油圧式変速機を原理とした増速機も開発されています。

図8-38 (a) は、多くの設備で使用している、遊星歯車列と2段平行軸歯車列を組み合わせたものです。遊星歯車増速機が1段目の増速を行い、腕の回転出力を2段目、3段目の2段平行軸歯車増速機で増速しています。

図 (b) は、2段遊星歯車増速機の回転出力を3段目の平行軸歯車増速機で増速しています。前述のドリルドライバの歯車は平歯車を使用していますが、伝達動力の大きな設備なので、はすば歯車を使用しています。総合の速比は、条件によって異なり、50前後から100を超えるものまでさまざまです。

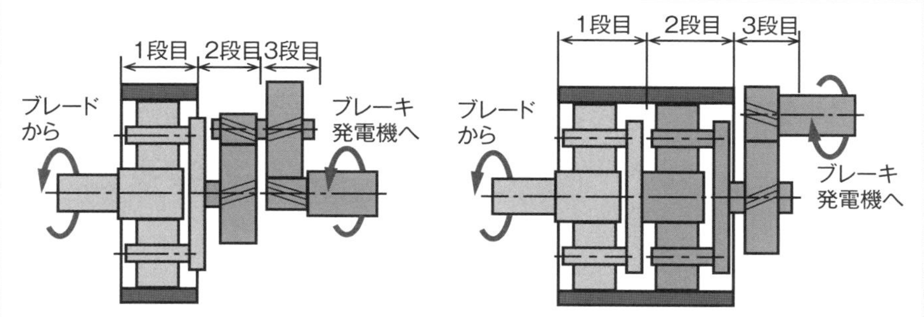

(a) 遊星歯車+2段平行軸　　(b) 2段遊星歯車+平行軸

図8-38　風力発電の歯車増速機構

自転車の内装3段変速機

図8-39の自転車後輪のハブに内蔵される**ハブギヤ**と呼ばれる内装3段変速機を考えます。図(b)は、分解した変速機から遊星歯車機構の動作に関連する部品だけを描いたもので、ベアリングやスプリング、クリップなどは省略しています。クラッチは、スプロケットの回転を歯車に継断するためにスプラインでスライドします。ラチェットは、2つの節の間で一方向のみに回転を伝える小さな部品で、自動クラッチの役目をします。「爪」は、クラッチの動きによって回転を継断する働きを行います。

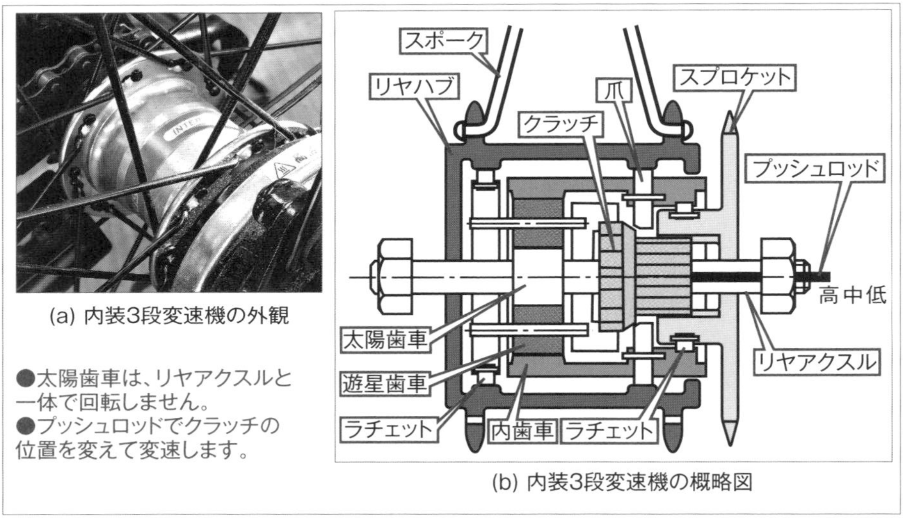

(a) 内装3段変速機の外観

(b) 内装3段変速機の概略図

図8-39　内装変速機（ハブギヤ）

速比を求める

この変速機は、太陽歯車がリヤアクスルと一体なので、太陽歯車の回転数は常にゼロです。遊星歯車は中間歯車となるので、変速機への入力と出力は腕と内歯車になります。

〔差動歯車列の計算〕シミュレータで、太陽歯車z1＝16、遊星歯車z2＝14、内歯車＋＝1、太陽歯車n1＝0としてシミュレートしてください。図8-40の結果が得られます。この歯車列も図8-36のドリルドライバと同様に内歯車歯車を＋1で45としています。

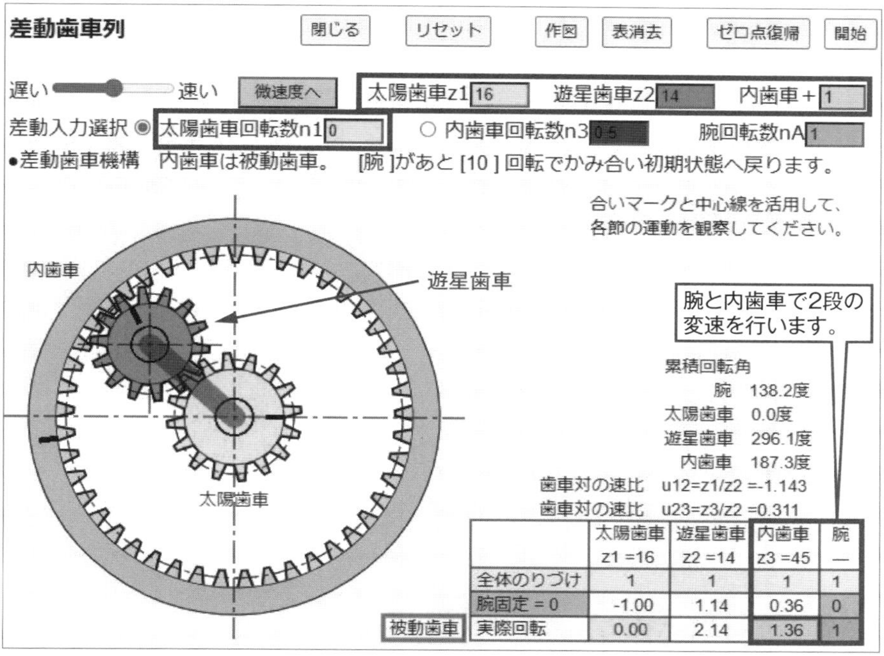

図8-40　内装変速機のシミュレート結果

遊星歯車機構を変速機とするには

図8-40ののりづけ表は、「①内歯車を1.36回転させると腕が1回転する。②腕を1回転させると内歯車が1.36回転する」と読むことができます。つまり、①は速比1／1.36 = 0.735となり、**減速** = 低速。②は速比1.36／1 = 1.36で、**増速** = 高速ということです。低速は、スプロケットの回転を内歯車に与えて駆動歯車として、腕を被動節としてハブと接続します。高速は、逆にスプロケットを腕に接続して駆動節として、内歯車を被動歯車としてハブにつなげばいいことになります。しかし、これでは2段変速なので中間の速比がありません。そこで、中速は遊星歯車機構を使わずに、スプロケットの回転を直接ハブに接続すれば、速比1の中速となり、3段変速機ができあがります。この入力と出力の切り替えを行うのが、図8-39 (b) のクラッチ、ラチェット、爪です。

次ページ、図8-41で変速機各段の動作を紹介します（「図8-41 内装3段変速機の動作」参照）。

変速機の動作

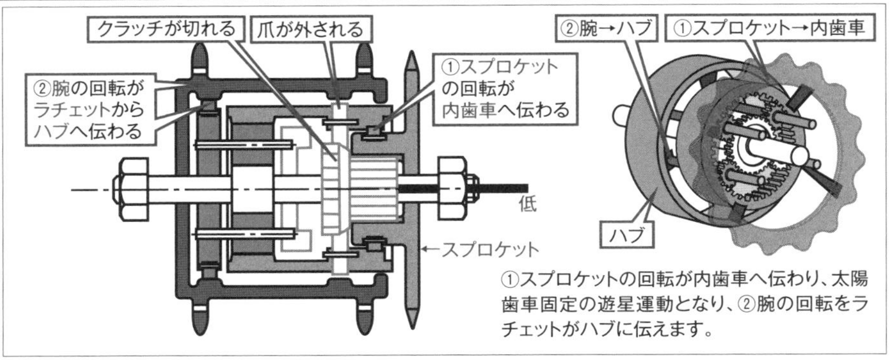
クラッチが切れる
爪が外される
②腕の回転が
ラチェットから
ハブへ伝わる
①スプロケット
の回転が
内歯車へ伝わる
低
←スプロケット
②腕→ハブ
①スプロケット→内歯車
ハブ
①スプロケットの回転が内歯車へ伝わり、太陽歯車固定の遊星運動となり、②腕の回転をラチェットがハブに伝えます。

(a) 低速ギヤの組み合わせ〔スプロケット→内歯車→腕→ハブ〕(速比1／1.36=0.735)

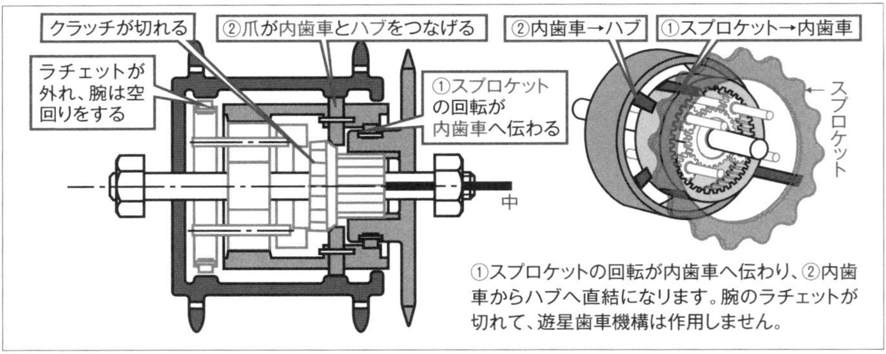
クラッチが切れる
②爪が内歯車とハブをつなげる
ラチェットが
外れ、腕は空
回りをする
①スプロケット
の回転が
内歯車へ伝わる
中
②内歯車→ハブ
①スプロケット→内歯車
←スプロケット
①スプロケットの回転が内歯車へ伝わり、②内歯車からハブへ直結になります。腕のラチェットが切れて、遊星歯車機構は作用しません。

(b) 中速ギヤの組み合わせ〔スプロケット→内歯車→ハブ〕遊星歯車機構未使用(速比1)

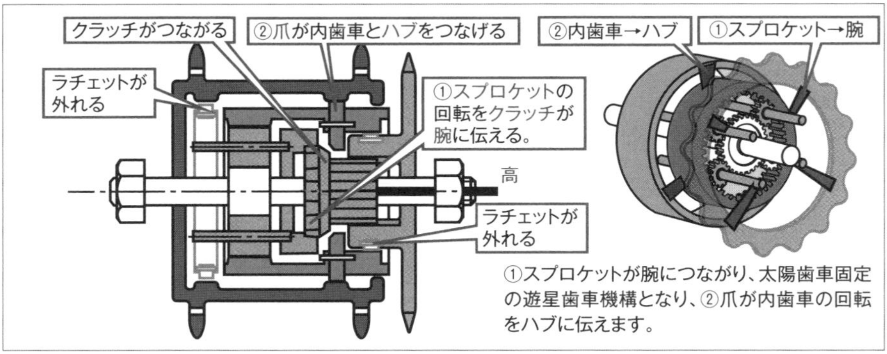
クラッチがつながる
②爪が内歯車とハブをつなげる
ラチェットが
外れる
①スプロケットの
回転をクラッチが
腕に伝える。
高
ラチェットが
外れる
②内歯車→ハブ
①スプロケット→腕
①スプロケットが腕につながり、太陽歯車固定の遊星歯車機構となり、②爪が内歯車の回転をハブに伝えます。

(c) 高速ギヤの組み合わせ〔スプロケット→腕→内歯車→ハブ〕(速比1.36/1=1.36)

図8-41　内装3段変速機の動作

手動鉛筆削り器

図8-42は、手動鉛筆削り器の遊星歯車部分です。画像から読み取れると思いますが、固定節となる内歯車歯数z1 = 24、カッターの付く遊星歯車歯数z2 = 11です。腕にハンドルが付いて駆動節になります。

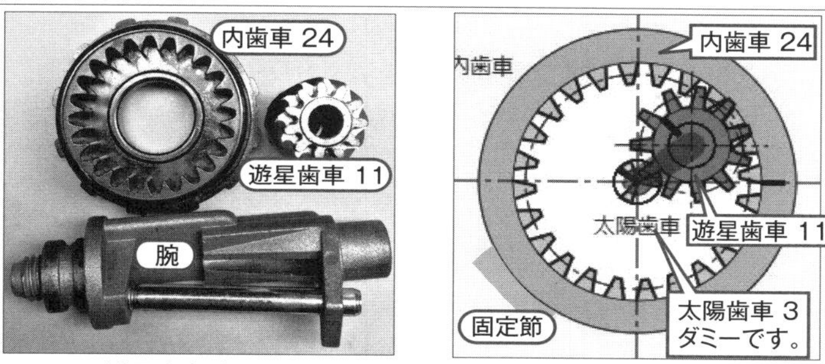

(a) 遊星歯車列の要素　(b) 遊星歯車列（太陽歯車はダミー）

図8-42　手動鉛筆削り器の遊星歯車部分

カッターの動き

この機構では、図8-43のりづけ表の遊星歯車③実際回転がカッターの仕事に利用されます。差動歯車列シミュレータで、内歯車z3 = 24を作るために、ダミーで太陽歯車z1 = 3をキー入力し、**[内歯車+]** を－1とします。腕を1回転させると、カッターは鉛筆の周りを1回転する間に逆向きに約1.2回転して鉛筆を削ります。

〔差動入力選択〕の項目で◉内歯車回転数n3 [0] に設定してください。

	太陽歯車 z1 =3	遊星歯車 z2 =11	内歯車 z3 =24	腕 —
全体のりづけ	1	1	1	1
腕固定 = 0	8.00	-2.18	-1.00	0
実際回転	9.00	-1.18	0.00	1

(a) シミュレータののりづけ表

太陽歯車は ダミーです。	太陽歯車 z1=3	遊星歯車 z2=11	内歯車 z3=24	腕 −
①全体のりづけ	1	1	1	1
②腕固定	$-(-1)\frac{24}{3}=8$	$-1\,\frac{24}{11}=-2.18$	-1	0
③実際回転	1+8=9	1-2.18=-1.18	0	1

(b) のりづけ表

図8-43　手動鉛筆削り器ののりづけ表

ジェットエンジン

図8-44 (a) は、航空旅客機用エンジンの主流となっている**ターボファンエンジン**です。原理的な**ジェットエンジン**は、高速の燃焼ガスを噴射して推力を作ります。ターボファンエンジンは、燃焼ガスによる推力と燃焼ガスの排気を受けた**低圧タービン**で駆動される本体前方のファンが作る空気の流れを推力とします。

図 (b) は、**ギヤードターボファンエンジン (GTF エンジン)** と呼ばれるターボファンエンジンの一種です。ターボファンエンジンのファンの回転数は、低圧タービンの回転数で決まり、ファンの大型化に連れてタービンとファンの効率のつり合いを取ることが難しくなり、ファン回転数を低圧タービン回転数よりも小さくすることが必要となりました。そこで、同一軸上で、コンパクトに減速できる遊星歯車減速機を低圧タービンとファンの間に設置して、ファン回転数を落としたエンジンがGTF エンジンです。

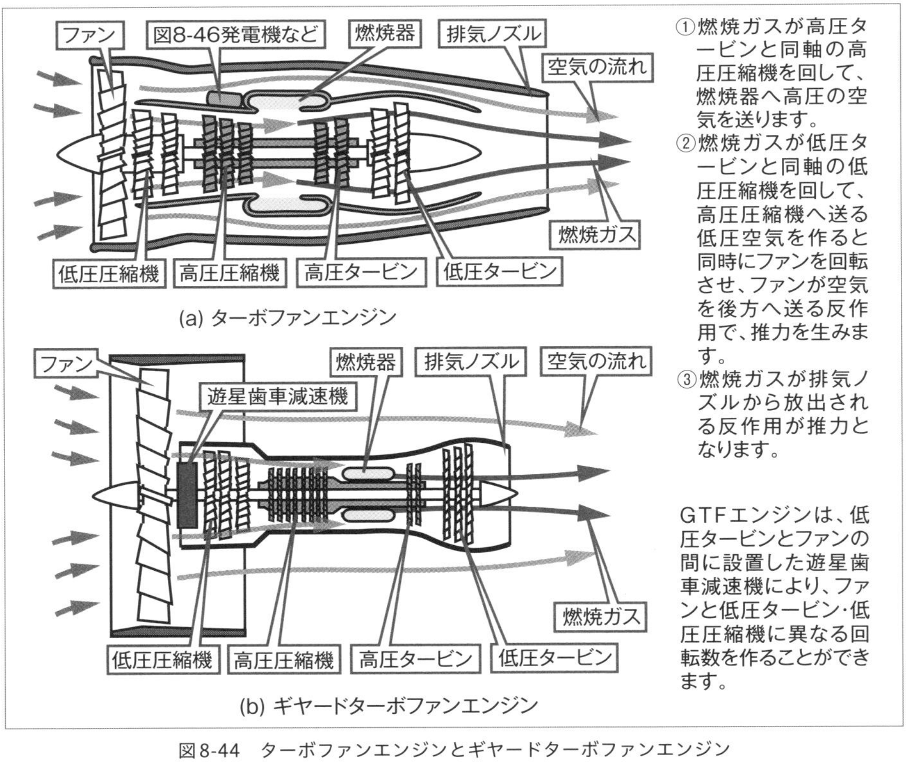

図8-44　ターボファンエンジンとギヤードターボファンエンジン

遊星歯車減速機の動き

図8-45（a）、（b）は、GTFエンジンの遊星歯車減速機の資料をもとに筆者が作成した概略で、太陽歯車を駆動歯車、内歯車を固定節、腕を被動節とした1段の遊星歯車列です。歯車名称後の数字は歯数を示します。この機構でも内歯車の歯数が＋1されています。

図（c）は〔**差動歯車列**〕のシミュレータで、z1 = 34、z2 = 31、内歯車＋ = 1、n3 = 0、nA = 1とすると内歯車z3 = 97となり、nA／n1 = 1／3.85の速比が得られます。図（d）は参考ののりづけ表です。

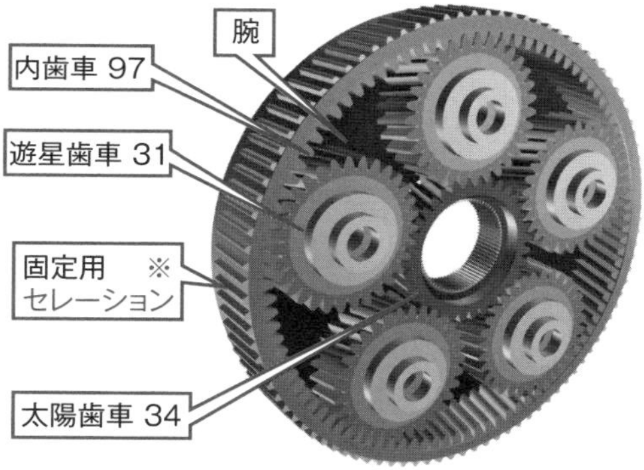

(a) GTFエンジンの遊星歯車減速機

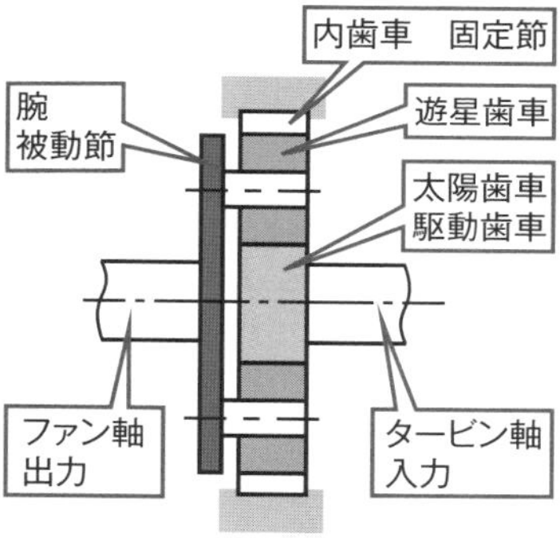

(b) 遊星歯車減速機の入出力

	太陽歯車 z1 =34	遊星歯車 z2 =31	内歯車 z3 =97	腕 —
全体のりづけ	1	1	1	1
腕固定 = 0	2.85	-3.13	-1.00	0
実際回転	3.85	-2.13	0.00	1

(c) 遊星歯車シミュレータの結果（内歯車+=1）

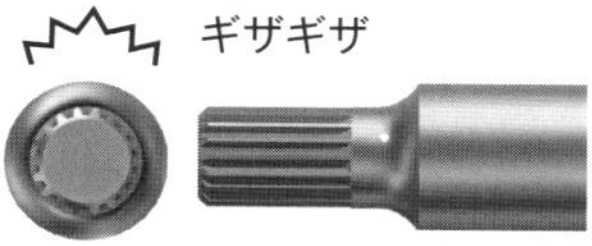

セレーションは、滑り止めや固定箇所に使います。

	太陽歯車 z1=34	遊星歯車 z2=31	内歯車 z3=97	腕 —
①全体のりづけ	1	1	1	1
②腕固定	$-(-1)\frac{97}{34}=2.85$	$-1\frac{97}{31}=-3.13$	-1	0
③実際回転	1+2.85=3.85	1-3.13=-2.13	0	1

(d) 内歯車z3=97の速比

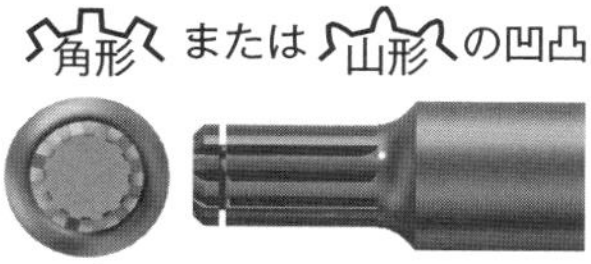

スプラインは、伝動と同時に軸方向の移動もできます。

図8-45　遊星歯車減速機の動き

航空機用発電装置の歯車機構

装置の構成

図8-46 (a) は、第6章で紹介した川崎重工の航空機用発電装置T-IDG®の概略と各部の回転数、図 (b) は資料をもととした歯車機構部の思考モデルです（図は資料をもとに筆者が作成したものです)。この装置は、ジェットエンジンからの入力回転数が4500～9200rpmと変動しても、発電機を一定回転数24000rpmで駆動することができます（ハーフトロイダルCVT、差動遊星歯車列、2段増速歯車列を組み合わせたもの)。

図 (b) 遊星歯車列の腕を駆動歯車G1、発電機ロータ歯車G4 = 24000rpmを被動歯車とする2段増速歯車列の速比を8として、G1 = 24000／8 = 3000rpmとします。遊星歯車列の内歯車Giは、エンジン回転入力軸歯車Geを駆動歯車、バイパス軸を中間節とする1段歯車列の被動歯車となるので、速比を1／4.5として、エンジン回転数に比例して、Gi = 1000～2050rpmで回転すると仮定します。遊星歯車列は、エンジン回転によって変動するGiの回転数とCVTの出力回転数15000～7500rpmで駆動される太陽歯車Gsとを差動入力として、G1 = 3000rpm一定を作り出します。

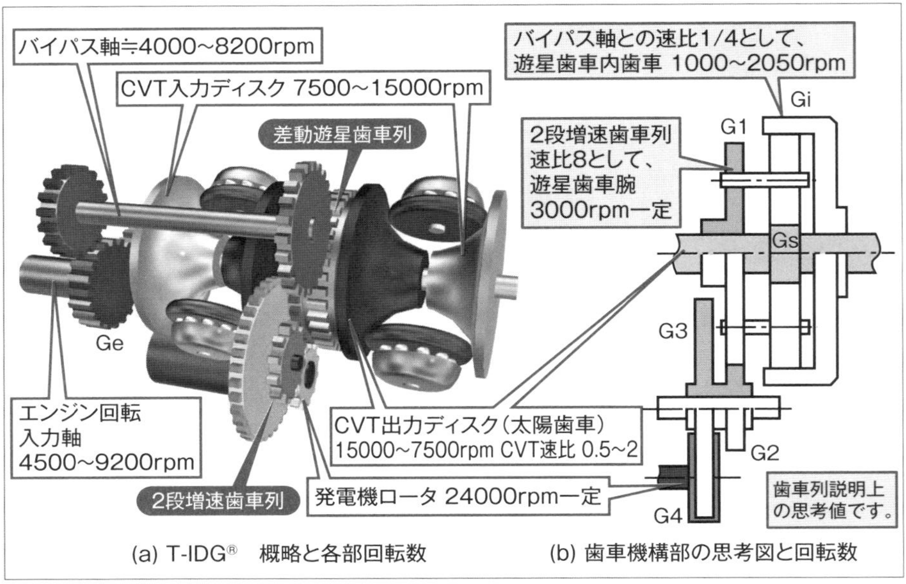

(a) T-IDG®　概略と各部回転数　　(b) 歯車機構部の思考図と回転数

図8-46　航空機用発電装置（T-IDG® の概略）

差動遊星歯車列の回転

厳密な値とはなりませんが、〔**差動歯車列**〕のシミュレータで、z1：z2 = 10：25、nA = 30（3000rpm）を固定値としてシミュレートしてみましょう。

図8-47（a）で内歯車回転数n3に10～20（1000～2000rpm）の値を与え、一定回転数nA = 30を作るための太陽歯車回転数（CVT出力）n1を求めます。

図（b）の差動遊星歯車列回転数線図に示すように、エンジン回転数の上昇に比例して内歯車の回転数が増加すると、パワーローラの傾きが制御されCVT出力回転数が減少して腕回転数nAを一定値3000rpmに保ちます。

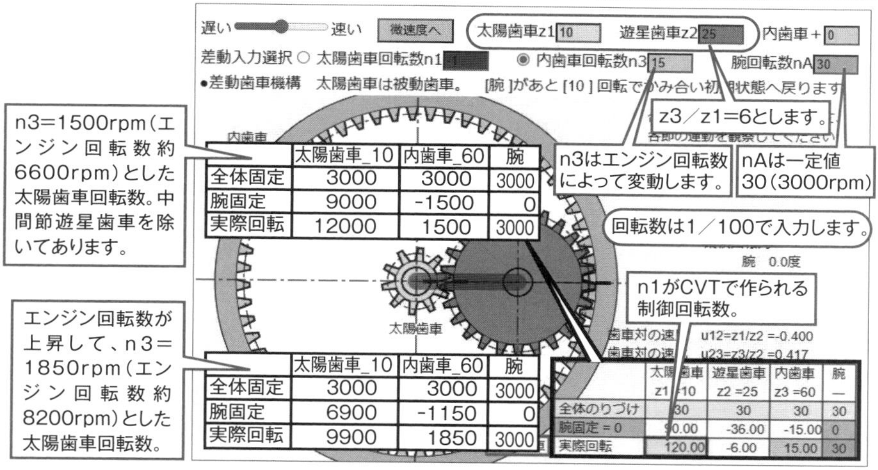

	太陽歯車	遊星歯車	内歯車	腕
	z1 =10	z2 =25	z3 =60	—
全体のりづけ	30	30	30	30
腕固定 = 0	90.00	-36.00	-15.00	0
実際回転	120.00	-6.00	15.00	30

	太陽歯車_10	内歯車_60	腕
全体固定	3000	3000	3000
腕固定	9000	-1500	0
実際回転	12000	1500	3000

	太陽歯車_10	内歯車_60	腕
全体固定	3000	3000	3000
腕固定	6900	-1150	0
実際回転	9900	1850	3000

(a) 遊星歯車列シミュレータ

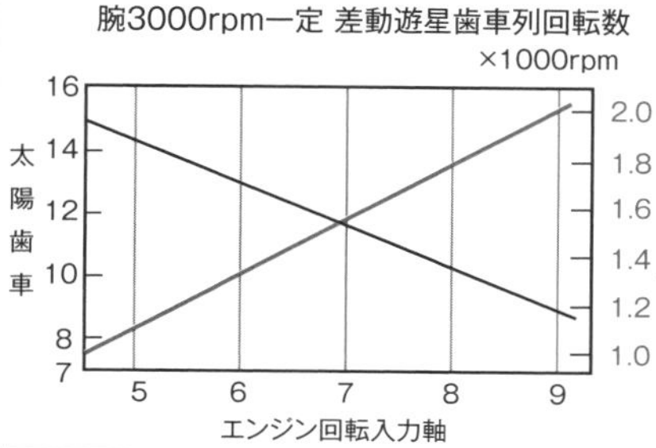

腕の回転数を一定に保つための太陽歯車回転数（CVT出力回転数）n1は、内歯車と太陽歯車の速比 u=z3／z1 として、

n1=nA-u(n3-nA)

	太陽歯車	内歯車	腕
全体固定	nA	nA	nA
腕固定	-u(n3-nA)	n3-nA	0
実際回転	n1	n3	nA

(b) 差動遊星歯車列回転数線図

図8-47　差動遊星歯車列の回転

遊園地のコーヒーカップ

図8-48は、遊園地アトラクションの定番とも言えるコーヒーカップの思考モデルです。中央の太陽歯車を固定節とし、腕にあたる回転円板に固定したトレイ回転軸を回転中心とするトレイAと太陽歯車で遊星歯車列を作ります。カップは、トレイに固定したカップ回転軸を中心として、トレイの上で自由に回転できるように設置します。

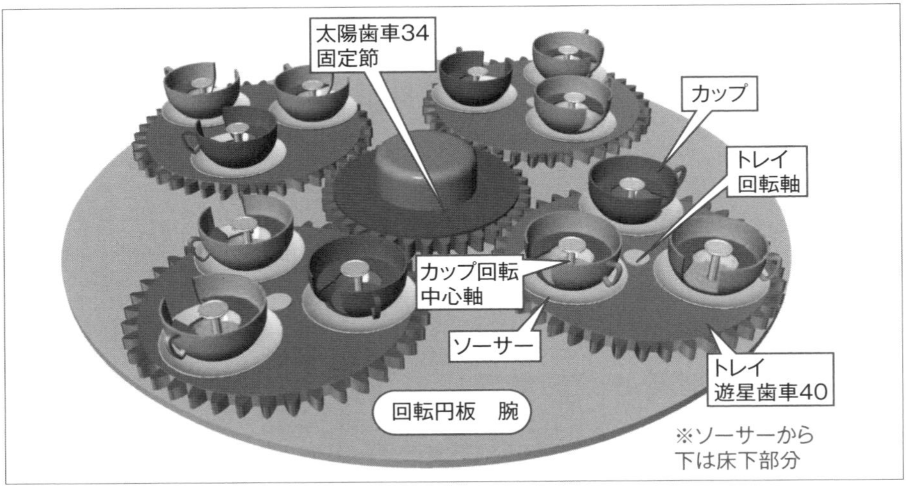

図8-48　遊園地のコーヒーカップの思考モデル

トレイの回転

〔**差動歯車列**〕のシミュレータで、z1 = 34、z2 = 40、n1 = 0、nA = 1とすると、図8-49のように回転円板1回転でトレイの回転数n2 = 1.85を得ます。n2は、z1／z2を大きくすると大きくなります。

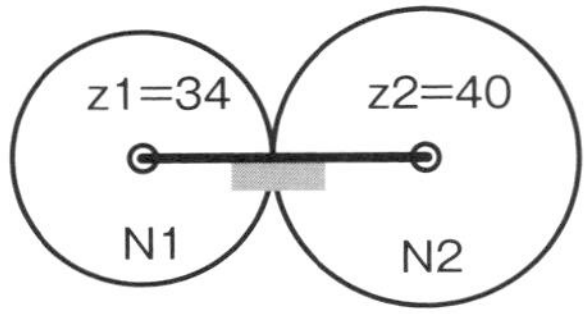

遊星歯車自転回転数 $N2=-N1\frac{z1}{z2}$

	太陽歯車 z1=34	遊星歯車 z2=40	腕 —
①全体のりづけ	1	1	1
②腕固定	0-1=-1	$-(-1)\frac{34}{40}=0.85$	1-1=0
③実際回転	0	1+0.85=1.85	1

図8-49　トレイの回転

株式会社富士急ハイランドの「ティーカップ」では、速度153m/分、回転直径16.3mとの公式データがあります。回転直径を床部分の直径d、速度を床外周の周速度vとして考えると、床はおよそ3rpm（3回転/分）で回転していると概算できます。所要時間1分30秒とのことなので、乗客は床4.5回転、トレイ8.3回転のアトラクションを楽しむことになります。

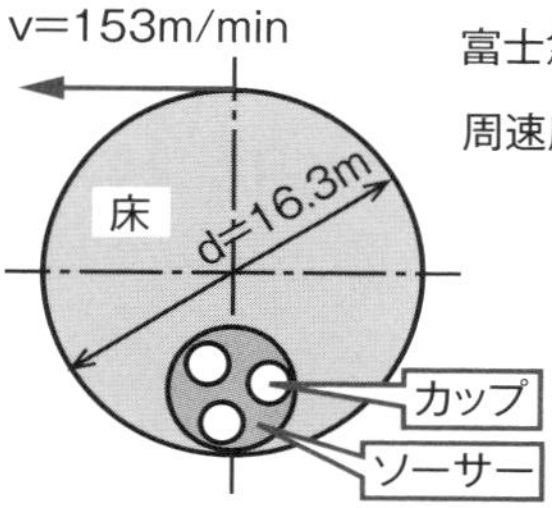

富士急ハイランド「ティーカップ」の公式データから

周速度v=153m/min、回転直径16.3m、アトラクション時間1.5分

$$\omega=\frac{v}{r}=2\pi n$$

$$n=\frac{v}{2\pi r}=\frac{v}{\pi d}$$

$$=\frac{153}{\pi\times16.3}\fallingdotseq 3.0\ \text{(rpm)}$$

床の総回転数　3×1.5＝4.5回転

トレイの回転数　図8-49から

4.5×1.85＝8.3回転

図8-50　アトラクション「ティーカップ」の例

カップの回転

コーヒーカップアトラクションの醍醐味は、乗客がカップ中央のハンドルで回転を自由にコントロールできることです。この動きは、図8-51のようにカップとトレイをころがり対偶で組み合わせ、乗客が遊星歯車機構の運動とは別に、自分たちの人力がハンドルに与える反作用として、カップを回すことで実現できます。

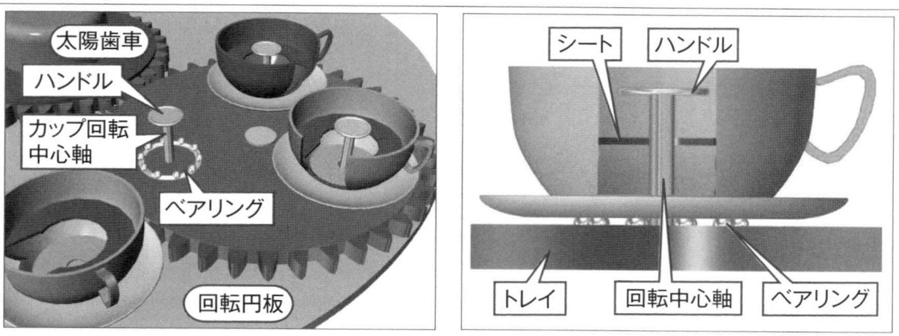

(a) トレイ1台分　　(b) 自由に回るカップ

図8-51　カップの回転

シミュレータで確認しよう

カップの乗客は、遊星歯車の上に乗っているので、7章の外転トロコイドでころがり円の内側の点が作る軌跡に沿った運動をします。さらに、人力によるカップの自転が加えられます。

menu →**〔第8章 歯車列の計算〕**→**〔コーヒーカップの軌跡〕**を起動して**[開始]**ボタンをクリックすると、図8-52の結果が得られます。7章の**〔外転サイクロイド〕**のシミュレータを編集して、アトラクションの稼働時間を模して、床10回転分の軌跡を描きます。人力によるカップの回転は含んでいません。

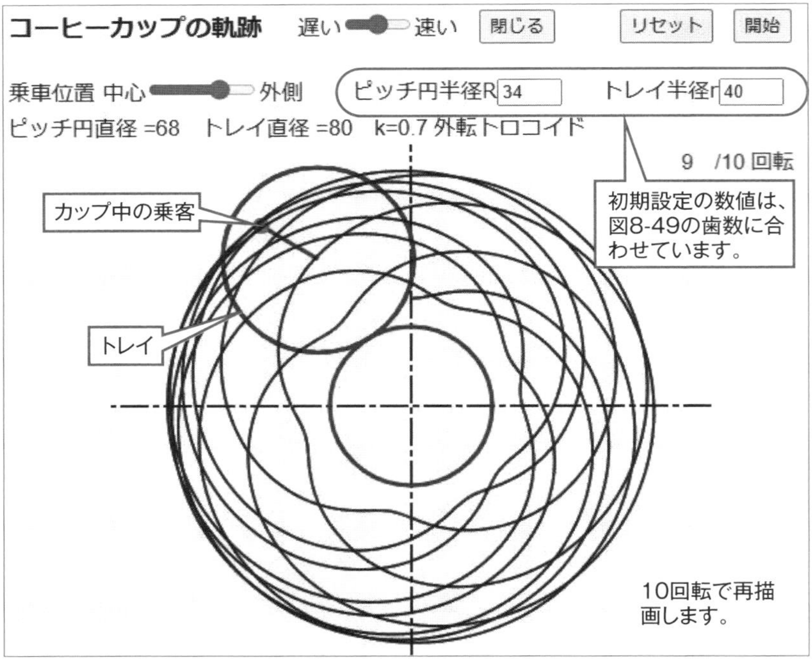

図8-52　乗客の運動

本節の機構は、コーヒーカップの動きを第8章の遊星歯車列に関連付けて考えたもので、実機を再現したものではありません。細部については、いろいろな方法があると考えます。

付録1 ｜ 3章で行う数式展開の参考

弧度法(rad)

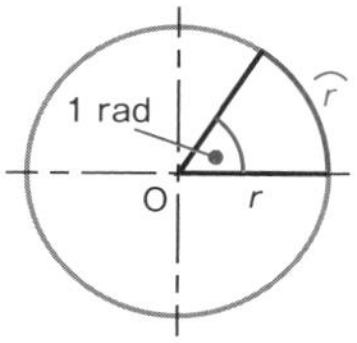

1 rad の定義

$$1\ \mathrm{rad} = \frac{\overset{\frown}{r}}{r}$$

円の中心角

$$360^\circ = \frac{2\pi r}{r} = 2\pi\ \mathrm{rad}$$

三平方の定理（ピタゴラスの定理）

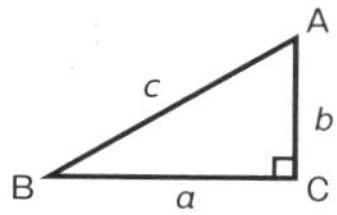

$$a^2 + b^2 = c^2$$

三角関数と逆三角関数

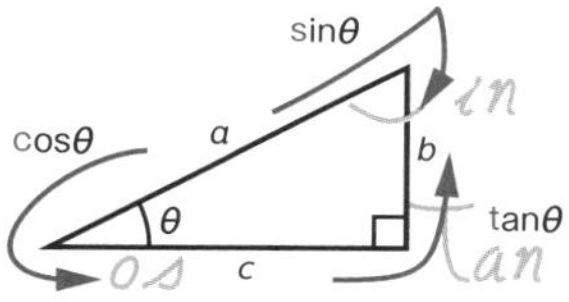

$$\sin\theta = \frac{b}{a} \qquad \sin^{-1}\frac{b}{a} = \theta$$

$$\cos\theta = \frac{c}{a} \qquad \cos^{-1}\frac{c}{a} = \theta$$

$$\tan\theta = \frac{b}{c} \quad \left(\theta \neq \frac{\pi}{2}\right) \qquad \tan^{-1}\frac{b}{c} = \theta$$

微小角の三角関数（rad単位）

$$\sin\theta \fallingdotseq \theta$$

$$\cos\theta \fallingdotseq 1$$

$$\tan\theta \fallingdotseq \theta$$

余弦定理

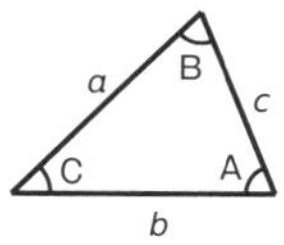

$$a^2 = b^2 + c^2 - 2bc \cdot \cos A$$

$$b^2 = c^2 + a^2 - 2ca \cdot \cos B$$

$$c^2 = a^2 + b^2 - 2ab \cdot \cos C$$

-θの三角関数

$$\sin(-\theta) = -\sin\theta$$

$$\cos(-\theta) = \cos\theta$$

$$\tan(-\theta) = -\tan\theta$$

補角の三角関数

$$\sin(\pi - \theta) = \sin\theta$$

$$\cos(\pi - \theta) = -\cos\theta$$

$$\tan(\pi - \theta) = -\tan\theta$$

余角の三角関数

$$\sin\left(\frac{\pi}{2} - \theta\right) = \cos\theta$$

$$\cos\left(\frac{\pi}{2} - \theta\right) = \sin\theta$$

$$\tan\left(\frac{\pi}{2} - \theta\right) = \cot\theta$$

2倍角の公式（加法定理の＋で、$\alpha = \beta = \theta$とする。）

$$\sin 2\theta = 2\sin\theta\cos\theta$$

$$\cos 2\theta = \cos^2\theta - \sin^2\theta = 1 - 2\sin^2\theta = 2\cos^2\theta - 1$$

$$\tan 2\theta = \frac{2\tan\theta}{1 - \tan^2\theta}$$

数値微分（グラフの傾きから一階微分、二階微分を求めます）

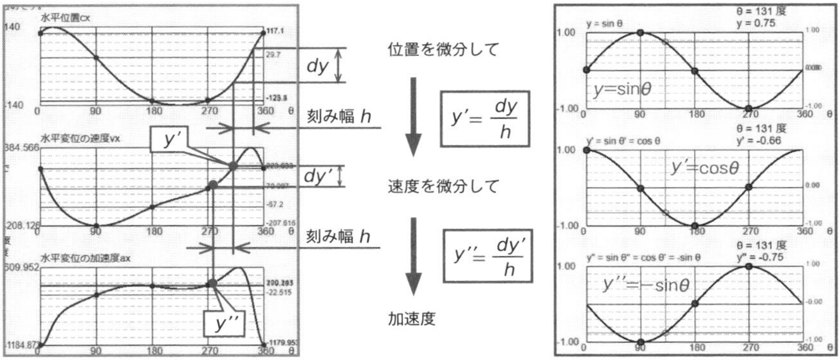

リンク機構の位置、速度、加速度　　わかりやすい例として y=sin θ

付録2　4章を読むための予備解説

●データの極座標表示

平面上の点Pの位置を基準とする線分からの回転角θ、回転につれて変化する動径（半径）rとして、横軸θ、縦軸rの平面座標で表せば、rの変化が表示されます。これを点Oを中心として、回転角θごとに動径rを回転させて極座標平面にプロットすると点Pの軌跡が表示できます。カム機構では、この2つの表示方法を利用します。

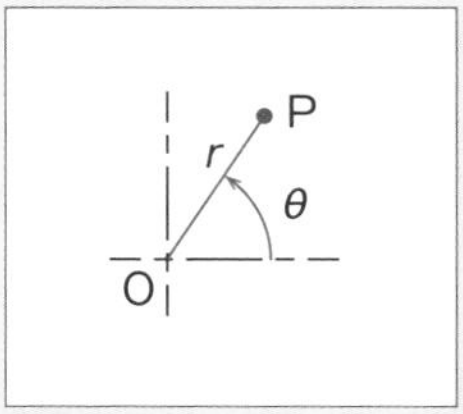

図1

$r=k\cdot\theta$となる関数を極座標面に描いた曲線を**アルキメデス曲線、アルキメデスの渦巻線《うずまきせん》、アルキメデスの螺旋《らせん》**と呼びます。

図2は、本文中のシミュレータで出力したデータを表計算ソフトで表した例です。CAM4-35_Excel.xlsxで保存してあります（技術評論社の「増補改訂版 機構学のしくみと基本」の本書のサポートページよりダウンロードできます）。

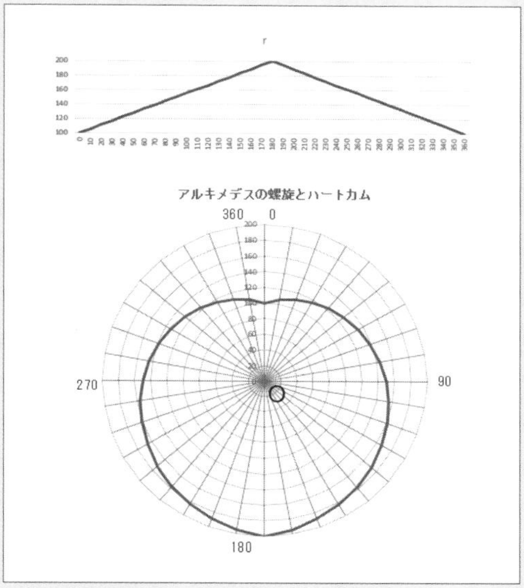

図2

● 直線補間と円弧補間

2点以上の関数値データから、ある範囲における他の点の関数値を近似的に求めることを補間《ほかん》と言います。**直線補間**と**円弧補間**は、機械工作や機械制御で使われている呼称です。数学・解析的には、線形補間、一次補間、多項式補間などと呼ばれます。直線補間は、既知の2点間を直線に沿った点群で近似することを言い、円弧補間は、既知のデータを連続した曲線で結ぶことを言います。

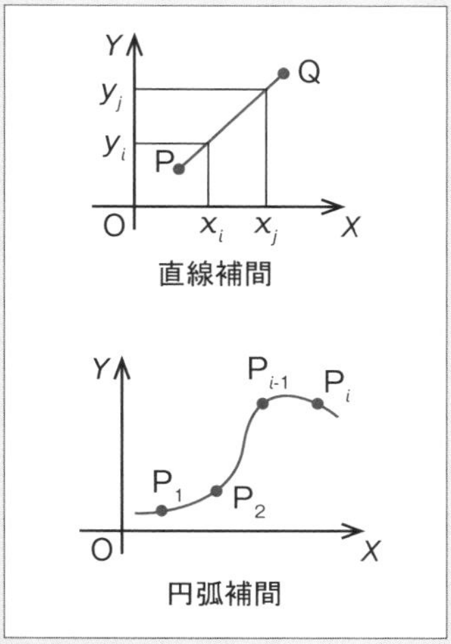

図3

4章では、数点入力したカムの変位からカム全周の変位を決定し、カムの輪郭《りんかく》を生成するために補間を行います。直線補間は2点間の一次式から、輪郭を決定する一般的な方法です。円弧補間は、直線補間で得られるカム輪郭を滑らかにする目的で試行的に実装しました。ラグランジュ補間という補間方法を用いています。

索引

数字・ギリシャ文字

欧文

ア行

カ行

サ行

タ行

ナ行

ハ行

マ行

ヤ行

ラ・ワ行

■著者略歴

小峯　龍男　Tatsuo Komine

1953 年生まれ、東京都出身。
1977 年東京電機大学工学部機械工学科卒業。
工学入門書、児童学習書監修など。

カバーデザイン●阿保裕美（トップスタジオデザイン室）
本文デザイン●徳田久美（トップスタジオデザイン室）
カバーイラスト●大崎吉之
DTP ●株式会社トップスタジオ

増補改訂版《ぞうほかいていばん》
機構学《きこうがく》の「しくみ」と「基本《きほん》」
アニメーション、シミュレーション・動《うご》かして学《まな》ぶ

2022 年 10 月 26 日　初　版　第 1 刷発行

著　者　小峯　龍男
発行者　片岡　巌
発行所　株式会社技術評論社
東京都新宿区市谷左内町 21-13
電話　03-3513-6150　販売促進部
03-3267-2270　書籍編集部
印刷／製本　日経印刷株式会社

定価はカバーに表示してあります。

ISBN978-4-297-13078-7 C3053
Printed in Japan

■お願い

本書に関するご質問については、本書に記載されている内容に関するもののみとさせていただきます。本書の内容と関係のないご質問につきましては、一切お答えできませんので、あらかじめご了承ください。また、電話でのご質問は受け付けておりませんので、FAX か書面にて下記までお送りください。

なお、ご質問の際には、書名と該当ページ、返信先を明記してくださいますよう、お願いいたします。

宛先：〒 162-0846
東京都新宿区市谷左内町 21-13
株式会社技術評論社
書籍編集部
「増補改訂版 機構学の『しくみ』と『基本』」係
FAX：03-3267-2271

ご質問の際に記載いただいた個人情報は、質問の返答以外の目的には使用いたしません。また、質問の返答後は速やかに削除させていただきます。

■アニメーション、シミュレーション

必ず p.9 の「使用上の注意」をよくお読みになったうえでご使用ください。